未讀 | 探索家

小提琴家的大拇指

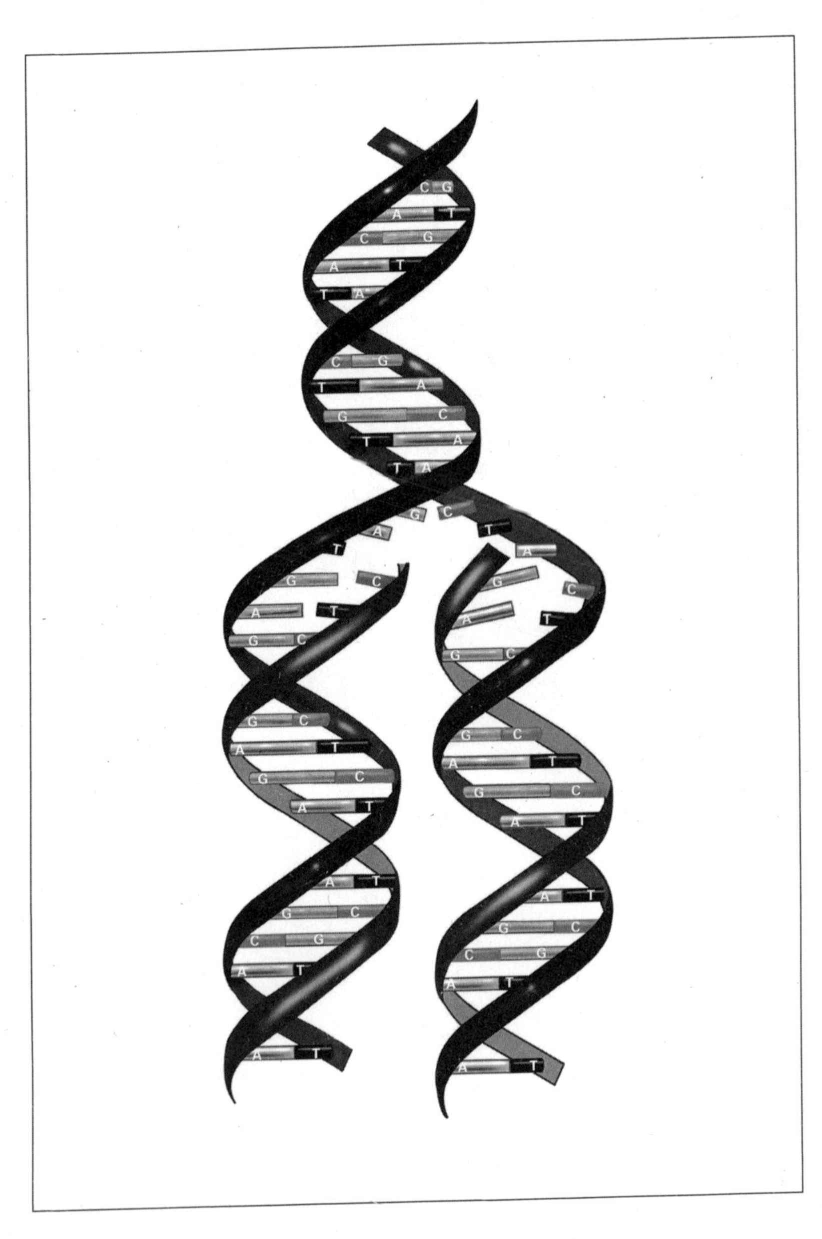

因此，生命可能是一种DNA链式反应。

——马克西姆·D.弗兰克-卡缅涅茨基，《揭秘DNA》（*Unraveling DNA*）

大话科学史 山姆·基恩作品集

UNREAD

小提琴家的大拇指

大话基因秘史

And Other Lost Tales of Love, War, and Genius, as Written by Our Genetic Code

The Violinist's Thumb

Sam Kean

[美] 山姆·基恩 著

左安浦 译

北京联合出版公司
Beijing United Publishing Co.,Ltd.

小提琴家的大拇指：大话基因秘史

[美] 山姆·基恩 著
左安浦 译

图书在版编目（CIP）数据

小提琴家的大拇指：大话基因秘史 / (美) 山姆·基恩著；左安浦译. -- 北京：北京联合出版公司，2023.12
ISBN 978-7-5596-6798-4

Ⅰ. ①小… Ⅱ. ①山… ②左… Ⅲ. ①人类基因－普及读物 Ⅳ. ①Q987-49

中国国家版本馆CIP数据核字(2023)第211480号

THE VIOLINIST'S THUMB: And Other Lost Tales of Love, War, and Genius, as Written by Our Genetic Code

by Sam Kean

北京市版权局著作权合同登记号 图字：01-2023-5130号

出 品 人	赵红仕
选题策划	联合天际·边建强
责任编辑	高霁月
特约编辑	姜 文
美术编辑	梁全新
封面设计	@吾然设计工作室

出 版	北京联合出版公司 北京市西城区德外大街83号楼9层 100088
发 行	未读（天津）文化传媒有限公司
印 刷	三河市冀华印务有限公司
经 销	新华书店
字 数	278千字
开 本	710毫米 × 1000毫米 1/16 23印张
版 次	2023年12月第1版 2023年12月第1次印刷
ISBN	978-7-5596-6798-4
定 价	68.00元

关注未读好书

客服咨询

本书若有质量问题，请与本公司图书销售中心联系调换
电话：(010) 52435752

离合诗：名词，指将作品中的行、段或其他组成单元的首字母串联在一起而形成的隐藏信息。

注意：我在本书中隐藏了一首关于DNA的离合诗——如果你愿意，可以把它当成基因“彩蛋”。如果破译了这条信息，请通过我的网站http://samkean.com/contact给我发邮件。如果想不出来，也可以给我发邮件，我会告诉你答案。[1]

1 在本书的英文版中，从序言到结语，每个章节第一个单词的首字母都是“A、C、G、T”（DNA中的碱基）中的一个，连起来是TCTAAAGAGGCTAACTAA。每三个相连的碱基是一个密码子（三联体），每个密码子对应一种氨基酸，即TCT——丝氨酸（S），AAA——赖氨酸（K），GAG——谷氨酸（E），GCT——丙氨酸（A），AAC——天冬酰胺（N），TAA——终止子。把这些氨基酸的代号连在一起就是谜底“S.Kean”——作者的名字。（作者的这首离合诗花了不少心思，但中文译本无法体现，希望读者能原谅译者的擅自解谜。）——译者（如无说明，本书脚注均为译者注）

单位换算表

本书将涉及以下单位换算：

1英寸=0.025 4米

1英尺=0.304 8米

1英里≈1 609米

1码=0.914 4米

1英亩≈4047平方米

1卡路里=4.184焦耳

1磅≈453.59克

1盎司=28.35克

1夸脱=0.946升

1加仑（英）≈4.546升

华氏度=32+摄氏度 ×1.8

目 录

第三部分
基因与天才
人类如何变得太人类

第四部分
DNA的神谕
遗传学的过去、现在和未来

引言

开门见山，这是一本关于DNA的书——挖掘埋藏在你DNA中几千年，甚至几百万年的故事，利用DNA解开与人类有关的、原本似乎不可能解开的谜团。是的，我正在写这本关于基因（gene）的书，而我父亲的名字是Gene（吉恩），我母亲的也差不多——Jean（简）。吉恩·基恩和简·基恩。除了发音上的滑稽，多年以来，我父母的名字经常让我遭到攻击：我的每个缺点和癖好都可以追溯到“我的基因们”，每当我做了一些蠢事，大家都会嘲笑“是基因们让我这么做的”。父母传递基因的过程必然与性有关，这一点只会雪上加霜，招致双倍羞辱，而我完全无法争辩。

最重要的是，从小到大，我害怕在科学课上遇到DNA和基因，因为我知道，就在老师转身的那两秒钟，俏皮话总会如期而至。即使没有，某个机灵鬼肯定也正在动这个脑筋。这种条件反射式的恐惧一直伴随着我，甚至是（或者说尤其是）当我意识到DNA是一种多么强大的物质时。到了高中，我终于克服了这种恐惧，但“基因”这个词仍然引起了许多异口同声的反应，有些令人愉快，有些则不然。

一方面，DNA让我兴奋。在科学中，没有哪个主题比遗传学更大胆，也没有哪个领域比遗传学更有望推动科学的进步。我指的不仅仅是那些常见的（通常是被夸大的）医疗方面的愿景。

DNA复兴了生物学的各个领域，重塑了对人类的研究。但另一方面，每当有人开始深入研究人类的基础生物学时，我们都会抵制这种越界——我们不想被简化为“仅仅是DNA”。如果有人要修补这种基础生物学，可能是非常可怕的。

更暧昧的是，DNA提供了一件钩沉人类过去的强大工具：生物学已经通过其他方式成为历史。甚至最近10年左右[1]，遗传学已经展开了相当于整本《圣经》的故事，我们曾以为这些故事的情节已经消失——要么年代太过久远，要么缺乏化石证据或人类学证据，无法拼凑出连贯的叙事。但事实证明，我们一直带着这些故事：在DNA黑暗时代的每一天，我们细胞中的小小“修道士”时时刻刻都在忠实地记录着这些“经文”，等着我们读懂那种语言。这些故事包含了人类从哪里来的宏大史诗，以及我们如何从最初的低等生物进化成人类这种目前最具优势的物种，但这些故事也以令人惊讶的独特方式呈现出来。

如果我能再回到学校一次（同时能给我父母起更安全些的名字），我会选择在乐队里演奏另一种乐器。这并不是因为（或者说不仅仅因为）我是四年级到九年级里唯一一个吹单簧管的男孩，更重要的是，在摆弄单簧管的阀键、低音补正键和吹孔时，我感觉自己非常笨拙。当然，这与缺乏练习无关。我把这种缺陷归咎于我的双关节[2]手指和过度张开的大拇指。吹单簧管时，我的手指拧成难看的“发辫”，我经常觉得要掰一下指关节，而且它们会有响声。在很特殊的情况下，我的一个拇指会卡住，无法伸展，必须用另一只手松开关节。单簧管吹得比较好的女孩能做到的事情，我就是做不到。我告诉自己这毛病是遗传的，来自我父母的基因库。

1　本书英文版出版于2012年。

2　在医学术语中，双关节被称为“关节过度活动综合征”，指部分关节或所有关节的活动范围比普通人更大，比如小拇指能向后弯曲90度以上。

离开乐队后，我一直没有机会反思关于手指灵巧度和音乐才能的问题，直到10年后，我听说了小提琴家尼科罗·帕格尼尼（Niccolò Paganini）的故事。帕格尼尼天赋异禀，而他一生都在对抗一个谣言：为了卓越的天赋而把灵魂出卖给了魔鬼（他家乡的教堂甚至在他死后几十年里都拒绝安葬他的遗骸）。事实是，帕格尼尼与更狡猾的主宰者——他的DNA——订立了契约。可以肯定，帕格尼尼患有某种遗传疾病，导致他的手指异常灵活。他的结缔组织非常坚韧，可以把小拇指往侧边拉，与其他手指形成一个直角（你也可以试试）。他还可以把手掌张得特别开，这在拉小提琴时是无可匹敌的优势。关于人们“天生”就会（或不会）演奏某些乐器的简单假设似乎是合理的，我应该早点放弃。我继续研究，发现“帕格尼尼综合征”可能导致严重的健康问题，关节疼痛、视力低下、呼吸困难、疲乏等问题困扰了这位小提琴家一生。清晨行军乐队练习时，我抱怨自己指关节僵硬，而帕格尼尼在事业的巅峰期经常被迫取消演出，在生命的最后几年里，他甚至无法在公众面前表演。对音乐的热情和对缺陷身体的完美利用，二者在帕格尼尼身上完美结合，这可能是人类所能期望的最好的命运。缺陷也加速了他的死亡，帕格尼尼也许并不愿意和他的基因订立契约，但他和我们所有人一样都身处契约之中，契约既成就了他，也毁灭了他。

DNA讲给我的故事还没有结束。一些科学家追溯诊断发现，查尔斯·达尔文（Charles Darwin）、亚伯拉罕·林肯（Abraham Lincoln）和一些埃及法老都患有遗传疾病。另一些科学家探索了DNA本身，阐明了它深层的语言属性和惊人的数学之美。事实上，就像我高中时奔波于乐队、生物学、历史、数学和社会学之间，关于DNA的故事出现在各种各样的语境之下，把不同的学科联系起来。DNA讲述了人们在核爆炸中幸存下来的故事，北极探险家英年早逝的故事，人类物种濒临灭绝的故事，或者怀孕中的母亲把癌症传给未出世的孩子的故事。在一些故事中，科学照亮了艺术，比如帕格尼尼的故事；在另一些故事中，艺术照亮了科学，比如学者通过肖像画追踪基因缺陷。

我们在科学课上学到过一个事实，但一开始并不理解，那就是DNA分子的绝对长度。尽管DNA被挤压在细胞的微小“储藏室”内，但展开了可以延伸到非常远的地方。一些植物细胞的所有DNA足以延伸300英尺；一个人的所有DNA足够从冥王星延伸到太阳，然后折返；地球上的所有DNA则可以横跨已知的宇宙很多很多次。我越是深入研究DNA的故事，就越能发现DNA的固有特性之一就是不断延伸——不仅在空间上伸向无限的远方，也在时间上穿越无尽的过往。每一项人类活动都在我们的DNA中留下了法医痕迹。无论DNA记录的是音乐、体育还是马基雅维利式微生物[1]，这些故事共同讲述了一个更宏大、更复杂的关于人类崛起的故事：为什么人类是大自然中最荒谬的生灵之一，也是大自然的无上荣耀？

但是，除了兴奋，基因还带给我另一种感觉——恐惧。在为这本书做研究的时候，我把我的DNA提交给了一家基因检测服务公司，尽管价格高昂（414美元），但我在以一种很不严肃的态度做这件事。我知道个人基因检测有严重缺陷，即使这门科学很可靠，但检测通常没什么用。我可以通过DNA得知我有绿色的眼睛，但话说回来，我自己有镜子。我可能会知道我无法有效地代谢咖啡因，但有很多个夜晚我因为喝了可乐而辗转反侧。此外，我很难严肃地对待提交DNA的过程。我收到了一个有橙色盖子的塑料

1　马基雅维利（1469—1527）是意大利政治学家、哲学家，代表作有《君主论》，这本书的中心思想被总结为“为达目的可以不择手段”。因此，这里的“马基雅维利式微生物”可以理解为“不择手段的微生物”。

小瓶，说明书上说用指关节按摩脸颊，从而使嘴里的细胞松弛下来。然后我不断往塑料小瓶里吐唾沫，直到装满三分之二。这个过程花了10分钟，因为说明书上一本正经地写着，不能是一般的唾沫，必须是优质的、黏稠的、甜腻的唾沫，就像生啤酒一样，不能有太多泡沫。第二天，我把基因“痰盂”寄了回去，希望得到关于我祖先的惊喜。直到我去网上获取检测结果，读到了关于编写敏感或可怕信息的说明，才开始冷静地反思。如果你的家族有乳腺癌、阿尔茨海默病或其他疾病的病史，或者仅仅想到这些就会让你害怕，那么检测服务可以为你屏蔽这些信息。你可以在一个方框中打钩，这样连你自己都不知道结果。让我措手不及的是“帕金森病”那一栏。我最早也可能最糟糕的童年记忆之一就是漫步在祖母家的走廊，把头探进祖父的房间——他因为帕金森病而在那里躺着度过了余生。

在我父亲的成长过程中，人们总是说他长得多么像我祖父，而我也得到了类似的评价，说我长得很像我父亲。所以，当我从走廊进入那个房间，看到的仿佛是变老之后的父亲用金属安全栏杆支撑在床上，也仿佛看到了未来的自己。我印象中有很多白色的东西——墙壁、地毯、床单，还有他身上的罩衫。我记得他身体前倾，几乎就要一头栽倒，他的罩衫松松垮垮，一绺白发无力地垂下来。

我不确定他有没有看到我，但是当我在门口踌躇的时候，他开始呻吟和颤抖，声音也颤抖起来。在某些方面，祖父是幸运的，因为祖母是护士，可以在家里照顾他，孩子也定期过来看望他，但他的身体和精神都大不如前。我记得最清楚的是他下巴上那一串黏稠的唾液，满是DNA。我当时只有5岁左右，很小，还不懂事。我至今仍为当时的落荒而逃感到羞愧。

导致祖父患上帕金森病的自我复制分子是否也潜伏在我的细

胞里？——如今，陌生人就能读取数据，更糟糕的是，我自己也能。我的细胞里很可能没有，在我父亲体内，祖父的基因被祖母的基因稀释了；而在我体内，父亲的基因又被母亲的基因稀释了。但是，也可能有，也许，我很容易患上癌症或其他退行性疾病。不要“帕金森病”，我选择屏蔽这些信息。

和所有激动人心的历史一样，这样的亲身经历也是遗传学的一部分，甚至比其他历史更重要，因为每个人内心都至少埋藏着一个这样的故事。因此，本书除了讲述所有的历史故事，还会以这些故事为基础，把它们与今天正在进行的或未来将要进行的DNA研究联系起来。遗传学研究和它将带来的变化，在一些人看来就像不断移动的潮汐——不可避免的庞然大物。但它不是以海啸的形式，而是以小海浪的形式到达我们所在的海岸。当潮水涌上来的时候，无论我们自以为站得多远，都能感受到一波又一波的海浪。

不过，我们可以为海浪的到来做好准备。一些科学家已经承认，DNA的故事实际上已经取代了大学里陈旧的“西方文明课程”，成为关于人类生存的宏大叙事。理解DNA可以帮助我们理解人类的起源，理解我们的身体和心灵是如何工作的。理解DNA的局限性也有助于我们理解身体和心灵是如何失效的。同样地，对于那些棘手的社会问题，比如性别或种族关系，以及攻击性和智力等特征是固定的还是变动的，我们必须准备好接受DNA提供的解释（或无法解释）。我们还必须决定要不要信任那些热切的学者，他们虽然承认我们并不完全理解DNA的工作原理，但已经在谈论如何改善有40亿年历史的生物学构造，甚至把这当成一种使命。从这个角度来看，关于DNA最吸引人的故事是，人类物种存活了足够长的时间，有（潜在的）可能理解和掌握DNA。

本书所讲述的历史仍在构建中。本书每一章都只解答一个问题。叙事包罗万象，从遥远的微生物时代开始，接着是我们的动物祖先，然后缓慢过渡到灵长类和尼安德特人等原始人类的竞争对手，最后是现代文明人类，有着华丽的语言和开化的大脑。但在本书的最后，这些问题还没有得到完全解决。情况仍然是不确定的，尤其是这个问题：这场对DNA刨根问底的宏大人类实验将产生怎样的结果?

第一部分

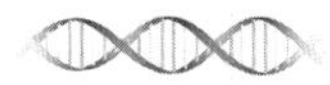

A、C、G、T和你

如何阅读基因值

第一章

基因、怪人和DNA：

生物如何将性状遗传给孩子?

寒流与烈焰、冰霜与地狱、火与冰。最早在遗传学领域做出重大发现的两位科学家有很多共通之处——特别是他们都默默无闻地死去，几乎没有人哀悼，许多人轻松地忘记了他们。但是，一个人的遗物焚于烈火，另一个人的遗物毁于冰封。

大火发生在1884年冬天，地点是今天捷克共和国境内的一座修道院。那年1月，修道士们花了一整天时间，清空了已故院长格雷戈尔·孟德尔（Gregor Mendel）的办公室，无情地清理了他的文件，把所有东西投进院子里的篝火中。孟德尔热情能干，晚年却成为修道院的尴尬人物、政府的调查对象、报纸上的小道消息，甚至还与当地治安官对峙（孟德尔赢了）。没有亲属取走孟德尔的东西，所以和烧灼伤口的原因一样，修道士们烧掉了他的文件——消毒，也消除尴尬。没有关于那些文件是什么的记录，其中有成捆的纸，或一本封面朴素的实验室笔记，因为许久不翻动而蒙着灰尘。泛黄的纸页上应该画满了豌豆植物的草图和数字表格（孟德尔喜欢数字），它们在焚烧时并不会比其他纸张产生更多烟雾和灰烬。但是，在多年前孟德尔建造温室的地方焚毁这些文件，也焚毁了发现基因的唯一原始记录。

寒流也发生在1884年冬天——之前的许多冬天和之后的几个冬天都是如此。约翰内斯·弗雷德里希·米歇尔（Johannes

Friedrich Miescher）是瑞士一位普通生理学教授，当时正在研究鲑鱼。他还有其他项目，但是他沉迷于多年前从鲑鱼精液中提取的一种柔软的灰色物质。为了避免这些脆弱的精子在空气中死亡，米歇尔不得不打开窗户，用传统的方法把实验室“冷藏”起来，而自己也日复一日地忍受着瑞士的寒冬。做成任何工作都需要超人的专注力，这是一种资本，即使轻视米歇尔的人也会承认他有这种资本（在他职业生涯早期，一天下午，朋友们不得不从实验室的长凳上把他拉起来出席他自己的婚礼，因为他忘记了）。虽然如此努力，但米歇尔没有什么成就——他一生的科学成果寥寥无几。然而，他还是开着窗户，年复一年冻得发抖。他知道这相当于慢性自杀，但还是没有弄清楚这种浑浊的灰色物质——DNA。

DNA和基因，基因和DNA。如今，这两个词有相同的含义。大脑会迅速把它们联系在一起，就像吉尔伯特和萨利文，或者沃森和克里克[1]。因此，19世纪60年代，在欧洲中部德语区相距仅400英里的两个地方，米歇尔和孟德尔几乎同时发现了DNA和基因，这似乎是巧合，但又不仅仅是巧合，更像是命中注定。

但是，要理解DNA和基因究竟是什么，必须把这两个词区分开。它们是不一样的，从来都不一样。DNA是一种物质，是能粘在你手上的化学物质。基因也有物理性质，事实上，它是由长链DNA构成的。但在某些方面，最好把基因看成概念，而非物质。基因实际上是一种信息，更像故事，而DNA是故事的语言。DNA和基因结合形成更大的结构——染色体。染色体是写满了DNA的书卷，容纳了生物的大多数基因。染色体处于细胞核中，细胞核就像一座图书馆，里面装满了运行整个身体的指令。

1　吉尔伯特和萨利文是指维多利亚时代幽默剧作家威廉·S.吉尔伯特（William S. Gilbert）与英国作曲家阿瑟·萨利文（Arthur Sullivan），他们合作了25年。沃森和克里克是指DNA双螺旋结构的发现者詹姆斯·沃森（James Watson）和弗朗西斯·克里克（Francis Crick）。

对于遗传学和遗传本身，这两种结构扮演着重要的角色，它们几乎是在19世纪同时被发现的，但在之后的近一个世纪，没有人把它们联系起来，两位发现者都默默无闻地去世了。生物学家最终如何把基因和DNA联系在一起，这是遗传学的第一部史诗。即使在今天，改善基因和DNA之间关系的努力也推动着遗传学的发展。

在孟德尔和米歇尔开始研究的时候，民间理论主导着大多数人对遗传的思考——有些理论令人捧腹，有些匪夷所思，还有些相当巧妙。关于我们为何遗传了不同的性状，几个世纪以来，人们的观点受到了这些民间理论的极大影响。

众所周知，孩子在某种程度上像父母。红发、秃头、精神错乱、下巴后缩，甚至六指都可以在家族谱系图上追溯。而童话故事——那些集体无意识的编撰者——经常让一些可怜人成为拥有王室血统的“真正的”王子（公主）——血统有极其重要的生物学意义，衣衫褴褛或者化身青蛙都不能玷污这一点。

这基本上是常识，但性状究竟是如何代代相传的？即使最聪明的学者也为这种遗传机制感到困惑。遗传过程的变幻莫测产生了许多更令人困惑的理论，甚至一直延续到19世纪。“母性印记”（maternal impression）是流传很广的民间理论，它认为如果孕妇看到了一些可怕的东西或者遭受强烈的情绪波动，就会给她的孩子留下“伤疤”。一个女人在怀孕时非常想吃草莓却没有吃到，她生下的孩子就长满了草莓形状的红斑。想吃培根的也一样。另一个女人的头碰到了一袋煤，她孩子的头发有一半是黑色的，而另一半是其他颜色。还有更可怕的：17世纪的医生报告说，那不勒斯的一名妇女在被海怪惊吓后，生了一个满身鳞片的儿子，他只吃鱼，身上散发着鱼腥味。在主教讲的警世故事中，一个女人穿着全套戏服在后台勾引她的演员丈夫。丈夫扮演的是梅菲斯特[1]，他们生下的孩子长着蹄和角。独臂的乞丐吓唬了一个女人，结果她的孩子只有一只胳膊。孕妇离开拥挤的街道去教堂墓地小便，必然会生下尿床的孩子。把柴火放在围裙里，穿在隆起的肚子上，会生出阳具硕大的男孩。关于母性印记，唯一值得高兴的记录是关于18世纪90年代一位巴黎爱国妇女，她儿子胸前有一块胎记，形状像弗里吉亚无边便帽——有软帽尖的精灵帽。新成立的法兰西共和国把弗里吉亚无边便帽视为自由的象征，所以政府欣然奖励了她终身养老金。

大多数民间传说与宗教信仰交织在一起，人们自然而然地把严重的先天缺陷——独眼、体外心脏、浑身长毛——解释为《圣经》中关于罪孽、愤怒和神圣正义的警告。17世纪80年代有个例子，苏格兰一个名叫贝尔的残忍执法官逮捕了两名女性宗教异见者，把她们绑在岸边的柱子上，让潮水吞没她们。贝尔还通过嘲笑进一步侮辱了这两个女人，然后亲手淹死了其中更顽固的年轻女人。后来每次有人问起这场谋杀，贝尔总是大笑着说，那两个女人现在一定玩得很高兴，在螃蟹中间跑来跑去。但笑料是贝尔自己：结婚后，他的几个孩子在出生时就有严重的缺陷，两只前臂扭曲，像可怕的蟹钳。事实证明，这种症状有很强的遗传能力，孙辈和曾孙辈都受到影响，直到第三代和第四代。不需要是《圣经》学者就可以看出，父亲不义行为的罪孽已经降临到孩子身上（直到1900年，苏格兰还会突然出现这种病例）。

如果说“母性印记”强调环境影响，那么其他遗传理论则带有强烈的先天色彩。“先成说”起源于中世纪炼金术士对创造侏儒的追求——侏儒就是微型的，甚至微观的人类。侏儒是生物学

1　在欧洲的浮士德传说中，梅菲斯特是恶灵的名字。

的魔法石，创造侏儒就表明炼金术士拥有神的力量（创造过程有些不体面，其中一种配方是把精子、马粪和尿液放在南瓜中发酵6周）。17世纪末，一些原科学家[1]窃取了侏儒的想法，认为女性的每个卵细胞中肯定都有一个侏儒。这巧妙地解决了一个问题：在看上去已经死亡的物质中，活胚胎是如何产生的？根据“先成说”者的理论，“自然发生说”[2]是不必要的：侏儒婴儿确实是预先形成的，只需要一个诱因让它生长，比如精子。这种想法只有一个问题：正如批评者指出的，它会导致无限的回溯，女人必须把她未来的所有孩子、孩子的孩子，以及孩子的孩子的孩子，像俄罗斯套娃一样塞进自己的身体。事实上，“卵源学说”（ovism）的拥护者只能如此推断：上帝在第一天（更准确地说，是“创世记”的第六天）就把全部人类塞进了夏娃的卵巢。“精源论者”（spermist）的说法更糟糕——亚当肯定是把全部人类塞进他更小的精子里。甚至在最早的显微镜诞生之后，几个精源论者自欺欺人地说看到微小的人类在精液里上下浮动。卵源学说和精源论（spermism）都有人相信，部分原因是它们都解释了“原罪”：亚当和夏娃被逐出伊甸园时，我们都在他们体内，因此都有了污点。但精源论也带来了神学上的困境——男性每次射精时，都有无数未受洗的灵魂死去，这些灵魂会发生什么？

无论这些理论多么富有诗意或者多么淫秽，在米歇尔的时代，生物学家嘲笑它们是无稽之谈。他们希望从科学中剔除那些荒野怪谈和模糊的“生命力论”[3]，把所有的遗传和发育理论建立在化学的基础上。

米歇尔原本无意加入这场解释生命的运动。年轻的时候，他

1　原科学指的是后来发展为科学，但在当时是伪科学的学科，比如炼金术和占星术都是原科学，它们后来部分发展为化学和天文学。原科学家就是研究原科学的人。

2　根据“腐肉生蛆”等现象提炼出的物种起源理论，如今已经被淘汰。

3　生命力论（又名“活力论”）是一种古老的解释生命活力的理论，可以追溯到古埃及。该理论认为，生命具有一种非物质的力量，因此无法完全以物理或化学方法来解释。这个理论已经被推翻。

在家乡瑞士接受了医学培训——他家里人从事这个行业。但童年时的伤寒感染使他听力下降，无法使用听诊器，也听不清病人在床边的抱怨。米歇尔的父亲是著名的妇科医生，建议他从事研究工作。所以在1868年，年轻的米歇尔搬进了生物化学家菲利克斯·霍普-赛勒（Felix Hoppe-Seyler）位于德国蒂宾根的实验室。霍普-赛勒的实验室设在一座令人惊叹的中世纪城堡中，但位置是地下室的皇家洗衣房，他在隔壁的旧厨房里给米歇尔找了个地方。

霍普-赛勒想给人类血细胞中存在的化学物质分类。他已经研究过红细胞，所以把白细胞分配给米歇尔——这对米歇尔来说是非常幸运的，因为白细胞内部有一个叫“细胞核”的微小内囊（红细胞没有细胞核）。当时，大多数科学家忽略了细胞核（因为没有任何已知功能），相当合理地把注意力放在了细胞质上：黏稠的细胞质构成了细胞的大部分体积。不过，分析未知事物的机会吸引了米歇尔。

为了研究细胞核，米歇尔需要稳定的白细胞供应，所以他找到了当地一家医院。据说这家医院专门收治在战场上截肢或经历了其他不幸的退伍军人。无论如何，这家医院确实住着很多慢性病人。医院的一名护理员每天收集浸满脓液的绷带，把发黄的破布交给米歇尔。这些脓液在空气中经常变得黏稠，米歇尔不得不闻每一块化脓的布，然后丢掉已经腐烂的（大部分都腐烂了），剩下的“新鲜”脓液中则有活的白细胞。

为了成功——事实上，他也怀疑自己的才能——米歇尔全身心地投入到细胞核的研究中，仿佛不知疲惫地工作就能弥补所有短处。一位同事后来形容他“被恶魔驱使”，每天都会接触各种各样的化学物质。但如果没有这种专注，他很可能就没有后来的发现，因为细胞核内的关键物质非常难以捉摸。米歇尔首先用温

弗雷德里希·米歇尔（小图）在这个实验室里发现了DNA，该实验室位于德国蒂宾根一座城堡的地下室，是一间翻修的厨房（蒂宾根大学图书馆）

酒精清洗脓液，然后用从猪胃中提取的酸液来溶解细胞膜，这样能分离出一种灰白色的糊状物。他以为这是蛋白质，并通过测试验证自己的猜测。但这种糊状物能抵抗蛋白质消化，而且不同于任何已知蛋白质，它不溶于盐水、沸醋或稀盐酸。所以他尝试了元素分析——把它烧焦，直至分解。他得到了预料中的元素，碳、氢、氧和氮，却也发现了3%的磷——蛋白质中没有的元素。他确信自己发现了一种独特的物质，并命名为“核素”（nuclein）——后来科学家称之为“脱氧核糖核酸”（deoxyribonucleic acid），也就是DNA。

米歇尔花了一年时间完善这项工作。1869年秋天，他来到皇家洗衣房，向霍普-赛勒展示他的成果。这位年长的科学家不但没有兴奋，反而皱起了眉头，对细胞中是否含有某种特殊的、非蛋白质的物质表示怀疑，一定是米歇尔弄错了。米歇尔表示反对，但霍普-赛勒坚持重复这个年轻人的实验——一个步骤接一个步骤，一块绷带接一块绷带——最后才允许他发表论文。霍普-赛勒的傲慢态度挫伤了米歇尔的信心（他再也没有这么高效地工作过）。霍普-赛勒又研究了两年，证明了米歇尔是正确的，但他仍然为米歇尔的论文写了一篇傲慢的评论，并拐弯抹角地称赞米歇尔"增进了我们对脓液……的理解"。尽管如此，1871年，米歇尔还是获得了发现DNA的荣誉。

一些类似的发现更清楚地解释了米歇尔发现的分子。最重要的是，霍普-赛勒的一个德国学生确定，"核素"由许多更小的分子构成。这些物质包括磷酸盐、糖（与之同名的"脱氧核糖"），以及现在被称为核酸"碱基"的四种环状化学物质——腺嘌呤、胞嘧啶、鸟嘌呤和胸腺嘧啶。但是，没有人知道这些部件的组合方式。由于这种混乱，DNA变得更加奇异和难以捉摸。

[现在，科学家知道了这些部件构成DNA的方式。DNA分子形成双螺旋结构，像被拧成螺旋的梯子。梯子的腿是由交替的磷酸盐和糖组成的链，中间的横杆是最重要的部分，每个横杆都由两个核酸碱基构成，这些碱基以特定的方式配对：腺嘌呤A与胸腺嘧啶T结合；胞嘧啶C与鸟嘌呤G结合（为了方便，可以记为：有弧度的字母C和G成对结合，有棱角的字母A和T成对结合）。]

与此同时，DNA的声誉也因其他发现而得到提升。19世纪后期的科学家认定，细胞一分为二时，会小心翼翼地分配染色体。这说明染色体很重要，否则细胞不会如此费力。另外一些科学家认为染色体完整无缺地从父母传递给孩子。还有一位德国化学家发现，染色体主要是由DNA构成的。根据这一系列发现——需要一点想象力才能勾勒出线条并看到更大的图景，少数几名科学家意识到，DNA可能在遗传中起到直接作用。核素吸引着人们的注意。

当核素成为众人追捧的研究对象时，只能说米歇尔很幸运，但除此之外，他的事业停滞不前。在蒂宾根工作一段时间后，他搬回了家乡巴塞尔，但新研究所拒绝给他一间自己的实验室——他只有公共休息室的一个角落，被迫在旧走廊里进行化学分析（城堡里的厨房突然变得很不错）。他的新工作还需要教书。米歇尔非常孤僻，甚至冷淡——只要在人群中他就会不自在。尽管在课堂上很努力，但事实证明他的教学是一场灾难：学生们记得，他“没有安全感，坐立不安……近视……很难理解，十分烦躁”。我们喜欢把科学英雄想象成充满活力的人物，但米歇尔甚至缺乏最基本的魅力。

糟糕的教学进一步打击了他的自信，于是米歇尔重新投身于研究。米歇尔执着于一位观察者所说的“检查令人反感的液体”，把对DNA的热忱从脓液转移到了精液。精液中的精子基本上是顶部带有核素的“导弹”，提供了大量DNA，而没有太多无关的细胞质。每年秋冬，米歇尔的大学附近的莱茵河里，鲑鱼成群结队，方便他获得精子。在产卵季节，鲑鱼的睾丸会变得像肿瘤一样，比正常情况大20倍，通常每个睾丸超过1磅。为了获得鲑鱼精子，米歇尔会在办公室的窗户上挂一根钓鱼线，通过粗棉布挤压鲑鱼的“成熟”睾丸，从而捕获数以百万计的“小游泳运动员”。这种方法的缺点是，鲑鱼的精子在任何接近舒适的温度下都会变质。所以米歇尔必须在黎明前的寒冷时分来到工作台前，打开窗户，把温度降至35华氏度左右再开始工作。由于预算有限，实验室的玻璃器皿破碎时，他不得不偷妻子的精美瓷器来完成实验。

通过这项工作，以及他同事对其他细胞的研究，米歇尔得出结论：所有细胞核都含有DNA。事实上，由于细胞核有不同的大小和形状，他提议重新定义细胞核，更严格地将其定义为“DNA的容器”。虽然米歇尔并不贪图名声，但这可能是他最后一次争取荣誉。DNA有可能仍然被证明是不重要的，但在这种情况下，他至少可以弄清楚神秘的细胞核有什么作用。可事实并非如此，我们现在知道，米歇尔对细胞核的定义在很大程度上是正确的，但由于没有足够的证据，米歇尔也承认自己的建议并不成熟，所以其他科学家对此犹豫不决。即便他们认同这一点，也不会认同米歇尔的下一个对他自己有利的说法：DNA影响遗传。米歇尔不知道如何影响，所以也无济于事。和当时的许多科学家一样，他不相信精子把某种物质注入卵子，部分原因是他认为卵子已经包含了生命所需的全部成分（类似于侏儒的说法）。相反，他认为精子核素的作用是化学除颤和启动卵子。不幸的是，米歇尔没有时间去探究和捍卫这些观点。他还是要教课，瑞士政府丢给他“吃力不讨好又单调乏味”的工作，比如为监狱和小学的营养状况撰写报告。在瑞士的寒冬中长年累月地开着窗户工作损害了他的健康，他患上了肺结核，最终完全放弃了DNA研究。

与此同时，其他科学家对DNA的怀疑开始在他们的头脑中固化成强烈的对立。更糟糕的是，科学家发现除了磷酸盐-糖主链和A、C、G、T碱基之外，染色体中还有更多成分。染色体也含有蛋白质，这似乎更有可能解释化学遗传。这是因为蛋白质由20种不同的亚基（名为“氨基酸”）组成。每一个亚基都可以作为一个书写化学指令的“字母”，这些字母组合的多样性足以解释令人眼花缭乱的生命多样性。相比之下，DNA中的A、C、G、T显得过于单调和简单，四个字母的表达力非常有限。因此，大多数科学家认为DNA为细胞储存磷，仅此而已。

遗憾的是，连米歇尔也开始怀疑DNA中是否有足够的字母多样性。他也开始研究蛋白质遗传，并提出了一种理论，即蛋白质通过不同角度的分子臂和分支来编码信息——一种化学信号。然而，精子如何将这些信息传递给卵子仍是未知，这加深了米歇尔的困惑。晚年时他再次提到DNA，依旧认为DNA可能在遗传中起了作用。但进展十分缓慢，部分是因为他不得不花越来越多的时间待在阿尔卑斯山的肺结核疗养院。他还没有研究出任何结果，就在1895年感染了肺炎，不久就去世了。

后来的研究继续削弱了米歇尔的观点：即便是染色体控制遗传，但实际上含有信息的是染色体中的蛋白质，而非DNA。米歇尔死后，他的叔叔——也是一位科学家——把米歇尔的信件和论文编辑成一本“文集”，类似于某种“散文集”。他的叔叔在这本书的前言中写道：“米歇尔和他的成果不会消亡，相反，它会成长，米歇尔的发现和思想将萌生出丰硕的未来。”说得很好，但这肯定是一厢情愿：米歇尔的讣告中几乎没有提及与核素相关的研究，和米歇尔本人一样，DNA似乎一点都不重要。

米歇尔去世时，至少在科学界很有名。而格雷戈尔·孟德尔在世时，只能靠丑闻出名。

孟德尔承认，他之所以成为奥斯定会的修士，不是因为某种虔诚的冲动，而是因为修道会可以为他支付账单，包括他的大学学费。作为农民的儿子，他之所以上得起小学，完全是因为他叔叔创办了那所小学，而能上高中，也是因为他姐姐牺牲了一部分嫁妆。在教会的资助下，孟德尔进入维也纳大学学习科学，他的老师、多普勒效应的发现者克里斯蒂安·多普勒（Christian Doppler）教他设计实验（多普勒最初拒绝了孟德尔的申请，可能是因为孟德尔经常在考试时精神崩溃）。

孟德尔所在的圣托马斯修道院的院长支持孟德尔研究科学和统计学，部分是出于金钱方面的考虑：院长认为，科学养殖和耕种可以培育出更优质的绵羊、果树和葡萄，帮修道院摆脱债务。但孟德尔也有时间发展其他兴趣。多年来，他记录太阳黑子、追踪龙卷风、管理满是蜜蜂的蜂房（尽管他养的一种蜜蜂因为生性暴躁且好斗而不得不被消灭），并与人共同创立了奥地利气象学会。

19世纪60年代初，米歇尔还没有从医学院进入实验室，孟德尔就已经在圣托马斯修道院的苗圃里开始了一些看上去很简单的豌豆实验。除了喜欢豌豆的味道和想要稳定的供应，他选择豌豆主要是因为豌豆简化了实验。蜜蜂和风都不能给他的豌豆花授粉，所以他可以控制哪些植株与哪些植株交配。他也很看重豌豆的“二元性”——非此即彼的性质：植物的茎要么高，要么矮；豆荚要么是绿色，要么是黄色；豌豆粒要么褶皱，要么光滑。不存在中间状态。事实上，孟德尔得到的第一个重要结论是，在二元性状中，一些性状相对于另一些性状是显性性状。例如，如果让纯种的绿色豌豆植株和纯种的黄色豌豆植株杂交，产生的后代只有黄色豌豆：黄色是显性性状。但更重要的是，绿色性状并没有消失。当孟德尔将第二代黄色豌豆植株杂交时，会出现几株“隐性”的绿色豌豆——每有三株显性黄色豌豆就有一株“隐性”绿色豌豆。对于其他性状，3∶1的比率*仍然适用。

同样重要的是，孟德尔得出结论，一种显性性状或隐性性状并不影响另一种性状的显性与否——每种性状都是独立的。例如，尽管高茎相对于矮茎是显性性状，但隐性的矮茎植株仍然可以长

---

* 此处和下文的所有星号都指文后“注释和勘误”部分，目的是更详细地介绍各种有趣的细节。——作者

出显性的黄色豌豆，或者高茎植株也可以长出隐性的绿色豌豆。事实上，在他研究的7组性状中——光滑的豌豆粒（显性）和褶皱的豌豆粒（隐性），紫色的花（显性）和白色的花（隐性），每一组性状的遗传都独立于其他性状。

在其他注重遗传的园艺家失败的地方，孟德尔却取得了成功，就是因为对独立性状的关注。如果孟德尔要一下子描述出一株植物及其亲本植物的整体相似性，就有太多性状需要考虑。在这种情况下，植株似乎是双亲令人迷惑的拼贴画（查尔斯·达尔文也种豌豆，并做过豌豆实验，他之所以没成功，部分就是这个原因）。但是，孟德尔每次只关注一种性状，就能发现每种性状一定是由独立的遗传因子控制。孟德尔发现了如今被称为“基因”的独立遗传因子——尽管他自己从来没有使用过这个词。孟德尔的豌豆在生物学上相当于牛顿的苹果。

除了定性的发现，孟德尔还为遗传学建立了坚实的定量基础。他很喜欢气象学的统计方法，即把每天的晴雨表和温度计读数转化为综合的气候数据。他把同样的方法引入培育，根据个体植株的状况总结出普遍的遗传规律。事实上，有个流传了近一个世纪的谣言，说孟德尔失去了理智，为了追求完美数据而弄虚作假。

如果抛1 000次硬币，会得到大约500次正面和500次反面，但不太可能出现恰好500次，因为每次抛硬币都是独立且随机的。同样，由于随机偏差，实验数据总是比理论预测偏高或者偏低。因此，孟德尔获得的高茎植株和矮茎植株的比率应该只是大约3：1（其他任何性状都是如此）。但孟德尔声称，在数千株豌豆植株中，有一些的比率几乎是完美的3：1，这个说法引起了现代遗传学家的怀疑。后来的一位事实核查员计算出，孟德尔诚实公布自己结果的可能性微乎其微（除此之外，他在分类账和气象实验中的数值精度也值得怀疑）。多年来，许多历史学家一直为孟德尔辩护，或者认为他只是无意识地篡改了数据——当时记录数据的标准和现在不一样（一位支持者甚至凭空捏造了一名过分热心的园艺助理，他知道孟德尔想要的数字，所以偷偷扔掉了一些植株来取悦雇主）。孟德尔的原始实验笔记在他死后被烧毁了，所以我们无法确定他是否篡改了记录。但说实话，如果孟德尔真是个骗子，那就更了不起了：这意味着他在没有任何实际证据的情况下，仅凭直觉就得到了答案——遗传学的3∶1黄金比率。所谓的虚假数据可能只是这位修士的一种策略，用于理解真实世界中变幻莫测的实验结果，他让自己的数据更有说服力，这样其他人就能看到他通过上帝的启示而了解的真相。

无论如何，孟德尔在世时，没人怀疑他作弊——部分是因为没人注意到这一点。1865年，他在会议上朗读了关于豌豆遗传的论文，一位历史学家指出："他的听众对他的态度就像人们面对不感兴趣的数学的态度：没有讨论，也没有提问。"孟德尔几乎不必为此费心，他在1866年发表了研究结果，得到的同样是沉默。

孟德尔继续工作了几年，但在1868年，修道院选他当院长，他基本上失去了继续提高科学声誉的机会。孟德尔此前从未管理过任何东西，有很多东西要学，而管理圣托马斯修道院的日常工作让他头疼不已，也挤占了他从事园艺的闲暇时间。此外，作为负责人有额外的津贴，比如丰富的食物和雪茄（孟德尔每天抽20支雪茄，变得很胖，休息时的脉搏有时超过每分钟120次），这使他变得迟钝，无法享受在花园和温室中的乐趣。后来的一位访客确实记得孟德尔院长带他在花园里散步，高兴地指给他看盛开的花朵和成熟的梨子，但一提到花园里的实验，孟德尔就顾左右而言他，似乎很尴尬。（当被问到他如何只种出高茎豌豆时，孟德尔提出异议："这只是小把戏，但背后有很长的故事，需要很长时间才能讲清楚。"）

孟德尔浪费了越来越多的时间在争论政治问题上，特别是政教分离的问题，所以他的科学事业一落千丈（完全不同于米歇尔的冷淡，孟德尔可能是充满激情的人，即使这一点在他的科学工作中体现得并不明显）。孟德尔几乎是唯一一个支持自由主义政治的天主教修道院院长，但在1874年，统治奥地利的自由派背叛了他，取消了修道院的免税待遇。政府要求圣托马斯修道院每年支付7 300荷兰盾，是修道院估值的10%。背叛让孟德尔很愤怒，他支付了部分款项，但拒绝付剩下的部分。为此，政府没收了圣托马斯修道院的农场，甚至派了一名治安官查封修道院内的资产。孟德尔穿着全套神父服装，在大门外盯着他的死对头，看他敢不敢从口袋里掏出钥匙，治安官只能空手而归。

但总的来说，想要撤销这项新法律，孟德尔无计可施。他甚至变得有点古怪，要求赔偿损失收入的利息，并就教会税收的晦涩之处给立法者写了很长的信。一位律师叹道，孟德尔“疑神疑鬼，（感觉）自己周围全是敌人、叛徒和阴谋者”。“孟德尔事件”确实让这位昔日的科学家在维也纳声名远扬，或者说声名狼藉。这也让圣托马斯修道院的新院长确信，应该在孟德尔死后焚烧他的文件，从而结束争议，挽回修道院的名誉。描述豌豆实验的笔记本成了附带的牺牲品。

在政教矛盾后不久，1884年，孟德尔去世了。护士发现他躺在沙发上，身体僵直，心脏和肾脏衰竭。我们之所以知道这一点，是因为孟德尔害怕被活埋，早就要求在下葬前验尸。但在某种意义上，孟德尔对“活埋”的担忧是有先见之明的。在他死后35年，只有11位科学家引用了他那篇如今成为经典的论文。而这些科学家（主要是农业科学家）感兴趣的是他培育豌豆的过程，而不是关于遗传的一般陈述。科学家确实“活埋”了孟德尔的理论。

但一直以来，生物学家关于细胞的发现都支持了孟德尔的观点——遗憾的是，他们自己并不知道。最重要的是，他们发现了后代之间性状的明显比率，并确定了染色体以离散的形式传递遗传信息，就像孟德尔发现的离散性状一样。因此，1900年前后，三位生物学家搜寻脚注时，都各自发现了这篇豌豆论文，并意识到它与自己的工作非常相似。所以他们决定复活这位修道士。

据说，孟德尔曾经向一位同事发誓“我的时代会到来的”。确实，真的来了。1900年之后，“孟德尔主义”在狂热的意识形态推动下迅速扩张，开始与查尔斯·达尔文的自然选择理论争夺“最杰出的生物学理论”的宝座。事实上，许多遗传学家认为达尔文主义和孟德尔主义是互斥的——有些人甚至把达尔文放逐到弗雷德里希·米歇尔所熟悉的历史无名角落。

第二章

达尔文主义的濒死：

为什么遗传学家试图杀死自然选择?

诺贝尔奖得主不应该这样消磨时光。1933年年底，在获得科学界的最高荣誉后不久，托马斯·亨特·摩尔根（Thomas Hunt Morgan）从他的长期助手卡尔文·布里奇斯（Calvin Bridges）那里得知了一条消息。欲望又一次使布里奇斯陷入水深火热之中。

几周前，布里奇斯在一列横越全国的火车上遇到了来自哈莱姆区的“女骗子”。她很快就让布里奇斯相信她是印度王室的公主，而她的父亲是非常富有的印度王公，碰巧在印度次大陆开设了一家科学研究所，研究的领域正好是布里奇斯（和摩尔根）从事的领域——果蝇遗传学。这一切都太巧了。她的父亲需要一个人领导研究所，所以她想把这个职位给布里奇斯。布里奇斯是个花花公子，很想和这个女人同居，而且她提供的工作前景让他无法抗拒。他被迷得神魂颠倒，开始向他的同事许诺在印度的工作，他似乎没有注意到“公主殿下”的习惯：每次出去狂欢，都会欠下一大笔账。事实上，布里奇斯不在场时，这个所谓的“公主”自称“布里奇斯夫人”，她把所有的花销都记在他账上。真相浮出水面时，她威胁要起诉布里奇斯“为了不道德的目的跨州转运”她，试图勒索更多的钱。虽然做了很多成年人的事，但布里奇斯非常孩子气，他惊慌失措、心烦意乱，于是向摩尔根求助。

毫无疑问，摩尔根咨询了另一位值得信任的助手——阿尔弗

雷德 · 斯特蒂文特（Alfred Sturtevant）。和布里奇斯一样，斯特蒂文特也与摩尔根共事了几十年，他们三人共同参与了遗传学史上一些最重要的发现。对布里奇斯的调情和越轨，斯特蒂文特和摩尔根都私下表达过不满，但他们的“仗义”胜过了其他方面的考虑。他们认为摩尔根应该发挥他的“影响力”。旋即，摩尔根威胁要向警方告发这个女人，并不断给她施压，直到“公主”乘上火车，彻底消失。摩尔根让布里奇斯躲起来，直到事态平息。*

多年前，当摩尔根雇布里奇斯为自己工作时，他绝对想不到布里奇斯有一天会成为他的“好兄弟”。摩尔根也完全预料不到，他生命中的几乎所有事情即将天翻地覆。在默默无闻地埋头苦干之后，他成了遗传学领域的领袖。以前他在曼哈顿一间非常拥挤的办公室工作，而如今在加州管理着一间宽敞的实验室。多年来，他在“果蝇小子”身上投入了很多注意力和情感，现在却面临着几名前助手的指控，说他窃取了别人的创意。在与野心勃勃的科学理论进行了长期的艰苦斗争之后，他屈服于生物学中最野心勃勃的两个理论，甚至帮助它们扩张。

年轻时的摩尔根可能会因为这最后一件事而鄙视老年的自己。摩尔根的职业生涯始于科学史上一个奇怪的时期，大约1900年，孟德尔的遗传学和达尔文的自然选择之间爆发了一场最不文明的“内战”[1]:情况很糟糕，大多数生物学家认为必须消灭其中一个理论。在这场战争中，摩尔根最开始打算保持中立，拒绝接受任何一种理论。他认为这两个理论都太依赖猜测，而摩尔根非常不信任猜测。如果他看不到支持理论的证据，就想把该理论从科学中扫地出门。如果说科学进步往往需要杰出的理论家，以完美的语言清晰地解释自己的观点，那么摩尔根正好相反：他非常固执，又是出了名地不擅长推理——除了看得见的证据，任何东西

1 “内战”的英文是“civil war”，直译为“文明战争”。

都让他感到困惑。

然而，在达尔文主义者和孟德尔主义者之间的玫瑰战争[1]的间歇，这种困惑使摩尔根成为双方都可以跟随的完美向导。最开始，摩尔根不相信遗传学和自然选择，但他耐心地对果蝇做实验，发现二者都对了一半。摩尔根——更确切地说，他和他的天才助手团队——最终成功地将遗传学和进化论编织到现代生物学的宏伟织锦中。

达尔文主义的衰落，也就是现在所谓的达尔文主义的“日食”，始于19世纪末，这有非常合理的原因。最重要的一点是，虽然生物学家认同达尔文证明了进化的发生，但又抨击了他提出的进化机制——自然选择，适者生存，他们认为这种机制显然不足以带来他所宣称的改变。

批评者反复强调：自然选择只会淘汰不适应的生物，完全无法解释新性状或有利性状的来源。有人打趣说：自然选择解释了适者如何生存，而没有说明适者如何产生。达尔文坚持认为，对于个体之间的微小差异，自然选择的过程极其缓慢——这使问题更加复杂。没有人相信这样的微小变异会产生实际的长期差异——他们相信进化是急促而跳跃的。就连“达尔文的斗牛犬”托马斯·亨利·赫胥黎（Thomas Henry Huxley）也回忆说，他曾试图说服达尔文，物种的进化有时候是跳跃的，“这让达尔文先生很反感”。达尔文没有改变主意——他只接受无限小的步伐。

1882年达尔文去世后，反对自然选择的观点越来越多。统计学家已经证明，物种的大多数性状呈钟形曲线：⋀。举个例子，

1　玫瑰战争（1455—1485年）是英格兰国王爱德华三世的两支后裔为了争夺英格兰王位而发生的内战。在莎士比亚的历史剧《亨利六世》中，作者以两朵玫瑰标志这场战争，“玫瑰战争”因此得名。之所以使用这个类比，可能是因为达尔文主义和孟德尔主义之间的“战争”也是两方之间的内战。

大多数人的身高接近平均值，两端高个子和矮个子的人数平滑地下降。动物的性状如速度（或力量、智慧等）也形成钟形曲线，大量生物接近平均值。显然，捕食者的狩猎会使那些迟钝或愚蠢的生物被自然选择淘汰掉。然而，大多数科学家认为，为了保证进化的发生，平均值一定会改变，生物会变得更快、更强或更聪明。除此之外，物种基本上保持不变。但是，杀死最慢的生物并不会突然使那些逃脱的生物变得更快——逃脱的生物还会继续生出平庸的后代。更重要的是，大多数科学家认为，速度极快的个体在与速度较慢的个体繁殖时，速度会被稀释掉，产生更多的平庸生物。根据这一逻辑，物种会被卡在平均性状的“车辙”里，自然选择的推动无法改善这一点。因此，真正的进化一定是跳跃的*，比如猴子进化成人。

除了明显的统计学问题，达尔文主义还有另一个不利因素——情感。人们厌恶自然选择，因为在自然选择中，无情的死亡似乎是至高无上的，强者总是压倒弱者。剧作家萧伯纳（George Bernard Shaw）等知识分子甚至觉得达尔文背叛了他们。最开始萧伯纳很崇拜达尔文，因为达尔文反对宗教教条。但萧伯纳了解得越多，就越不喜欢自然选择理论。他后来哀叹道：“当你领悟了它的全部含义，心就会陷入身体中的那堆沙子。这是一种让人难以接受的宿命论，它以一种既可怕又可恶的方式贬低了美丽和智慧。”萧伯纳说，在这样的规则下，自然将是“一场为了猪食的全面斗争”。

1900年，三位生物学家重新发现了孟德尔的论文，它提供了另一种科学选择，并很快成为达尔文主义的竞争对手，这进一步刺激了反达尔文主义者。孟德尔的研究强调的不是杀戮和饥饿，而是生长和繁衍。此外，孟德尔的豌豆还表现出了跳跃的迹象——高茎或矮茎，黄色或绿色，没有中间状态。早在1902年，英国生物学家威廉·贝特森（William Bateson）就已经帮助一位医生鉴定出了人类最早已知的基因（会导致一种令人担忧但基本无害的疾病——尿黑酸尿症，会使儿童的尿液变黑）。不久，贝特森将“孟德尔主义”重新命名为“遗传学”，并成为孟德尔在欧洲的“斗牛犬”，不知疲倦地拥护这位修道士的工作，甚至开始下棋和抽雪茄——仅仅因为孟德尔喜欢这两样。然而，另一些人之所以支持近乎狂热的贝特森，是因为达尔文主义违背了新世纪的进取精神。早在1904年，德国科学家埃贝哈德·登纳特（Eberhard Dennert）就笑嘻嘻地说：“我们面前是达尔文主义的临终之榻，我们应该准备给病人的亲朋寄一点钱,确保有个体面的葬礼。”（这种看法也适用于今天的神创论者。）的确，少数生物学家反对登纳特和贝特森的观点，非常激烈地捍卫达尔文的渐进演化观——据一位历史学家评论，双方都“非常刻薄”。但是，这些顽固的少数人无法阻止达尔文主义的“日食”变得越来越暗。

可是，虽然孟德尔的研究激发了反达尔文主义者的热情，却从未将他们团结起来。到20世纪初，科学家已经发现了关于基因和染色体的各种重要事实——这些事实现在仍然是遗传学的基础。他们认为，所有的生物都有基因；基因可以变化或者突变；细胞中的所有染色体都是成对的；所有生物都从双亲那里继承了相同数量的染色体。但是，没有一种全局观念可以把这些发现联系起来，单个像素无法拼凑成连贯的图像。相反，出现了一系列令人困惑的残缺理论，如“染色体理论”“突变理论”“基因理论”等。每个理论都只支持遗传的一个狭隘方面，每个理论都提出了在今天看来令人困惑的差别：一些科学家（错误地）认为基因不在染色体上；另一些科学家则认为每条染色体只有一个基因；还有一些科学家认为染色体对遗传没有任何作用。很不公平地说，在今天阅读这些相互重叠的理论让人十分沮丧。你会觉得这些科学家就像《命运轮盘》[1]中的傻瓜，想对着他们大喊："动动脑子！答案就在那里！"但每个阵营都不重视竞争对手的发现，他们彼此之间的争吵和他们与达尔文主义者的争吵一样激烈。

当"革命者"和"反革命者"在欧洲争吵不休时，最终终结了达尔文主义和遗传学之争的科学家正在美国默默无闻地工作。托马斯·亨特·摩尔根既不信任达尔文主义者，也不信任遗传学家——他们关于理论的废话太多了，但在1900年拜访荷兰的一位植物学家之后，他对遗传产生了兴趣。雨果·德·弗里斯（Hugo de Vries）是当年重新发现孟德尔的三个人之一，他在欧洲的名声堪比达尔文，部分原因是他提出了一种与之竞争的物种起源理论。弗里斯的"突变理论"认为，物种会经历罕见而剧烈的突变期，在此期间亲代会产生"突变体"（sport），即性状明显不同的后代。弗里斯在阿姆斯特丹附近一片废弃的土豆地里发现了一些异常的月见草，于是提出了突变理论。有些突变体长出了更光滑的叶子、更高的茎、更大的黄花和更多的花瓣。最重要的是，突变的月见草不会与旧的、普通的月见草杂交，它们似乎跳跃了一大步，变成新的物种。达尔文之所以反对进化上的跳跃，是因为他相信如果出现了一种突变体，它必须与普通的个体繁殖，稀释它的优秀品质。弗里斯的"突变期"一举消除了这种顾虑：许多突变体同时出现，而且它们只能在内部繁殖。

月见草的结果让摩尔根印象深刻。弗里斯不知道突变的来源，也不知道突变的原因，但这并不重要。摩尔根终于看到了新物种出现的证据，而不是仅有猜测。在纽约市哥伦比亚大学获得一份教职之后，摩尔根决定研究动物的突变期。他开始用老鼠、豚鼠和鸽子做实验，但发现它们的繁殖速度非常慢，于是他采纳了同

1 《命运轮盘》（*Wheel of Fortune*），美国电视游戏节目，参与者通过答题获得奖金。已从1975年播出至今。

事的建议，尝试了果蝇（*Drosophila*）。

和当时的许多纽约人一样，果蝇也是"新移民"。19世纪70年代，果蝇和第一批香蕉作物一起跟随船只来到纽约。这些外来的黄色水果通常用箔纸包着，每根售价10美分。纽约的警卫守在香蕉树旁，防止狂热的暴徒偷窃香蕉。但到了1907年，纽约的香蕉和果蝇已经非常普遍，摩尔根的助手只需要把香蕉切片，让它在窗台上腐烂，就可以抓到一大群果蝇。

果蝇堪称摩尔根的完美研究对象。果蝇繁殖得很快——每12天繁殖一代，养活它们的食物甚至比花生还要便宜。它们还能忍受曼哈顿的那种让人产生幽闭恐惧的房屋。摩尔根的实验室——"蝇室"（fly room），哥伦比亚大学谢默霍恩大楼613室——长23英尺、宽16英尺，必须放得下8张桌子。1 000只果蝇能在大约1夸脱的牛奶瓶中舒适生存，摩尔根的架子上很快摆满了几十个瓶子，（据说）这些瓶子是他的助手从学生食堂和别人门口"借

托马斯·亨特·摩尔根在哥伦比亚大学凌乱、肮脏的蝇室。每个瓶子都挤满了数百只果蝇，它们以腐烂的香蕉为食（美国哲学学会）

来的”。

摩尔根在蝇室中央的桌子前办公。蟑螂在他的抽屉里乱窜，啃食着腐烂的水果，房间里充满了嗡嗡的响声，摩尔根却安之若素地站在中间，拿着珠宝商使用的放大镜，逐个瓶子地搜寻弗里斯的“突变体”。如果瓶子里没有产生有趣的样本，摩尔根可能会用拇指把果蝇捏碎，然后把内脏抹在实验室笔记本之类的地方。很遗憾，一般情况下，摩尔根需要捏碎很多很多果蝇：虽然果蝇不断地繁殖、繁殖、再繁殖，但摩尔根没有发现任何突变体的迹象。

与此同时，摩尔根在另一个领域运气很好。1909年秋天，他代替一位休假的同事在哥伦比亚大学讲授一门基础入门课程，这是他职业生涯中唯一的一次。一位观察者指出，他在那个学期“最伟大的发现”是找到了两名出色的助手。阿尔弗雷德·斯特蒂文特从他哥哥那里听说了摩尔根的课程——他哥哥在哥伦比亚大学教授拉丁语和希腊语。尽管只是大二的学生，但他写了一篇关于马和毛皮颜色遗传的独立研究论文，给摩尔根留下了深刻印象（摩尔根出生在肯塔基州，南北内战期间，他的父亲和叔叔是联邦军背后有名的马贼，领导着名为“摩尔根突袭者”的团伙。摩尔根对自己的邦联往事嗤之以鼻，但他很了解马）。从那时起，斯特蒂文特就成了摩尔根的“金童”，最终在蝇室获得了一张梦寐以求的办公桌。斯特蒂文特看起来很有教养，他广泛地阅读文学作品，喜欢玩更高难度的英式填字游戏——尽管他身处脏乱的蝇室，尽管有人曾经在他的桌子上发现了老鼠的干尸。作为科学家，斯特蒂文特确实有一个缺陷，那就是红绿色盲。在阿拉巴马州的家庭果园中，他负责照顾马匹，主要是因为他在收获季节完全帮不上忙：很难在绿色的灌木丛中发现红色的草莓。

另一个大学生卡尔文·布里奇斯弥补了斯特蒂文特视力不佳

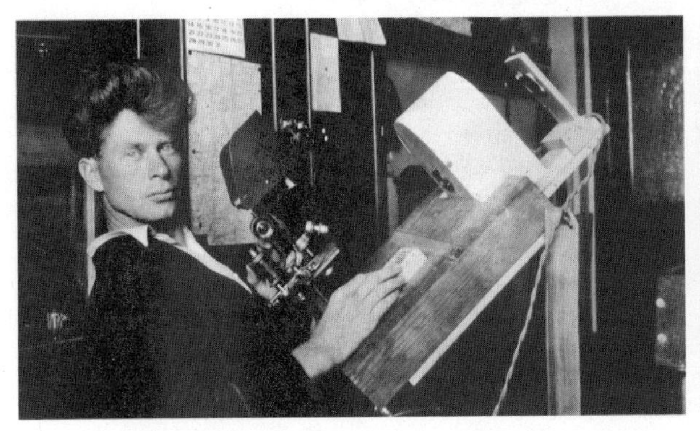

花花公子卡尔文·布里奇斯（左）和一张罕见的托马斯·亨特·摩尔根（右）的照片。摩尔根很讨厌照相，有一次，一名想要拍照的助手不得不把相机藏在蝇室的书桌里，然后用绳子从远处抓拍（美国国家医学图书馆提供）

和个性沉闷的缺点。最开始，摩尔根只是可怜身为孤儿的布里奇斯，给了他一份洗牛奶瓶的工作。但布里奇斯偷听了摩尔根关于研究的讨论，他用肉眼（甚至透过不干净的玻璃瓶）发现了有趣的果蝇，于是摩尔根雇他当研究员。这基本上是布里奇斯的唯一一份工作。布里奇斯头发蓬松，性感而英俊，他践行"自由性爱"的理念。最终他抛弃了妻子和孩子，做了输精管结扎手术，在曼哈顿的单身居所里有了一些愚蠢的念头。他开始挑逗所有穿裙子的人——包括同事的妻子——甚至提出直白的要求。他原始的魅力吸引了许多人，但即使在蝇室成为传奇之后，也没有其他大学愿意聘请布里奇斯当助手，担心被他抹黑。

遇到布里奇斯和斯特蒂文特让摩尔根重新振作起来，因为在那之前他的实验几乎都失败了。由于找不到自然突变体，他把果蝇暴露在过热或过冷的环境中，并向它们的生殖器（很难找到）注射酸、盐、碱和其他的潜在诱变剂。仍然一无所获。1910年1月，就在快要放弃的时候，摩尔根终于发现了一只胸前有奇怪三叉戟花纹的果蝇。这并不是弗里斯的那种"超级果蝇"，但也差不多。3月，他又发现了两个突变体，其中一只翅膀附近有粗糙的痣，仿佛长出了“毛茸茸的腋窝”；另一只的身体颜色是橄榄色（而不是普通的黄褐色）。1910年5月，出现了最引人注目的突变体——白眼睛（而不是红眼睛）的果蝇。

摩尔根急于取得突破（也许这就是突变期），不辞辛劳地把白眼睛的果蝇隔离出来。他打开牛奶瓶的盖子，把另一个牛奶瓶倒扣在上面，就像让两个番茄酱瓶交配，然后用光照上面的瓶子，让白眼果蝇往上飞。当然，上面的瓶子里除了白眼果蝇还有几百只其他果蝇，所以摩尔根必须迅速盖上盖子，拿一个新牛奶瓶，一遍又一遍地重复这个过程。每一次果蝇的数量都在减少，他祈祷白眼果蝇没有逃脱。最后，他终于分离出了这些果蝇，让它们与雌性的红眼果蝇交配。然后他又以各种方式让它们的后代相互繁殖。结果很复杂，但有一个结果让摩尔根特别兴奋：一些红眼果蝇的后代相互杂交，其后代中红眼和白眼的比率为3：1。

前一年，也就是1909年，摩尔根在哥伦比亚大学听了丹麦植物学家威廉·约翰森（Wilhelm Johannsen）关于孟德尔比率的讲座。约翰森利用这个机会推广了他新发明的词“基因”（gene），提议用它作为遗传的单位。约翰森等人坦率地承认，基因是为了方便而虚构的，是某种东西的语言占位符。但他们坚持认为，虽然他们完全不了解基因的生化细节，但这不能说明基因的概念对研究遗传毫无用处（这类似于今天的心理学家并不了解大脑的细节，但不妨碍他们研究欣快[1]和抑郁）。摩尔根认为这场讲座主要是基于猜测，但他自己的实验结果——3：1——迅速降低了他对孟德尔的偏见。

这对摩尔根来说是彻底的转变，但仅仅是个开始。眼睛颜色的比率使他相信基因理论并不是胡扯。但基因究竟在哪里呢？也

1 “欣快”是心理学名词，指在脑器质性精神障碍或醉酒状态时出现的不易理解的、自得其乐的情感高涨状态。常出现在阿尔茨海默病等疾病中。

许是在染色体上，但果蝇有数百个可遗传的性状，却只有4条染色体。许多科学家假设每条染色体只有一个性状，如果是这样的话，染色体就不够用了。摩尔根不想卷入所谓的“染色体理论”的争论，但随后的一项发现让他别无选择：当他仔细检查白眼果蝇时，发现所有的突变体都是雄性。科学家当时已经知道，果蝇的性别由一条染色体决定（和哺乳动物一样，雌性果蝇有2条X染色体，雄性果蝇有1条X染色体）。现在，白眼基因也与那条染色体相连——该染色体上有2种性状。很快，“果蝇小子”发现了其他只与雄性有关的基因——短翅膀，黄身体。结论不证自明：多个基因在同一条染色体上*。摩尔根很不情愿地证明了这一点，但这并不重要，无论如何，他开始支持染色体理论。

像这样推翻旧观念成了摩尔根的习惯，同时也成了他最令人钦佩又最令人恼火的“性状”。虽然摩尔根鼓励在实验室中探讨理论，但他认为所有的新理论都是次要和肤浅的——除非通过实验交叉验证，否则没有任何价值。他似乎没有意识到，科学家需要理论作为指导，来决定什么是相关内容，什么是无关内容，从而框定结果，防止思维混乱。在关于基因和遗传学的多次争吵中，布里奇斯和斯特蒂文特这样的大学生——尤其是后来加入蝇室的学生，才华横溢但极其粗鲁的赫尔曼·马勒（Hermann Muller）——对摩尔根非常失望。令人恼火的是，当有人掐住摩尔根的脖子，让他承认自己错了的时候，摩尔根会抛弃旧思想，毫不尴尬地接受新思想，顺理成章地为自己所用。

对摩尔根来说，这种准剽窃行为没什么大不了。我们都是为同一个目标而努力（**对吧**，好兄弟？），无论如何，只有实验才是最重要的。值得称赞的是，摩尔根的彻底转变说明他听了助手的话，这与大多数欧洲科学家对助手居高临下的态度形成了鲜明对比。因此，布里奇斯和斯特蒂文特总是公开宣称对摩尔根的忠诚。但外人有时会发现助手之间的手足之争，他们会秘密地较劲。摩尔根并非有意纵容或怂恿，但新想法该归功于谁对他来说意义不大。

然而，各种想法不断向摩尔根涌来，他讨厌这些想法。因为统一的“基因-染色体”理论刚出现不久，就几乎被推翻了，只有一个激进的想法才能挽救它。摩尔根再次确认了多个基因在一条染色体上。他通过其他科学家的工作了解到，双亲会将全部的染色体遗传给后代。因此，每条染色体上的所有遗传性状应该总是一起遗传——它们是相关联的。假设一条染色体上的基因会导致绿色的鬃毛、锯齿状的翅膀和肥大的触角，那么任何具有其中一种性状的果蝇都应该表现出这三种性状。果蝇中确实存在这样的性状群，但摩尔根的团队沮丧地发现，某些相关的性状会变得不相关——绿色的鬃毛和锯齿状的翅膀本应该同时出现，却不知为何独立地出现在不同果蝇身上。这种分离并不常见——概率为2%或4%，但它们持续存在，如果不是摩尔根沉迷于异想天开的想法，整个理论就有可能被摧毁。

他记得读过一篇论文，作者是比利时生物学家兼牧师，他曾经用显微镜研究精子和卵子的形成。生物学中被反复提及的关键事实是，所有染色体都是成对出现的，简直像同卵双胞胎（人类有46条染色体，排列成23对）。当精子和卵子形成时，这些近乎双胞胎的染色体都排列在母细胞的中间。在分裂过程中，双胞胎中的一个被拉向一个方向，另一个被拉向另一个方向，于是两个独立的细胞诞生了。

然而，该牧师兼生物学家注意到，在分离之前，“双胞胎”染色体有时会相互作用，它们的尖端会彼此缠绕，但他不知道为什么。摩尔根提出，也许尖端在这种交换（crossing over）中断裂并互换了位置。这解释了为什么相关性状有时会分离：在两个基因之间的某个地方，染色体断裂并因此错位。此外，摩尔根还猜测——他很幸运——相比于分离率2%的性状，分离率4%的性状彼此之间的距离更远，这是因为基因之间距离越长，就越容易断裂。

摩尔根的直觉被证明是对的。在之后的几年，斯特蒂文特和布里奇斯不断贡献自己的真知灼见，这两个“果蝇小子”开始勾勒出一种新的遗传模型，正是这个模型使摩尔根团队在历史上如此重要。该模型认为，所有的性状都由基因控制，这些基因位于染色体上的固定位置，像一串珍珠项链。生物从双亲那里分别继承了一个染色体副本，因此染色体将双亲的遗传性状传递给后代。交换（和突变）会稍微改变染色体，所以每个生物都是独一无二的。然而，染色体（和基因）基本上保持完整，这解释了为什么性状会在家族中遗传。这就是关于遗传原理的第一个全局观点。

事实上，这个理论并不起源于摩尔根的实验室，因为世界各地的生物学家已经发现了该理论的零星碎片。但摩尔根团队最终将这些模糊的想法联系起来，而果蝇提供了不容反驳的实验证据。性染色体的基因连锁不容置疑——一万个突变体在摩尔根的架子上嗡嗡作响，其中没有一个是雌性。

当然，尽管摩尔根因为统一了这些理论而获得赞誉，但他并没有调和该理论与达尔文的自然选择理论。调和问题也出现在蝇室内部，但摩尔根再次从助手那里“借用了”想法，其中一个助手并不像布里奇斯和斯特蒂文特那样顺从。

从1910年开始，赫尔曼·马勒偶尔出入蝇室。由于要赡养年迈的母亲，马勒的生活杂乱无章，白天在酒店和银行当杂役，晚上给移民辅导英语，而在几份工作之间，他只能在地铁上匆匆吃三明治。不知为什么，马勒居然抽出时间在格林尼治村结识了作家西奥多·德莱塞（Theodore Dreiser），投身于社会主义政治，还通勤200英里到康奈尔大学攻读硕士学位。但无论马勒多么疲惫，他还是利用星期四的空闲时间去拜访摩尔根和他的“果蝇小子”，和他们探讨遗传学。马勒思维敏捷，是讨论会的主力。1912年，他从康奈尔大学毕业，摩尔根给了他一张蝇室的桌子。问题是他不给马勒薪水，所以马勒的日子并不轻松，他很快就心态崩溃了。

从那时起一直到之后的几十年里，马勒为自己在蝇室的地位感到愤怒。愤怒的原因还有很多：摩尔根公开偏爱资产阶级的斯特蒂文特，却把准备香蕉等琐碎的工作推给蓝领无产阶级的布里奇斯；他（马勒）提供想法的实验由布里奇斯和斯特蒂文特执行，并且他们俩有薪水，而他却为了零用钱在5个城区之间奔波；摩尔根把蝇室当成俱乐部，有时候让马勒的朋友在大厅里工作。最让马勒生气的是，摩尔根对他的贡献视而不见。部分原因是，在摩尔根看重的事情上，马勒的动作很慢——他实际上在做自己想出来的更聪明的实验。事实上，马勒可能找不到比摩尔根更糟糕的导师。虽然马勒倾向于社会主义，但他非常重视自己的知识产权，觉得蝇室的无薪待遇和公共性忽视且剥削了他的才能。马勒的人缘也不好，他不得体地批评了摩尔根、布里奇斯和斯特蒂文特，除了纯粹的逻辑，他几乎对任何事情都感到生气。摩尔根轻率地否定了自然选择进化论，这一点尤其让马勒生气——他认为这是生物学的基础。

尽管马勒引起了私人性格上的冲突，但他还是推动果蝇团队取得了更大的成就。事实上，摩尔根在1911年之后对新兴的遗传学理论贡献不大，马勒、布里奇斯和斯特蒂文特却不断有重大发现。遗憾的是，很难弄清楚是谁发现了什么，原因不仅仅是他们不断交换想法。摩尔根和马勒经常在散乱的纸片上写下自己的想法，而摩尔根每五年清理一次文件柜——也许是实验室太小，他不得不这样做。马勒囤积着许多文件，但很多年后，一个被他疏远的同事在他出国工作时扔掉了他的文件。1938年，布里奇斯死于心脏病时，摩尔根（和孟德尔的修道士同伴一样）也销毁了这位“自由性爱主义者”的文件。原来布里奇斯是在床柱上刻划痕的人[1]，摩尔根找到了一份详细的私通目录，他认为最好把所有文件都烧掉，从而保护研究遗传学的每个人。

但有些事情的荣誉归谁，历史学家可以确定。所有“果蝇小子”都帮助确认了一起遗传的性状群。更重要的是，他们发现果蝇体内存在4种不同的性状群——正好对应染色体的数量。这极大地推动了染色体理论，因为它证明了每条染色体都包含多个基因。

根据这一概念，斯特蒂文特建立了基因和染色体的基因连锁。摩尔根曾经猜测，分离率2%的基因在染色体上的相对距离一定比分离率4%的基因更短。一天晚上沉思时，斯特蒂文特意识到他可以把百分比转换成实际距离。具体来说，分离率2%的基因之间的距离是分离率4%的基因的一半，类似的逻辑也适用于其他百分比的基因连锁。那天晚上，斯特蒂文特放下了他的大学作业，天亮时，这个19岁的青年已经画出了第一张单个染色体的图谱。马勒看到这张图时“兴奋地跳了起来”，然后指出了改进的方法。

布里奇斯发现了“不分离现象”——染色体在交换和扭转后偶尔不能彻底分离（由此产生的多余遗传物质会导致唐氏综合征等疾病）。除了个人的发现，布里奇斯也是天生的工匠，他使蝇室“工业化”。他发明了一种雾化器，将小剂量的乙醚喷在果蝇身上，使它们昏迷，这样就不用把瓶子一个又一个倒过来。他还用双目显微镜取代了放大镜；分发白瓷盘和细尖画笔，使大家更容易看到和操纵果蝇；淘汰腐烂的香蕉，改用糖浆玉米粉制成的

1 “在床柱上刻划痕的人”（bedpost notcher）是一种隐晦的说法，指有很多次一夜情的人，如果不在床柱上刻一个小小的标记，就无法数清楚自己一夜情伴侣的数量。

营养液；建立气候控制柜，使因寒冷而变得迟钝的果蝇在夏季和冬季都能繁殖。为了体面地处理果蝇尸体，他甚至建造了“停尸房”。摩尔根并不完全欣赏这些贡献——尽管有“停尸房”，他还是继续把果蝇捏碎。但布里奇斯知道，突变体很少出现，每当它们出现时，他的“生物工厂”会让每个突变体茁壮成长，产生数以百万计的后代*。

马勒贡献了见解和观点，用坚定的逻辑化解了明显的矛盾，巩固了依附性的理论。虽然他不得不竭尽全力地和摩尔根争论，但他最终让这位资深科学家看到基因、突变和自然选择是如何共同起作用的。根据马勒（和其他人）的概述，基因赋予生物性状，所以突变能改变性状，使生物在颜色、身高、速度等方面有所不同。弗里斯认为突变是一件大事，会产生突变体，并立即产生新物种，但马勒与他相反，他认为大多数突变只是微调。由于自然选择，这些生物中适应能力较强的存活下来，并且更频繁地繁殖。交换开始发挥作用，因为它在染色体之间打乱基因，组合成新的版本，给自然选择提供了更多样化的样本（交换非常重要，如今一些科学家仍然认为，染色体必须发生最低限度的交换，否则无法形成精子和卵子）。

马勒还帮助拓展了科学家对基因功能的认知。更重要的是，他认为并非所有性状都是孟德尔研究的那种——由一个基因控制的二元性状。许多重要的性状由多个甚至几十个基因控制，这些性状分为不同层次，层次高低取决于生物具体遗传下来的那些基因。某些基因还会提高或降低其他基因的“音量”，通过渐强或渐弱产生更精细的层次。然而至关重要的是，由于基因是离散的和微粒状的，有益的突变不会在几代人之内被稀释。基因保持完整，所以即使优势的亲代与弱势的亲代交配，也可以把基因传递下去。

在马勒看来，达尔文主义和孟德尔主义完美地相辅相成。马勒最终让摩尔根相信这一点，于是摩尔根成了达尔文主义者。但后来摩尔根的想法又变了，这很容易让人发笑，在后来的著作中，摩尔根仍然强调遗传比自然选择更重要。不过，摩尔根的背书在更大的意义上是重要的，夸夸其谈的理论（包括达尔文的理论）在当时的生物学中占主导地位，摩尔根却一直要求有确凿的证据，从而帮助这个领域立稳了根基。所以生物学家们达成了一种共识：如果一种理论能说服托马斯·亨特·摩尔根，那它就有一定的道理。而且,就连马勒都认识到了摩尔根的个人影响。有一次他承认:“我们不应该忘记摩尔根是领路人，他的不知疲倦、他的从容、他的愉快、他的勇气，他以身作则并感染了所有人。”最终，马勒通过尖锐抨击也不能做到的事情，摩尔根却通过温和做到了：说服遗传学家重新审视对达尔文的偏见，并认真对待他们的提议——把达尔文和孟德尔、把自然选择和遗传学结合起来。

20世纪20年代，其他许多科学家开始接受摩尔根团队的研究，将不起眼的果蝇推广到世界各地的实验室。它很快成为遗传学界的统一研究动物，使各地科学家能在平等条件下比较他们的发现。在这些研究的基础上，20世纪30年代到40年代，一批有数学头脑的生物学家开始在实验室之外研究突变如何在自然种群中传播。他们证明，如果一种基因给了一种生物哪怕很小的生存优势，如果持续足够长的时间，这种优势就可以把物种推向新的方向。更重要的是，大多数变化起源于微小的一步——这正是达尔文所坚持的。如果说“果蝇小子”的研究最终表明了摩尔根与达尔文的联系，那么后来的生物学家就用一种类似欧几里得的严谨证明了这个问题。达尔文曾经抱怨他非常“讨厌”数学，除了简单的测量之外，大部分都让他很吃力。但事实上，数学支撑着达尔文的理论，确保他的声誉不会继续下降*。20世纪初所谓的达尔文主义的“日食”恰恰说明了这一点：这是一段黑暗和混乱的时期，但这段时期终于过去了。

除了科学成果，果蝇传播到全世界还为另一项遗产提供了灵感，这是摩尔根的“愉快”的直接产物。在整个遗传学领域，大多数基因的名字都是难看的缩写，是全世界可能只有6个人能理解的生僻怪词。举个例子，在讨论*alox12b*基因时，没有必要拼出它完整的名字（arachidonate 12-lipoxygenase, 12R type，花生四烯酸12-脂氧合酶，12R型），因为我个人认为这只会更混乱，而不是更清晰（为了不让大家头疼，从现在开始，我只说基因的首字母缩写，假装它没有任何含义）。基因的名字复杂得吓人，相比之下，染色体的名字却异常平庸。行星以神的名字命名，化学元素以神话、英雄和大城市的名字命名，而命名染色体所需要的创造力与命名鞋子尺码没有什么差别。1号染色体最长，2号染色体次之，（打哈欠）以此类推。人类的21号染色体实际上比22号染色体更短，但是当人们弄清楚这一点时，21号染色体已经出名了，因为多一条21号染色体会导致唐氏综合征。说实话，这么无聊的名字，没有必要为它们争吵，也不必费心去更改。

果蝇科学家是最大的例外，上天保佑。摩尔根的团队总是给突变基因取一些合理的描述性名称，比如“斑点”“珠状”“原始”“白色”和“反常”。这个传统延续至今，大多数果蝇基因的名字都避开了术语，有些甚至非常怪诞。果蝇基因有很多，包括“爱抱怨”“蓝精灵”“亲密恐惧”“迷失太空”“嗅盲”“虚弱香肠”“犸梵”（《星际迷航》中不断繁殖的绒毛球）以及“铁皮人”（如果发生突变，果蝇就不会长出心脏）。“犰狳”基因的突变使果蝇长出装甲一样的外骨骼。“芜菁”基因使果蝇变笨。“都铎”基因使果蝇突变体没有后代（和都铎王室一样）。“克利奥帕特拉”基因和“角蝰”基因相互作用时，可以杀死果蝇。“便宜约会”基因使果蝇很容易尝一口酒就醉。果蝇在性方面似乎很容易激发巧妙的名字。“肯和芭比”突变体没有外生殖器。[1]雄性“体外射精”突变体的性交时间只有10分钟（正常情况是20分钟），而“卡住”突变体在交配之后就分不开了。至于雌性，“不满意”突变体根本没有性生活——它们使出浑身力气拍打翅膀来驱赶追求者。值得庆幸的是，这些异想天开的名字在遗传学的其他领域也激发了偶尔的奇思妙想。一种使哺乳动物长出额外乳头的基因被称为“史卡拉曼”（scaramanga），他是詹姆斯·邦德系列电影中有多个乳头的反派。一种基因能移除鱼类血液循环中的血细胞，于是有了一个好听的名字“vlad tepes”，它源自“穿刺者弗拉德”，即德古拉伯爵的历史原型。老鼠的基因“POK红系髓性致癌因子”（POK erythroid myeloid ontogenic）的缩略词“pokemon”（扑克蒙）差点惹上一场官司，因为“扑克蒙”基因（现在被称为*zbtb7*）会导致癌症扩散，而“宝可梦”（Pokémon）传媒帝国的律师自然不希望他们可爱的口袋妖怪和肿瘤混为一谈。但我认为最优秀且最怪异的基因名称当属面象虫的“美狄亚”（medea）基因，这个名字源自古希腊神话，讲述的是母亲杀婴的故事。“美狄亚”基因编码了一种蛋白质，该蛋白质非常奇特，既是毒药也是解药。所以，如果拥有该基因的母亲没有将它遗传给胎儿，她的身体就会消灭胎儿，对此她也无能为力。如果遗传给了胎儿，他或她就能制造解药并活下来（美狄亚是一种“自私的”基因，它把自身繁殖放在第一位，甚至不惜损害整个生命体）。如果你能克服这种恐惧，那么这的确是一个符合哥伦比亚果蝇传统的名字，而且科学家将该基因引入了果

1 “铁皮人”（tinman）是小说《绿野仙踪》里的虚构人物，他的四肢和躯体被斧头砍掉，一位铁匠用锡（tin）制成了他的身体，但忘记给他装心脏。“都铎”是指英格兰的都铎王朝，它的最后一位君主伊丽莎白一世终身未婚。“克利奥帕特拉”是希腊化时代埃及托勒密王国的末代女王，俗称“埃及艳后”，相传，她用一种非洲毒蛇“角蝰”杀死了自己。在西方文化中，“便宜约会”（Cheap Date）是指在酒吧中容易被搭讪的女子。“肯（Ken）和芭比（Barbie）”是芭比娃娃中的角色名，其中肯是芭比的男朋友，出于保护未成年人的考虑，设计师没有给肯和芭比设计生殖器。

蝇的进一步研究，这是关于它的最重要的临床研究——可能因此研制出最天才的杀虫剂。

但是，早在这些可爱的名字出现之前，甚至在果蝇占领世界各地的遗传学实验室之前，哥伦比亚大学最初的果蝇团队就已经解散了。1928年，摩尔根跳槽到加州理工学院，并带着布里奇斯和斯特蒂文特搬到了阳光明媚的帕萨迪纳市的新家。5年后，摩尔根成为第一个获得诺贝尔奖的遗传学家，一位历史学家指出："因为他确立了他一直试图反驳的遗传学原则。"诺贝尔奖委员会有一条武断的规定，同一奖项最多只能由三人分享，所以委员会把它颁给了摩尔根一个人，而不是由他、布里奇斯、斯特蒂文特和马勒平分，虽然理应如此。一些历史学家认为，斯特蒂文特所做的重要研究足以单独获得诺贝尔奖，但他对摩尔根很忠心，愿意放弃想法上的功劳，这降低了他获奖的可能性。摩尔根也许承认了这一点，他与斯特蒂文特、布里奇斯分享了奖金，并为他们的孩子设立了大学基金。但他没有与马勒分享任何东西。

那时候，马勒已经离开哥伦比亚，去了得克萨斯州。1915年，他开始在莱斯大学（该校的生物系主任是朱利安·赫胥黎，"达尔文的斗牛犬"的孙子）担任教授，并最终在得克萨斯大学任职。虽然摩尔根的热情推荐让他获得了莱斯大学的工作，但马勒极力鼓动他的孤星州团队和摩尔根的帝国州团队的竞争[1]。每当马勒的得克萨斯团队取得了重大进展（他们称为"全垒打"），就会扬扬得意。在一项突破中，生物学家西奥菲勒斯·佩因特（Theophilus Painter）在果蝇的唾液腺中*发现了第一批染色体，大到可以用肉眼观察，科学家可以据此研究基因的物质基础。但在1927年，

1 "孤星州"是得克萨斯州的别称，"帝国州"是纽约州的别称。

马勒有一个同样重要的发现，相当于他的“满垒全垒打”[1]——用辐射对果蝇进行脉冲，可以使突变率提高150倍。除了对健康有影响，科学家不用再坐等突变的出现，而是可以大批量地制造突变体。这个发现赋予马勒应得的科学地位——他知道自己应得。

然而，马勒不可避免地与佩因特等同事发生了口角，甚至大打出手，马勒还对得克萨斯州产生了憎恶。得克萨斯州也对他失望了，当地报纸称他为政治颠覆分子，联邦调查局的前身开始监视他。有趣的是，他的婚姻也破裂了，1932年的一个夜晚，他的妻子报警说他失踪了。后来，一群同事在树林里发现了他，他满身泥泞、衣衫散乱，应该是淋了一夜的雨。他试图服用巴比妥类药物自杀，这使他头晕目眩。

马勒筋疲力尽、羞愧难当，离开得克萨斯前往欧洲。在这里，他在几个国家进行了一场《阿甘正传》（*Forrest Gump*）式的旅行。他在德国学习遗传学，然后纳粹暴徒破坏了他的研究所。他逃到苏联，亲自向约瑟夫·斯大林（Joseph Stalin）传授优生学，即通过科学培育“优秀人类”。斯大林不为所动，马勒匆忙离开。为了避免被打成“资产阶级反动逃兵”，马勒在西班牙内战中加入了共产党，并在一家血库工作。他所在的那一方输了，法西斯主义上台了。

马勒的幻想再次破灭，1940年，他灰溜溜地返回美国印第安纳州。他对优生学的兴趣越来越强烈，后来他在加州建立了“胚芽选择库”的前身，也就是“天才精子库”。1946年，马勒因为发现辐射导致基因突变而单独获得了诺贝尔奖，这是他科学生涯的顶峰。毫无疑问，诺贝尔奖委员会想弥补1933年将马勒拒之门外的遗憾。但他获奖还有另一个原因——1945年广岛和长崎遭受

1 全垒打和满垒全垒打都是棒球术语。简单来说，满垒全垒打难度更大，得分更高。

了原子弹的袭击——日本有大量核辐射，于是他的研究有了悲剧性的用途。如果说哥伦比亚的“果蝇小子”证明了基因的存在，那么科学家现在必须要弄清楚，基因是如何工作的？以及在核弹的致命辐射下，它们为什么会经常失效？

第三章

DNA断裂：

大自然如何阅读和误读DNA？

1945年8月6日，20世纪最不幸的人经历了一个很幸运的开局。山口疆在广岛的三菱总部附近下了公共汽车，发现自己忘带印章——日本的上班族用印章蘸红泥盖在文件上。这个小失误让他心烦，因为来回公寓要花很长时间，但那天应该没有什么事情能真正影响到他的心情。他刚为三菱公司设计好了一艘5 000吨的油船，公司终于要在第二天让他回到日本西南部的家，与妻子和襁褓中的儿子团聚。战争打乱了他的生活，但到了8月7日，一切将会恢复正常。

山口在公寓门口脱鞋的时候，年长的房东突然抓住了他，拉他去喝茶。他很难拒绝这些孤独的人，这场意外的应酬又耽搁了不少时间。之后他穿好鞋子，拿着印章，匆忙地出发了，他上了一辆有轨电车，在公司附近下了车。他路过了一块土豆地，听到高空传来的敌军轰炸机的嗡嗡声。他只能看到一个小黑点从飞机肚子里掉下来。当时是上午8点15分。

许多幸存者都记得那次奇怪的延迟。不同于普通炸弹的那种闪光同时加爆炸，这枚炸弹无声地闪烁、膨胀，然后变得越来越热。山口离爆炸中心很近，所以没有等太久。他曾接受过空袭战术训练，所以他趴在地上，捂住眼睛，用大拇指堵住耳朵。半秒钟的“光浴”后传来了一声咆哮，随之而来的是冲击波。过了一会儿，山口感觉身下不知怎么刮起了一阵大风，刮过他的腹部。他被抛向空中，飞了一小会儿就摔在地上，失去了知觉。

也许只过了几秒钟，也许过了一个小时，他醒来时发现城市一片漆黑。蘑菇云吸走了成吨的灰尘和灰烬，附近枯萎的土豆叶子上冒着小圈的火。他的皮肤也感觉灼热，喝完茶之后，他把衬衫袖子卷了起来，所以前臂被严重灼伤。他站起来，摇摇晃晃地穿过土豆地，每走几步就要停下来休息一次，踉踉跄跄地路过了其他被烧伤、正在流血的和被撕裂的遇难者。出于一种奇怪的使命感，他要向三菱公司报告这件事。他发现了一堆瓦砾，上面有零星的火苗，里面还有很多死去的同事——他很幸运地迟到了。他茫然地往前走，几个小时过去了。他从破裂的管道中喝水，在紧急救助站吃了一块饼干，然后就吐了。那天晚上，他睡在海滩上一艘翻倒的船下面。他的左臂当时完全暴露在巨大的白色闪光之下，现在已经变黑了。

在被烧焦的皮肤下面，山口疆的DNA一直在护理着更严重的损伤。广岛原子弹释放了大量加强版的X射线，叫“γ射线”（还有其他的放射性物质）。和大多数放射性物质一样，这些射线有选择地破坏DNA，猛击DNA分子和附近的水分子，使电子像被击断的牙齿一样飞出去。突然失去电子的DNA会形成自由基，这种高度活跃的原子会破坏化学键。连锁反应开始了：自由基进一步分裂DNA，有时还会撕碎染色体。

到20世纪40年代中期，科学家开始理解为什么DNA的破碎或断裂会造成细胞内的巨大破坏。首先，纽约的科学家提供了强有力的证据，证明基因由DNA构成。这颠覆了人们关于蛋白质遗传的一贯信念。但是，另一项研究显示，DNA和蛋白质仍然有一种特殊的关系：DNA制造蛋白质，每个DNA基因都储存着一种蛋白质配方。换句话说，基因的工作是制造蛋白质，这是它创造性状的方法。

把这两种观点结合起来，就可以解释放射性的危害。破坏DNA，就扰乱了基因；扰乱基因，就阻止了蛋白质的生产；阻止蛋白质的生产，就杀死了细胞。科学家没有立刻解决这个问题——关键的“一个基因/一种蛋白质”论文发表在广岛爆炸前几天，但他们已知的事实足以让他们畏惧核武器。1946年，赫尔曼·马勒获得了诺贝尔奖，当时他向《纽约时报》预言，如果原子弹幸存者“能预见1 000年后的结果……他们可能会觉得现在被炸死是更加幸运的”。

虽然马勒很悲观，但山口疆很想活下来，为了他的家人。对这场战争，他的感情很复杂——最初是反对，战争开始后又支持，然后在日本陷入困境时又转向反对，因为他担心日本会被敌军占领，敌军会伤害他的妻儿（如果是这样，他可能会考虑给他们服用过量安眠药，让他们免受伤害）。在广岛发生爆炸后的几个小时，他渴望回到他们身边，因此，听说有火车离开广岛，他鼓起勇气，决定找一辆火车。

广岛由许多岛屿组成，要到达火车站，必须渡过一条河。所有的桥梁要么倒塌，要么被焚毁，所以他打起精神，开始穿越堵在河上的末日般的“尸体桥”，从熔化的腿和脸上缓慢挪过去。但“桥”上有一个无法跨越的缺口，他不得不折返。再往上游走，他发现了一座铁路高架桥，上面有一根完好无损的钢梁，跨距为50码（1码=0.914 4米）。他爬上去，穿过铁索，然后下来。他挤过车站的人群，瘫倒在火车座椅上。仿佛奇迹一般，火车很快就开动了，他得救了。火车会开一整夜，他终于要回家了，回到位于长崎的家。

驻扎在广岛的物理学家可能会指出，γ射线可以在$1/10^{15}$秒内

摧毁山口疆的DNA。对化学家来说，最有趣的部分——自由基如何侵蚀DNA——在1毫秒后就停止了。细胞生物学家可能需要等几个小时，然后研究细胞如何修补撕裂的DNA。医生可以在一周内给出辐射病——头痛、呕吐、内出血、皮肤脱落、贫血——的诊断。遗传学家最需要耐心，幸存者的基因损伤直到几年，甚至几十年后才表现出来。在一种诡异的巧合中，科学家试图拼凑出基因起作用和失效的方式——仿佛在为DNA的毁灭做冗长的连续报道。

回顾起来会觉得非常笃定，但20世纪40年代的那些DNA和蛋白质实验只让部分科学家相信DNA是遗传媒介。1952年，病毒学家阿弗雷德·赫希（Alfred Hershey）和玛莎·蔡斯（Martha Chase）给出了当时最好的证据。他们知道，病毒通过注入遗传物质来“劫持”细胞。因为他们研究的病毒只有DNA和蛋白质，所以两者中必有其一是基因。两人用放射性硫和放射性磷标记病毒，然后把病毒释放在细胞上。蛋白质含有硫而不含磷，所以如果基因是蛋白质，那么感染后的细胞中应该有放射性硫。但是，当赫希和蔡斯过滤掉被感染的细胞，发现只剩下放射性磷：只注入了DNA。

1952年4月，赫希和蔡斯发表了这些结果，他们在论文的结尾呼吁要谨慎行事：“从目前的实验不应该得出其他化学推论。”是的，没有错。世界各地所有仍在研究蛋白质遗传的科学家都应该把自己的研究冲入水槽，开始研究DNA。一场理解DNA结构的激烈竞赛开始了。仅仅一年后，1953年4月，英国剑桥大学的两名笨拙的科学家弗朗西斯·克里克和詹姆斯·沃森（沃森曾是赫尔曼·马勒的学生）使“双螺旋”一词声名远扬。

沃森和克里克的双螺旋是两条非常长的DNA链互相缠绕形成的右手螺旋（把你的右手拇指指向天花板，DNA沿着手指的方向逆时针向上扭转）。每条DNA链由两条主链组成，成对的碱基连接着主链，碱基像拼图一样组合起来——有棱角的A和T，有曲线的C和G。沃森和克里克的重要观点是，由于这种互补的A和T、C和G碱基对，一条DNA链可以作为复制出另一条DNA链的模板。因此，如果一边的碱基是CCGAGT，那么另一边的碱基肯定是GGCTCA。这是一个非常简单的系统，细胞每秒可以复制数百个DNA碱基。

然而，无论说得多么天花乱坠，双螺旋并没有解释DNA在实际中如何制造蛋白质，毕竟这才是最重要的部分。要理解这一过程，科学家必须仔细研究DNA的化学表亲——RNA。RNA与DNA很相似，但它是单链的，链上的字母T由字母U（尿嘧啶）代替。生物化学家注意到RNA，是因为当细胞开始制造蛋白质时，RNA的浓度会急剧上升。但是，当他们在细胞周围寻找RNA时，却发现它们像濒危鸟类一样难以捉摸，科学家只能匆匆瞥一眼，它们就消失了。科学家耐心地做了几年实验，想确定究竟发生了什么——细胞是如何将DNA字母串转化成RNA指令，又如何将RNA指令转化为蛋白质的？

首先，细胞将DNA“转录”（transcribe）成RNA，这个过程类似于DNA的复制，其中一条链充当模板。因此，上文提到的DNA序列CCGAGT将变成RNA序列GGCUCA（T替换成U）。复制完成后，这条RNA链就会离开细胞核的范围，进入特殊的蛋白质构建装置，核糖体（ribosome）。这些RNA把信息从一个地方带到另一个地方，因此被称为“信使RNA”（mRNA）。

蛋白质的构建，或者说蛋白质的“翻译”，从核糖体开始。一旦mRNA到达，核糖体就会在接近末端的地方抓住它，并暴露出字母串的3个字母，也就是“三联体”（triplet）。在上面的例子中，暴露的是GGC。此时出现了第二种RNA，叫作“转运RNA”（tRNA）。

每个tRNA都有两个关键部分：一个是拖在后面的氨基酸分子（它要转运的“货物”），另一个是桅顶一样伸出“船头”的RNA三联体。对于mRNA暴露出来的三联体，多个tRNA会试图与之连接，但只有一个具有互补碱基的tRNA会连接成功，比如GGC三联体需要的是带CCG的tRNA。连接完成之后，核糖体会卸载它的氨基酸“货物”。

这时，tRNA离开，mRNA向下移动3个点，并重复上述过程。另一个三联体被暴露出来，携带另一个氨基酸的tRNA与之连接，又一个氨基酸就位了。最终，经过多次迭代，该过程产生了一串氨基酸，这就是蛋白质。因为每个RNA三联体恰好连接一个氨基酸，所以信息（应该）完美地从DNA到RNA，再到蛋白质。地球上的所有生物都有相同的过程。无论是豚鼠、青蛙、郁金香、黏菌、酵母，还是美国国会议员，注入相同的DNA都会得到相同的氨基酸链。所以在1958年，弗朗西斯·克里克将“DNA→RNA→蛋白质”的过程推崇为分子生物学的“中心法则”（Central Dogma）*就不足为奇了。

然而，克里克的中心法则并不能完全解释蛋白质的结构。首先，有4个DNA字母，就可能有64种不同的三联体（4×4×4=64）。然而，这些三联体在我们体内只编码了20种氨基酸，为什么？

1954年，物理学家乔治·伽莫夫（George Gamow）成立了“RNA领带俱乐部”，部分就是为了解决这个问题。物理学家从事生物学听起来很奇怪——白天，伽莫夫研究的是放射性和宇宙大爆炸，但其他“投机的”物理学家也加入了这个俱乐部，比如理查德·费曼（Richard Feynman）。RNA不仅是智力上的挑战，它也让许多参与制造原子弹的物理学家感到震惊。似乎物理学在毁灭生命，而生物学在恢复生命。总的来说，RNA领带俱乐部的花名册上有24位物理学家和生物学家——20种氨基酸对应20位正式成员，

4种碱基对应4位荣誉成员。沃森和克里克也位列其中，沃森的代号是“乐观主义者”，克里克的代号是“悲观主义者”。每个成员都戴着一条价值4美元的定制绿色羊毛领带，领带上绣着RNA链，由洛杉矶的一家男装店制作。俱乐部的文具上都印着“要么行动，要么死亡，要么放弃”。

虽然人才济济，但最终这个俱乐部在历史上显得很愚蠢。物理学家经常被极其复杂的问题吸引，在人们意识到“DNA→RNA→蛋白质”的过程有多么简单之前，某些对物理学感兴趣的成员（比如物理学博士克里克）就已经投身DNA和RNA的研究。他们特别关注DNA如何存储指令，无论出于何种原因，他们很早就认定DNA的指令隐藏在很复杂的密码中——一种生物密码。没有什么东西比密码信息更能让男孩们感到兴奋，伽莫夫、克里克等人就像拿着Cracker Jack解码环[1]的10岁儿童，开始破译这个密码。他们立刻拿着铅笔和纸在桌子上涂鸦，纸一页一页地堆了起来，他们不需要做实验，而是让想象力自由驰骋。他们想出的解决办法聪明到足以让威尔·肖茨[2]开怀大笑——“钻石密码”“三角密码”“逗号密码”，以及许多被遗忘的其他密码。这些都是美国国家安全局用过的密码：含有可逆消息的密码，内置纠错机制的密码，通过重叠的三联体使存储密度最大化的密码。RNA男孩们特别喜欢使用回文构词的密码（CAG=ACG=GCA，等等）。这种方法很受欢迎，因为当他们消除了所有的冗余组合之后，剩下的三联体的数量正好是20。换句话说，他们似乎在20和64之间找到了联系——大自然不得不使用20种氨基酸的原因。

但事实上，这不过是一种数字命理学[3]。很快，严酷的生化事

1 Cracker Jack是一种美国的零食，其特色是包装内附了一个玩具。

2 威尔·肖茨（Will Shortz），《纽约时报》的填字游戏创作者。他是已知的美国唯一获得谜语学学位的人。

3 数字命理学（numerology）是一种神秘学理论，即用数字解释某种抽象的东西，比如根据出生日期（非星座）预测一个人的性格和命运。数字命理学之于数学，就像炼金术之于化学。

RNA领带俱乐部的成员戴着绿色羊毛领带，上面用金丝绣着RNA链。从左起分别为：弗朗西斯·克里克、亚历山大·里奇（Alexander Rich）、莱斯利·E.奥格尔（Leslie E. Orgel）和詹姆斯·沃森（图片来自亚历山大·里奇）

实就让解码者泄了气。事实证明，DNA编码20种（而非19种或21种）氨基酸并没有深刻的原因。一种特定的三联体对应一种特定的氨基酸，这也没有更深刻的原因了（许多人希望有）。整个系统都是偶然的，几十亿年前就冻结在细胞里，现在已经根深蒂固，无可取代，相当于生物学中的QWERTY键盘[1]。此外，RNA不使用花哨的回文构词或纠错算法，也不需要努力提高存储空间。实际上，我们的密码充满了冗余：2个、4个，甚至6个RNA三联体可以代表同一种氨基酸*。一些生物密码学家后来承认，当他们比较自然密码和领带俱乐部的最佳密码时，感到很恼火，进化似乎一点都不聪明。

但失望没有持续多久。DNA或RNA密码的破解最终让科学

1 QWERTY键盘是打字机和计算机的标准键盘布局，"QWERTY"的排列即第一行前六个字母的顺序。这种设计其实是为了减慢打字速度，防止连动杆的牵连导致故障。现代打字机已经不需要连动杆，可以改变布局从而提高打字速度，但由于习惯问题，最开始的键盘布局基本上保留到了今天。

家融合了遗传学的两个独立领域——作为信息的基因和作为化学物质的基因，米歇尔和孟德尔首次珠联璧合。从某些方面来看，DNA密码很笨拙其实是件好事。花哨的密码有很好的特性，但密码越花哨，就越有可能崩溃瓦解。无论多么粗糙、多么简陋，我们的密码能做好一件事：最大限度地减少突变，从而维持生命。1945年8月，包括山口疆在内的许多人保住了性命，靠的正是这种天赋。

8月8日清晨，疲病交加的山口疆抵达长崎，踉踉跄跄地回了家（他的家人以为他已经死了，他给妻子看他的脚，让她相信自己不是鬼，日本的传统认为鬼是没有脚的）。山口疆休息了一天，时而清醒、时而昏睡，但他还是服从命令，第二天向长崎的三菱总部报告。

他在上午11点之前到达，手臂和脸上都缠着绷带，努力让他的同事们明白核战争的威力。但他的老板表示怀疑，打断了他的话，开始斥责他，认为他的故事是编造的。“你还是个工程师，”老板大吼，“算算吧，一颗炸弹怎么可能……摧毁整个城市？”这句话成了有名的遗言。当他发表完自己预言般的言论，房间里就涌出一道白光。热量灼痛了山口疆的皮肤，他撞到船舶工程办公室的地板上。

山口疆后来回忆说：“我还以为蘑菇云从广岛一直跟着我。”

广岛有8万人遇难，长崎有超过7万人遇难。在数十万幸存的受害者中，大约有150人在两座城市附近遭遇了两次轰炸，其中有几个人被困在两个爆炸区（直径约2.4千米的强辐射圈）的重叠范围内。两次爆炸的幸存者被称为“*nijyuu hibakusha*”（原子弹双重受害者），其中一些人的故事能让石头听了都落泪（有个人在广岛的废墟中打洞，挖出了妻子发黑的头骨，堆在一个脸盆里，准备交给长崎的岳父母。他把脸盆夹在胳膊下面，艰难地沿着街道往岳父母家走去，这时早晨的空气又安静下来，天空再一次变成白色）。但在所有报道的原子弹双重受害者中，日本政府只承认了一位——山口疆。

长崎爆炸发生后不久，山口疆离开了惊慌失措的老板和同事，爬上了附近山上的瞭望塔。在另一股肮脏的阴云下，他看着满目疮痍的家乡还在缓缓燃烧，包括自己的房子。像柏油一样的放射性雨从天而降，他挣扎着下了山，感觉凶多吉少。但他找到了他的妻子久子（Hisako）和儿子克俊（Katsutoshi），他们在一个防空洞里安然无恙。

与家人重逢的喜悦很快就消散了，山口疆开始感觉更加不舒服。事实上，在接下来的一个星期，他什么都没有做，只是躺在防空洞里，像约伯[1]一样受苦。头发掉了，身上长出了疖子，不停地呕吐，脸变得浮肿，一只耳朵失聪，二次灼烧的皮肤剥落了，下面的肉散发着“像鲸鱼肉一样的”红光，让他感到非常刺痛。对于山口疆和在那几个月里受苦的其他人，遗传学家担心长期的痛苦会同样糟糕，因为突变会缓慢地出现。

当时，科学家对突变体的了解已经有半个世纪，但领带俱乐部和其他人对“DNA→RNA→蛋白质”过程的研究才揭示了这些突变的确切构成。大多数突变涉及“拼写错误”，即在DNA复制过程中随机替换了一个字母：例如CAG可能变成CCG。由于DNA密码的冗余，“沉默突变”（silent mutation）不会造成危害：该三联体的前面和后面需要的氨基酸是一样的，所以最终效果就相当于把“grey”（灰色的）错打成了“gray”（灰色的）。但如果CAG和CCG形成了不同的氨基酸——“错义突变”（missense mutation），就会改变蛋白质的形状，并使其失效。

1 《圣经·约伯记》中的人物，是受苦者的代表。《约伯记》的主题可以归纳为“好人为什么受苦”。

更糟糕的是“无义突变”（nonsense mutation）。在制造蛋白质时，细胞会持续地将RNA翻译成氨基酸，直到遇到三个“终止”三联体中的一个（如UGA），从而终止这一过程。“无义突变”是指意外地将普通三联体变成了终止三联体，这会提前截断蛋白质，通常会产生极大的破坏（突变也可以改变终止三联体，这样蛋白质就会无限地合成）。“移码突变”（frameshift mutation）是突变中的黑曼巴蛇，不涉及拼写错误。相反，它是指一个碱基消失了，或者一个额外的碱基插进来。由于细胞以三个碱基为一组阅读RNA，插入或删除不仅会破坏本来的三联体，而且会破坏后面的所有三联体，导致一场连环灾难。

细胞通常会立刻纠正简单的拼写错误，但如果出了什么问题（确实会），这些错误就永久地固定在了DNA中。事实上，今天活着的每一个人出生时都携带着父母所缺乏的几十个突变，如果我们的每个基因只有一个副本，那么其中一些突变可能是致命的。正因为基因的两个副本分别来自父母，当一个副本出现故障时，另一个可以弥补空白。然而，所有的生物都随着年龄的增长而不断积累突变。生活在高温下的小动物受到的打击尤其严重：从分子水平上来看，热量意味着剧烈的运动，分子运动越多，DNA在复制的时候就越有可能受到撞击。幸运的是，哺乳动物相对来说比较高大，并且保持恒定的体温，但我们确实是另外一些突变的受害者。DNA中只要出现两个连续的T碱基，紫外线就能以奇怪的角度把它们融合在一起，从而使DNA弯曲。这些意外可以刺激细胞，甚至直接杀死细胞。几乎所有的动物（和植物）都有修复T-T弯曲的特殊的酶，但哺乳动物在进化过程中丢失了这些酶——这就是为什么哺乳动物会被晒伤。

除了自发突变，“诱变剂”等外部物质也会损伤DNA，少数诱变剂的危害甚至比放射性物质还要大。重复一遍：放射性γ射线会导致自由基的形成，自由基会切断DNA的磷酸盐-糖主链。科学家现在认识到，如果双螺旋中只有一条链断裂，细胞就很容易修复损伤，通常用不了1小时。细胞用分子作剪刀，剪断受损的DNA，并使酶沿着未受损的DNA链的路径运行，在每个点上添加互补的A、C、G或T。修复过程快速、简单、精确。

双链断裂比较罕见，会导致更严重的问题。许多双链断裂就像是被匆忙截掉的肢体，两端都挂着支离破碎的单链DNA。对于每条染色体，细胞中确实存在近乎双胞胎的两份副本，如果其中一条染色体发生了双链断裂，细胞可以对照着另一条染色体（希望它没有受损）进行修复。但这个过程很费力，如果细胞察觉到破坏范围比较大，需要快速修复，它们常常会在碱基对齐的地方把垂挂的两条链黏合起来（无论其他碱基是否匹配），并匆忙填充缺失的字母。错误的判断可能导致可怕的移码突变，而这一环节存在很多错误判断。相比于简单复制DNA的细胞，修复双链断裂的细胞出错的概率大约是其3 000倍。

更糟糕的是，放射性物质可以删除大段DNA。高等生物必须把它们的许多DNA打包在微小的细胞核中，以人类为例，6英尺长的DNA被压缩在直径不到0.001英寸的空间内。这种强烈的挤压通常会使DNA看起来像一卷电话线：反复地交叉和折叠很多次。如果γ射线恰好穿过并折断附近DNA的交叉点，那么此处会有多个断点。细胞并不“知道”原始的链是如何排列的（它们没有记忆），在匆忙修复的过程中，它们有时会将原本分离的链条连接在一起，这也会有效地切断并删除中间的DNA。

那么突变之后会发生什么呢？DNA严重受损的细胞会感知到麻烦，然后会自杀，而不是与故障共存。数量较少的时候，这种自我牺牲可以使身体免去麻烦，但如果太多细胞同时死亡，整个器官系统就会关闭。系统的关闭，加上严重的烧伤，在日本导致了许多人死亡，那些没有立即死亡的受害者可能觉得生不如死。有幸存者记得，他们看到有人的指甲整片脱落，就像干了的意大利贝壳面一样离开手指，还有人类大小的“木炭娃娃”倒在巷子里。有人回忆说，一个男人迈着沉重的步伐艰难前进，手里抱着一个被烧焦的、头朝下的婴儿。另一个人回忆说，一个上身赤裸的女人的乳房“像石榴一样”爆裂了。

在长崎的防空洞里，山口疆备受折磨，他脱发、易怒、发烧、半聋，几乎加入了遇难者的名单。在家人的悉心照料下，他最终挺了过来。一些伤口仍然需要绷带，愈合需要很多年。但总的来说，他用约伯的生命换来了类似参孙（拥有天生神力）的生命：疮口基本上愈合了，力量恢复了，头发也长出来了。他重新开始工作，先是在三菱，后来成了教师。

但这绝不等于毫发无损。现在，山口面临着一种更阴险、更有耐心的威胁，因为如果放射性物质没有直接杀死细胞，就会引发导致癌症的突变。这种联系可能是反直觉的，因为突变通常会伤害细胞，而肿瘤细胞会茁壮成长，以惊人的速度生长和分裂。其实，所有健康的细胞都有一种类似于发动机调速器的基因，降低细胞的转速，控制细胞的新陈代谢。如果突变使调速器失效，细胞可能无法感知到足够的损伤，因此不会杀死自己，但最终它会开始吞噬资源、扼杀周围细胞，特别是如果其他基因也受到了损伤，比如控制细胞分裂频率的基因。

广岛和长崎的许多幸存者一次性吸收的辐射剂量比一个正常人在背景辐射[1]中一年吸收的辐射量高100倍。幸存者离爆炸中心越近，出现在他们细胞中的缺失和突变就越多。可以预见的是，快速分裂的细胞更快地传播了DNA损伤，日本的白血病（一种由

1 背景辐射（background radiation）是指环境中持续存在的辐射，既可能来自人为释放，也可能是自然存在的，主要的来源有地球、太空、大气层、过去核试验的残留、核医学造成的排放，等等。

白细胞增殖导致的癌症）发病率立刻激增。白血病的流行在近10年内开始消退。但与此同时，其他癌症的发病率却在上升，包括胃癌、结肠癌、卵巢癌、肺癌、膀胱癌、甲状腺癌、乳腺癌。

对成年人来说情况很糟糕，但事实证明胎儿更容易受到伤害：子宫内的任何突变或缺失都会在他们的细胞中反复繁殖，许多不足4周的胎儿自然流产。而在1945年年底1946年年初活下来的胎儿出现了大量先天缺陷，包括小头和畸形脑（其中的残疾人，智商最高为68）。最重要的是，到20世纪40年代末，日本25万核爆炸幸存者中的许多人开始生孩子，并将受损的DNA遗传给下一代。

核爆炸幸存者生孩子是否明智，辐射专家也给不出什么建议。尽管肝癌、乳腺癌或血癌的发病率很高，但父母的癌变DNA不会遗传给孩子，因为孩子只继承精子和卵子中的DNA。当然，精子或卵子中的DNA仍然可能发生突变，而且是很可怕的突变。但没有人真正计算过广岛辐射对人类的伤害，因此科学家不得不在假设的基础上做研究。反传统的物理学家、“氢弹之父”爱德华·泰勒（Edward Teller，也是RNA领带俱乐部的成员）在很多地方提出过自己的看法，认为低剂量的辐射甚至对人类有益——众所周知，突变增加了我们的基因组。即使在不那么鲁莽的科学家中，也不是每个人都预言会出现神话般的怪物和长着两个头的婴儿。赫尔曼·马勒曾经在《纽约时报》上预言日本未来几代人的不幸，但他在意识形态上和泰勒对立，这些因素可能影响了他的评论。（2011年，一位毒理学家仔细阅读了马勒和另一名同事的已经解密的信件，并指责他们对政府撒了谎，隐瞒了低剂量放射性物质对DNA的威胁，然后操纵数据和后来的研究来掩饰自己。其他历史学家对这种解释提出过质疑。）对于高剂量的放射性物质，马勒最终放弃了他早期的可怕预测。他推断，无论多么有害，大多数突变是隐性的。父母双方在同一基因上存在缺陷的概率微乎其微。因此，至少在幸存者的孩子身上，母亲的健康基因会掩盖父亲的缺陷基因，反之亦然。

但同样，没人能保证这件事。几十年来，广岛和长崎的每个新生儿头顶都悬着一柄剑，加剧了人们成为父母的正常焦虑，山口和他的妻子久子肯定更是如此。到20世纪50年代，这对夫妻恢复了足够的活力，他们把远期预后放在一边，想生更多孩子。最开始，他们的大女儿直子（Naoko）验证了马勒的推论，没有明显的缺陷或畸形。接下来是二女儿俊子（Toshiko），她也很健康。然而，虽然出生时非常健壮，但山口的两个女儿都经历了病态的青春期和成年期。她们怀疑自己从经历了两次轰炸的父亲和一次轰炸的母亲那里继承了具有遗传缺陷的免疫系统。

然而，对于日本核爆炸幸存者的后代，长期以来关于癌症流行和先天缺陷的担忧并没有成为现实。事实上，没有大规模的研究发现明显证据来证明这些孩子有更高的患病率，甚至更高的突变率。直子和俊子很可能继承了遗传缺陷，这一点不可能排除，而且从直觉和情感上来说，这听起来很合理。但至少在绝大多数情况下，核爆的放射性坠尘不会影响下一代*。

甚至直接暴露在辐射下的许多人，其复原力也超过了科学家的预期。山口的儿子克俊在长崎原子弹爆炸后活了50多年，直到58岁死于癌症。久子活了更长时间，在2008年死于肝癌和肾癌，享年88岁。的确，长崎的钚弹可能导致了这两种癌症，但这么大的年纪，也很有可能因为不相关的原因而患上癌症。至于山口自己，尽管1945年在广岛和长崎经历了两次核辐射，但他多活了65年，一直到2010年，最终在93岁时死于胃癌。

相对较少的核辐射都能置其他人于死地，而山口遭遇两次辐射还能活这么久，没有人能说清楚他为什么如此特殊。山口疆没有做过基因测试（至少没做过全面的测试），即使做过，医学可能也没有足够的知识来下定论。不过，我们可以大胆而有根据地猜测。首先，他的细胞显然很擅长修复DNA，无论是单链断裂还是致命的双链断裂。他的蛋白质修补术可能更加高超，速度很快或者效率很高，或者他的修复基因的某些组合能够很好地协同工作。我们还可以这样总结：尽管他几乎无法避免一些突变，但这些突变并没有使他细胞中的关键回路失效。也许突变发生在不编码蛋白质的DNA片段上。或者，他的突变大多是“沉默突变”，即DNA三联体发生了变化，而氨基酸由于冗余没有发生变化（如果是这样的话，实际上拯救他的就是让领带俱乐部感到沮丧的DNA/RNA的笨拙密码）。最后，显然直到晚年之前，山口都使他DNA中控制潜在肿瘤的基因调速器避免受到严重损害。也许，其中一个因素或者所有因素加起来都能使他幸免。

或者，同样有可能的是，他在生物学上并没有那么特殊，也许其他许多人也能活这么久。我敢说，这也是有很小的可能性的。即使是有史以来使用过的最致命武器，那些一次性杀死数万人的武器，那些攻击并扰乱生物学本质（DNA）的物质，也没有抹去整个国家。它们也没能毒害下一代：数千名原子弹幸存者的孩子仍然活着，健康地活着。在30多亿年里，生命暴露在宇宙射线和太阳辐射之下，经历了各种各样的DNA损伤，而大自然有自我保护的措施，有修复DNA和保持DNA完整性的方法。不仅是一般化的DNA，即把信息转录成RNA再翻译成蛋白质的DNA，而且是所有的DNA，包括DNA的那些微妙的语言和数学模式，都成了科学家开始探索的目标*。

第四章

DNA的乐谱：

DNA储存了哪些信息？

近些年，《爱丽斯漫游奇境》（*Alice's Adventures in Wonderland*）中一个无意的双关语引发了与DNA的奇妙共鸣。在现实生活中，这本书的作者刘易斯·卡罗尔（Lewis Carroll）在牛津大学教数学，他的真名是查尔斯·勒特威奇·道奇森（Charles Lutwidge Dodgson）。《爱丽斯漫游奇境》中有一句著名的对白（至少在书呆子眼中很著名），假海龟抱怨“算数还要分为——夹、搛、沉、杵”[1]。不过在这句胡扯之前，假海龟还说了一些奇怪的话。它坚持认为自己在学生时代没有读书（reading）和写字（writing），而是“笃酥”（reeling）和“卸渍”（writhing）。这多半又是一句牢骚，但最后一个术语“writhing”却引起了那些精通数学的DNA科学家的兴趣。

科学家在几十年前就已经知道，DNA这种活跃的长链分子可以极端地自我缠结。但他们不明白，为什么这种缠结不会阻遏我们的细胞。为了寻找答案，近年来，生物学家转向了数学中一个晦涩的分支——“扭结理论”（knot theory）。水手和女裁缝在几千年前就掌握了结绳记事的实用技巧，甚至凯尔特基督教和佛教那么遥远的宗教系统都不约而同地认为某些绳结是神圣的。但对扭结的系统性研究始于19世纪后期，也就是卡罗尔所处的维多

1 此处的译文参考了周克希的译本。在原著中，作者刘易斯·卡罗尔加入了大量的文字游戏，“addition”（加法）变成了“ambition”（字面意思是野心），“subtraction”（减法）变成了“distraction”（字面意思是分心），“multiplication”（乘法）变成了“uglification”（字面意思是丑化），“division”（除法）变成了“derision”（字面意思是嘲弄）。在同一个段落中，作者还把“reading”（读书）写成了“reeling”（字面意思是旋转），把“writing”（写字）写成了“writhing”（字面意思是扭动）。

利亚时代的英国。当时，博学的“开尔文勋爵”威廉·汤姆森（William Thomson）提出，元素周期表上的元素实际上是不同形状的微观扭结。为了精确起见，开尔文勋爵把他的原子扭结定义为闭环。[像鞋带那样有断头的扭结，被称为“缠结”（tangle）。]根据他的定义，一种独特的绳结模式就是一种“独特”的扭结，这些绳结相互交叉、彼此重叠。你可以在一个扭结上滑动一个环，撬开那些上下交叉的点，使其看起来像另一个扭结，但它实际上是同一种扭结。开尔文认为，扭结的独特形状赋予了每种化学元素独特的性质。原子物理学家很快证明了这个巧妙的理论是错误的，但在开尔文的启发下，苏格兰物理学家彼得·格思里·泰特（P. G. Tait）制作了一张独特扭结表。扭结理论从这里独立发展起来。

早期的扭结理论主要涉及翻花绳和记录结果。扭结理论家有点卖弄地把最容易解决的扭结——O，也就是门外汉所说的圆——定义为平凡扭结（unknot）。他们按照上下交叉的数量对其他独特扭结进行分类。到2003年7月，他们可以识别出6 217 553 258种不同的扭结，大致相当于地球上每人一个扭结，其中上下交叉的点多达22个。与此同时，其他的扭结理论家已经超越了简单的数字统计，想出了把一个扭结变成另一个扭结的方法。这通常涉及剪断绳子的上下交叉点，把上面的线从下面传过来，然后把剪断的末端捏合回去——这有时会使扭结更复杂，但大多数时候会使它更简单。虽然研究者通常是正统的数学家，但扭结理论始终保持着一种游戏的感觉。除了美洲杯帆船赛的参赛选手，没有人想到扭结理论的应用方法，直到1976年科学家发现了DNA中的扭结。

DNA中出现扭结和缠结的原因如下：它的长度、它的持续活跃性和它的稳定性。科学家在盒子里放了一根又长又细的绳子，并挤压冲撞它，有效地模拟了细胞核内忙碌的DNA。事实证明，

刘易斯·卡罗尔的假海龟哭着回忆在学校里“笃酥和卸渍”的经历，这种抱怨与现代DNA研究扭结和缠结的情况产生了共鸣（约翰·坦尼尔）

绳子的末端很擅长在绳圈中蜿蜒穿行，几秒钟内就形成了多达11个交叉的极其复杂的扭结（如果你曾经把耳机扔进包里，然后试图把耳机拿出来，那么你可能已经猜到了结果）。像这样的缠结可能是致命的，因为复制和转录DNA的细胞机制需要一个平稳的轨道，而扭结使它脱轨。不幸的是，复制和转录DNA的过程会产生致命的扭结和缠结。复制DNA需要分离它的两条链，但就像紧紧编织的发辫，两条交错的螺旋链无法轻易地分开。此外，当细胞开始复制DNA的时候，后面悬挂的黏性长链有时会纠缠在一起。如果长链在用力拉扯后仍不能解开，细胞就会自杀——这是毁灭性的。

除了扭结本身，DNA还会陷入其他各种各样的拓扑困境。长链可能会相互缠绕，像连环的锁链。它们可能被扭得很紧，就像有人拧了一块抹布，或者像一条蛇咬住了你的前臂。它们能卷成比响尾蛇更紧的线圈。最后是线圈这种结构让我们回到了刘易斯·卡罗尔和他的假海龟这里。比较富有想象力的是，扭结理论家把这种线圈称为“writh”（扭曲），把扭曲的动作称为“writhing”——仿佛绳索或DNA被痛苦地捆在一起。那么，根据那些传言，假海龟的“笃酥和卸渍”有可能是在暗指扭结理论吗？

一方面，当开尔文勋爵和泰特开始研究扭结理论时，卡罗尔正在一所著名大学工作。他有机会接触他们的作品，而且这种数学游戏对他很有吸引力。另外，卡罗尔确实还写了一本《缠结的故事》（*A Tangled Tale*），书中的每一部分——不叫章节，而叫“扭结”——都包含一个需要解决的谜题。因此，他确实在写作中融入了复杂的主题。不过，作为一个扫兴的人，我有充分的理由认为假海龟对扭结理论一无所知。卡罗尔在1865年出版了《爱丽斯漫游奇境》一书，两年后，开尔文勋爵才提出元素周期表的扭结概念（至少是公开提出）。更重要的是，“writhing”这个词在扭结理论中曾经被非正式地使用过，但它第一次作为专业术语出现是在20世纪70年代。因此，假海龟在“夹、擸、沉、杵”之后似乎没有多少进步。

然而，即使这句双关语是在卡罗尔之后出现的，也并不意味着我们今天不能欣赏它。伟大的文学作品会向新一代人传递新事物，它仍然是伟大的。无论如何，扭结的环与卡罗尔描绘的迂回曲折的情节相得益彰。更重要的是，他可能会很高兴看到这个异想天开的数学分支进入现实世界，并成为理解人类生物学的关键。

扭转（twist）、扭曲和扭结的不同组合确保了DNA可以形成几乎无限数量的缠结，而把DNA从缠结中拯救出来的是一种“精通数学”的蛋白质，名为“拓扑异构酶”（topoisomerase）。其中的每一种蛋白质都掌握了扭结理论的一两个定理，并利用这些定理消除DNA中的冲突。有些拓扑异构酶能直接解开DNA链，而另一些能切开DNA链的其中一条，让它围绕着另一条链旋转，从而消除扭转和扭曲。还有些拓扑异构酶能在DNA交叉的地方剪断它，把交叉点下面的链转移到上面，并重新融合，从而解开一个扭结。拓扑异构酶每年都能无数次将我们的DNA从托尔克马达[1]式的厄运中解救出来，如果没有这些“数学天才”，我们就无法生存。如果说扭结理论起源于开尔文勋爵的扭转原子，然后自行发展，那么它现在已经回到了数十亿年前的DNA分子根源。

在DNA研究中，扭结理论并不是唯一一种意外出现的数学。科学家已经使用文氏图来研究DNA，还用到了海森堡不确定性原理。DNA的结构显示出了在帕特农神庙等古典建筑中发现的长和宽“黄金比例”。几何学爱好者把DNA扭曲成了莫比乌斯环，并构造了5种柏拉图立体。细胞生物学家已经意识到，为了适应细胞核，长链DNA必须不断折叠，形成一个“大环套中环，中环套小环”的分形图案，几乎分辨不出是纳米、微米还是毫米尺度。也许最不可思议的是，2011年日本科学家用类似于领带俱乐部的密码，用数字和字母表示A、C、G、T的组合，然后在普通土壤细菌的DNA中插入了“$E=mc^2$ 1905!”的密码。[2]

1　15世纪西班牙天主教的修士，西班牙宗教裁判所的首任大法官。在现代，他的名字经常与宗教迫害、教条主义和盲信等联系在一起。

2　文氏图，数学中的一种图解，用于表示集合之间的大致关系，通常用几个相交的圆表示。海森堡不确定性原理，量子力学的核心理论之一，即粒子的位置和动量不可同时确定。柏拉图立体，也就是正多面体，一共有5种，分别是正四面体、正六面体、正八面体、正十二面体、正二十面体。分形图案的通俗定义是“粗糙或零碎的几何形状，可以分成若干个部分，且每一部分都是整体缩小后的形状”。$E=mc^2$是爱因斯坦的质能方程，1905年提出，这一年也被称为“爱因斯坦奇迹年”。

DNA与一种奇怪的数学现象“齐夫定律”有着特别密切的关系，该定律是一位语言学家最先发现的。乔治·金斯利·齐夫（George Kingsley Zipf）出生于德国，他的家族在德国经营啤酒厂，而他最终成为哈佛大学的德语教授。尽管热爱语言，但齐夫对收藏书籍保持怀疑。而且和同事不同的是，齐夫住在波士顿郊外一个7英亩的农场里，这里有葡萄园，养殖着猪和鸡。每年12月，他都会从这里砍伐家里需要的圣诞树。不过从气质上说，齐夫并不是农民，他经常天亮之后才起床，因为他夜晚几乎不睡，而是（从图书馆的书中）研究语言的统计特性。

有同事曾形容齐夫是个会“拆开玫瑰数花瓣”的人。他也用相同的方法对待文学，作为年轻学者，齐夫研究了詹姆斯·乔伊斯（James Joyce）的《尤利西斯》（*Ulysses*），得出的主要结论是这本书总共有260 430个词，其中有29 899个不同的词。齐夫还剖析了《贝奥武夫》（*Beowulf*）、荷马的作品、汉语文本以及罗马剧作家普劳图斯（Plautus）的全部作品。通过计算每部作品的字数，他得出了“齐夫定律”：一种语言中最常见词的出现频率大约是第二常见词的2倍，大约是第三常见词的3倍，大约是第一百常见词的100倍，以此类推。在英语中，“the”占总词数的7%，“of”大约是7%的一半，“and”大约是7%的三分之一，最后是“grawlix”（漫画中表示脏话的字符）或“boustrophedon”（牛耕式转行书写法）这样的生僻词。这样的分布适用于梵文和伊特鲁里亚语，也适用于现代印地语、西班牙语或俄语等难以辨识的文字（齐夫也在西尔斯·罗巴克公司的邮购目录中发现了这一规律）。甚至当人们创造语言时，也会出现类似于齐夫定律的东西。

齐夫死于1950年，后来的学者在非常多的领域发现了齐夫定律的证据——音乐（稍后会详述）、城市人口、收入分配、大规模灭绝、地震震级、绘画和漫画中不同颜色的比例，等等。每个类别中最大或最常见的成分都是第二成分的2倍，第三成分的3倍，以此类推，没有例外。也许不可避免的是，这一理论的突然流行引起了强烈的反对，尤其是在语言学家中，他们甚至质疑齐夫定律到底有什么意义*。尽管如此，许多科学家依然为齐夫定律辩护，因为他们感觉它是正确的——词语的频率似乎不是随机的。而且根据经验，它确实非常准确地描述了语言，甚至包括DNA的“语言”。

当然，最初DNA并不明显地呈齐夫分布，特别是对使用西方语言的人来说。和大多数语言不同，DNA没有明显的“空格”来分隔每个单词，它更像没有间隔、没有停顿、没有标点符号的古代文本，只是一连串的字母。你可能认为，编码氨基酸的A-C-G-T三联体可以起到“词汇”的作用，但它们各自的频率并不符合齐夫定律。为了寻找相似之处，科学家不得不转而研究三联体组，其中一些人找了一个不太可能的渠道：中文搜索引擎。汉语通过连接相邻的符号来创造复合词。因此，如果一个中文文本是ABCD，搜索引擎可能会通过检查一个滑动的“窗口”来寻找有意义的词块，首先是AB、BC和CD，然后是ABC和BCD。事实证明，对于寻找DNA中有意义的词块，滑动窗口是一种很好的策略。从某种意义上看，如果把大约12个碱基作为一组，那么DNA看起来最符合齐夫定律，最像一种语言。总的来说，DNA最有意义的单位可能不是1个三联体，而是4个三联体——十二联体。

DNA的表达，即翻译成蛋白质的过程，也遵循齐夫定律。和常见词一样，每个细胞中都会有一些频繁表达的基因，而其他大多数基因几乎不会出现。随着时间的推移，细胞已经学会了越来越依赖这些常见的蛋白质，相较于其他次常见蛋白质，最常见蛋白质的出现频率大约是其2倍、3倍或4倍。的确，许多科学家抱恕齐夫定律没有任何意义，但其他人认为，是时候认识到DNA不仅类似于语言，而且真的在像语言一样起作用。

DNA不仅仅是一种语言，它还具有遵循齐夫定律的音乐属性。对于一段音乐的音调，比如C大调，某些音符会比其他音符出现得更频繁。事实上，齐夫曾经研究过莫扎特、肖邦、欧文·伯林（Irving Berlin）和杰罗姆·科恩（Jerome Kern）的音符出现频率——发现了齐夫分布。后来的研究人员在其他音乐流派中证实了这一发现，从罗西尼到雷蒙斯，在音色、音量和音符的持续时间中发现了齐夫分布。

如果DNA也符合齐夫定律，那它可以编排成某种类型的乐谱吗？事实上，音乐家已经将一种大脑化学物质——血清素——的A-C-G-T序列翻译成小调，方法是把DNA的4个字母分配到音符A、C、G、E中。其他音乐家把和谐的音符分配给最常见的氨基酸，从而创作了DNA旋律，并产生了更复杂、更悦耳的声音。第二种方法加强了一种观点：DNA和音乐一样只是部分严格的“音符”序列。它还有限定条件，包括母题和主题，特定序列出现的频率，以及协同工作的好坏。一位生物学家甚至认为，音乐是研究基因片段如何组合在一起的天然媒介，因为人类对音乐中片段的“组合”有着敏锐的听觉。

还有两名科学家反其道而行之，没有把DNA转化成音乐，而是把肖邦一段夜曲的音符转化成DNA。他们发现了一个与RNA聚合酶的部分基因“惊人相似”的序列。这种聚合酶是生命中普遍存在的一种蛋白质，它利用DNA构建RNA。这意味着，如果你仔细观察，夜曲实际上编码了整个生命周期。设想一下：聚合酶使用DNA来构建RNA，RNA转而构建更复杂的蛋白质，蛋白质转而构建细胞，细胞又转而构建人类（比如肖邦），肖邦转而创作了和谐的音乐，音乐通过编码DNA来构建聚合酶，循环就此达成。

（音乐学概括了本体论[1]。）

这个发现是侥幸吗？不完全是。一些科学家认为，当基因第一次出现在DNA中的时候，并不是沿着某一条古老的染色体随机出现的。相反，最开始是重复的短语，十几个或二十几个DNA碱基一遍又一遍地重复。这些片段的功能就像基本的音乐主题，作曲家在此基础上微调和调整（突变），创造出更令人愉悦的变奏曲。从这个意义上说，基因一开始就有旋律。

长期以来，人类一直希望将音乐和自然界中更深刻、更宏大的主题联系起来。从古希腊时代到开普勒，大多数著名天文学家都相信，行星在天空中运行时创造了一种凄美的音乐宇宙（musica universalis），是用来赞美创造的赞歌。事实证明，这种音乐宇宙确实存在，只是它比我们想象的更接近DNA。

除了齐夫定律，遗传学和语言学还有更深刻的联系。孟德尔在变老变胖的时候，也涉足过语言学，包括试图推导出一个精确的数学定律，解释德国姓氏的后缀（比如“-mann”和“-bauer”）如何与其他姓氏“杂交”，并在下一代中自我复制（听起来很熟悉）。如今，如果没有从语言研究中获取的术语，遗传学家甚至无法谈论自己的工作。DNA有同义词、翻译、标点、前缀和后缀。错义突变（替换氨基酸）和无义突变（干扰终止密码子）基本上都是拼写错误，而移码突变（扰乱三联体的读取方式）则是传统的排版错误。遗传学甚至有语法和句法——将氨基酸“词汇”和“从句”组合成细胞可以阅读的蛋白质“语句”的规则。

更具体地说，遗传学的语法和句法概述了细胞将氨基酸链折叠成工作蛋白的规则（蛋白质必须折叠成紧凑的形状才能发挥

1 哲学的一个分支。研究存在的本质、变化的意义、宇宙的目的和意图、人类是否有自由意志等问题。

作用，如果形状错误，通常会失效）。正确的句法和语法折叠是DNA语言交流的关键部分。然而，交流不仅仅需要正确的句法和语法，蛋白质“语句”对细胞来说也必须有意义。奇怪的是，在句法和语法上完美无瑕的蛋白质“语句”，可能没有生物学意义。要理解这一点，不妨看看语言学家诺姆·乔姆斯基（Noam Chomsky）曾经说过的话，他试图证明人类语言中语法和意义的独立性。他的例子是：“无色的绿色思想疯狂地沉睡着。”无论你怎么看待乔姆斯基，这句话一定是有史以来最了不起的东西之一。它在字面上没有任何意义，然而，由于它包含真实的词汇，而且句法和语法都没有问题，我们能把它读下来，这就并非完全没有意义。

同样，DNA突变可以引入随机的氨基酸“词汇”或“短语”，细胞会自动地根据物理和化学的完美语法将产生的氨基酸链折叠起来。但是，任何措辞上的变化都会改变整个句子的形状和意思，而结果是否仍有意义，要视情况而定。有时，新的蛋白质“语句”只有微调，细胞费点劲儿也能理解少量“诗的破格”。有时一个变化（如移码突变）会使整个句子变得混乱，读起来像grawlix——漫画人物的脏话，类似于“#$%^&@!”，细胞会很受折磨并最终死亡。但每隔一段时间，细胞就会读到一段充满错义和无义的蛋白质“语句”……然后仔细想一想，这在一定程度上是说得通的。于是，出现了一些出乎意料的奇妙短语，比如刘易斯·卡罗尔的*mimsy borogoves*，或者爱德华·利尔的*runcible spoon*。[1]这是一种罕见的有益突变，在这样的幸运时刻，进化悄然前行*。

由于DNA和语言的相似之处，科学家甚至可以用相同的工

1 这两个词分别是刘易斯·卡罗尔和爱德华·利尔（Edward Lear）创造的短语，本身没有意义，但在特定的语境下说得通。

具分析文学文本和基因“文本”。这些工具很擅长分析作者或起源始终不确定的争议文本。对于文学上的争议，专家通常会将一篇作品与其他出处已知的作品进行比较，判断其语气和风格是否相似。学者有时也会对一篇文章的用词进行分类和统计。两种方法都不完全令人满意——第一种太主观，第二种太枯燥。对于DNA，比较有争议的基因组通常涉及比对几十种重要基因，寻找微小的差异。但是，在不同的物种身上，这项技术就失效了，因为差异太大了，而且不确定哪些差异是重要的。由于只关注基因，这项技术也忽略了基因之外的调控DNA。

为了避免这些问题，加州大学伯克利分校的科学家在2009年发明了一种软件，它可以沿着一个文本的一串字母滑动“窗口”，并搜索相似的地方和想要寻找的模式。作为测试，科学家分析了哺乳动物的基因组和几十本书的文本，包括《彼得·潘》（*Peter Pan*）、《摩门经》（*Book of Mormon*）和柏拉图的《理想国》（*Republic*）。他们发现，在一次试验中，该软件可以将DNA分类为哺乳动物的不同属；在另一次试验中，该软件也可以非常准确地将书籍分类为不同的文学流派。轮到那些有争议的文本时，科学家深入研究了关于莎士比亚的学术争议。软件得出的结论是：莎士比亚确实写了《两贵亲》（*The Two Noble Kinsmen*）——在接受度边缘徘徊的一部戏剧，但没有写过《泰尔亲王佩利克尔斯》（*Pericles*）——另一部有争议的作品。伯克利分校的团队随后研究了病毒与原始细菌的基因组，因为它们是最古老和（对我们来说）最陌生的生命形式。他们的分析揭示了这些微生物和其他微生物之间的新联系，并为它们的分类提供了新建议。由于数据量非常庞大，需要加强对基因组的分析，病毒—原始细菌的扫描独占了320台电脑一整年的时间。但基因组分析使科学家不再简单地逐个比较少量基因，而是阅读一个物种的完整自然史。

然而，相比于阅读其他文本，阅读完整的基因组历史需要更多技巧。这是因为阅读DNA需要从左到右和从右到左的两种阅读方式（牛耕式转行阅读）。否则，科学家就会错过关键的回文和回字，即可正读也可反读的短语（反之亦然）。

世界上已知的最古老的回文之一是刻在庞贝古城和其他地方墙壁上的奇妙的上下左右都读得通的方块：

S-A-T-O-R

A-R-E-P-O

T-E-N-E-T

O-P-E-R-A

R-O-T-A-S

“sator...rotas”回文*只有区区两千年的历史，比DNA中真正古老的回文少了几个数量级。DNA甚至发明了两种回文。有一种是传统的“上海自来水来自海上”类型[1]，比如GATTACATTAG。但由于碱基A和T配对，C和G配对，DNA有了另一种更微妙的回文：一条链向前读取，另一条链向后读取。想象一条DNA链是CTAGCTAG，那么另一条对应的链就是GATCGATC，它们形成了完美的回文。

虽然看起来无害，但第二种回文会让微生物感到恐惧。很久以前，许多微生物进化出了一种特殊的蛋白质（叫“限制性内切酶”），这种蛋白质可以像钢丝钳一样彻底切断DNA。不管出于什么原因，这些酶只能沿着高度对称的纹路切割DNA，比如回文的部分。切断DNA能达到一些有用的目的，比如清除被辐射损伤的碱基，或者消除扭结DNA中的冲突。但顽皮的微生物主要利用

1 原文是“sex-at-noon-taxes”，这是英语中一个比较经典的回文，字面意思是“中午行房太伤身”。

这些蛋白质来玩“哈特菲尔德-麦考伊夙怨”[1]，撕碎彼此的遗传物质。因此，微生物学会了用强硬的方法来避免即使看上去最温和的回文。

并不是说高等生物就能容纳很多回文，再想想CTAGCTAG和GATCGATC。注意，回文的前半部分可以与它的后半部分配对：第一个字母和最后一个字母配对（C...G），第二个字母和倒数第二个字母配对（T...A），以此类推。但要在内部形成键，一侧的DNA链必须与另一侧分离，并向上弯曲，留下一个凸起。这种结构被称为“发夹”，因为具有对称性，所以可以沿着任何长度合适的DNA回文形成。你可能已经猜到，发夹可以像扭结一样破坏DNA，而且出于同样的原因，它们也会破坏细胞机制。

DNA中的回文可以通过两种方式出现。当A、C、G、T恰好对称排列时，发夹的稍短的DNA回文会随机出现。较长的回文也会破坏染色体，其中的许多回文可以通过特定的两步过程产生，尤其是那些会严重破坏矮小的Y染色体的回文。出于各种原因，染色体有时会意外地复制一段DNA，然后将复制的DNA粘贴到染色体的某个地方。染色体也可以（有时在双链断裂后）将一大块DNA翻转180度，然后将其向后重新连接。同时，重复（duplication）和倒位（inversion）会产生一段新的回文。

然而，大多数染色体会阻止长回文，或者说至少阻止产生长回文的倒位。倒位可以破坏基因或使其失效，从而使染色体失效。倒位还会降低染色体交换的概率——这是巨大的损失。交换（成对的染色体交叉并互换片段）允许染色体互换基因并获得更好的版本，或者更好地协同工作，使染色体更适应环境。同样重要的是，染色体通过交换将不良基因倾倒给合作伙伴，合作伙伴受骗上当，

1　指美国内战后两个家族之间的夙怨，这场夙怨差一点导致了第二次内战。在学术中，“哈特菲尔德-麦考伊夙怨”指代党派群体之间长期的积怨，暗喻过度讲求家族荣誉、正义与复仇所带来的危险后果。

死掉了，而骗子染色体获得了完整的良好基因。但染色体只会与看起来很像的伙伴交换。如果伙伴的样子有点奇怪，染色体害怕获取不良DNA，就会拒绝交换。倒位看起来非常可怕，在这种情况下，带有回文的染色体会被避开。

Y染色体经常表现出对回文的不容忍。很久以前，在爬行动物分化成哺乳动物之前，X和Y是双胞胎染色体，经常交换。然后在3亿年前，Y染色体上的一个基因突变，成为导致睾丸发育的主开关（在此之前，性别可能是由母亲孵蛋的温度决定，这类似于决定海龟和鳄鱼颜色——粉红色或者蓝色——的非遗传系统）。由于这种变化，Y染色体变成了“雄性”染色体，并通过各种过程积累了其他雄性基因，主要用于产生精子。结果就是X染色体和Y染色体看起来不一样，而且避免交换。Y染色体不想冒险失去“男子气概”基因,而X染色体不想获得Y染色体的“笨蛋”基因，因为这可能会伤害到XX雌性。

在交换慢下来之后，Y染色体对倒位的容忍度提高了，无论是小的倒位还是大的倒位。事实上，Y染色体在历史上经历了4次大规模倒位，这是真正的DNA“大翻转”。每一次倒位都创造了很多有趣的回文，其中一段回文长度超过300万个字母，但每一次都使其与X染色体的交换更加困难。这不是大问题，除非交换使染色体抛弃不良突变。在XX雌性中，X染色体可以这么做，但如果Y染色体失去它的伙伴，不良突变就开始积累。每次出现突变，细胞就别无选择，只能将Y染色体切掉，并切除突变的DNA。结果并不乐观。Y染色体曾经是大染色体，现在它已经失去了原本1 400个基因中的24个。生物学家一度认为，按照这个速度，Y染色体已经无可救药。它们似乎注定要不断吸收功能失调的突变，变得越来越短，直到进化完全淘汰了Y染色体——也许同时淘汰了雄性。

然而，回文可能已经赦免了Y染色体。DNA链上的发夹是不好的，但如果Y染色体将自己折叠成一个巨大的发夹，它可以使任意两个回文相互接触——它们是方向相反的相同基因。因此，Y染色体能检查突变，并覆盖突变。就好像在一张纸上写“一个人，一项计划，一只猫，一条火腿，一头牦牛，一根山药，一顶帽子，一条运河：巴拿马！”，把纸叠起来，然后逐个字母地纠正所有差异，这种情况在每个新生的雄性身上发生了600次。折叠还允许Y染色体弥补其缺乏性染色体的缺陷,并与自己“重组”，将一个点的基因与另一个点的基因交换。

这种回文修复的方法非常巧妙。事实上，聪明反被聪明误。遗憾的是，Y染色体用来比较回文的那个系统并不“知道”哪些回文突变了，哪些没有突变，它只知道有区别。所以Y染色体经常用坏基因覆盖好基因。自我重组也倾向于意外地删除回文之间的DNA。这些错误很少会杀死男性，但会使他的精子无力。总的来说，如果Y染色体不能纠正这样的突变，它就会消失，但让它这么做的东西（它的回文）会使它失去“男子气概”。

DNA的语言属性和数学属性都有助于实现其最终目标：管理数据。细胞通过DNA和RNA储存、调用和传递信息，科学家经常谈论核酸密码与信息处理，好像遗传学是密码学或计算机科学的一个分支。

事实上，现代密码学有一定的遗传学渊源。1915年，一个名叫威廉姆·弗里德曼（William Friedman）的年轻遗传学家从康奈尔大学毕业后，加入了伊利诺伊州农村的一个古怪的科学智囊团（这里拥有一座荷兰风车，一只名叫“哈姆雷特”的宠物熊和一座灯塔——尽管它距离海岸750英里）。他的老板让他研究月光对小麦基因的影响，这是他的第一个任务。但弗里德曼的统计学背景很快把他卷入了老板的另一个疯狂项目*——证明弗朗西斯·培根（Francis Bacon）不仅是莎士比亚某些戏剧的作者，而且在《第一对开本》（*First Folio*）中留下了宣示自己作者身份的线索（这些线索涉及改变一些字母的形状）。弗里德曼很兴奋，他小时候读过埃德加·爱伦·坡（Edgar Allan Poe）的《金甲虫》（*The Gold-Bug*），从那以后就爱上了破译密码，但他认为关于培根的说法是胡说八道。他指出，有人可以用相同的解密方法来"证明"《恺撒大帝》（*Julius Caesar*）的作者是西奥多·罗斯福（Theodore Roosevelt）。[1]然而，弗里德曼已经设想遗传学是生物学的密码破译，在体验了真正的密码破译之后，他在美国政府找到了一份密码学工作。凭借在遗传学方面获得的统计专业知识，他很快就破解了1923年揭露茶壶山贿赂丑闻的秘密电报。20世纪40年代初，他开始破译日本的外交密码，包括1941年12月6日截获的几封臭名昭著的电报，这些电报从日本发给华盛顿特区的大使馆，预示着迫在眉睫的威胁。

弗里德曼放弃了遗传学，因为20世纪前10年的遗传学需要漫长的时间，等待不能说话的牲畜繁殖（至少在农场里），与其说是数据分析，不如说是畜牧业。如果弗里德曼晚出生一两代，他对事情的看法会有所不同。到20世纪50年代，生物学家经常把A-C-G-T碱基对称为生物学的"比特"（bits），把遗传学称为需要破解的"密码"。遗传学变成数据分析，并继续沿着这个方向发展，这在一定程度上归功于弗里德曼同时代的年轻工程师克劳德·香农（Claude Shannon），他的工作包括密码学和遗传学。

科学家经常引用香农在麻省理工学院的论文，这篇论文写于1937年，是有史以来最重要的硕士论文，当时香农只有21岁。在

1 《恺撒大帝》是莎士比亚的一出悲剧，通常被认为完成时间是1599年。西奥多·罗斯福是美国第26任总统，出生于1858年。

这篇论文中，他概述了一种将电子电路和基本逻辑结合起来的数学运算方法。在此基础上,他可以设计出执行复杂计算的电路——所有数字电路的基础。10年后，香农写了一篇论文，主题是使用数字电路来编码信息并更有效地传输信息。不夸张地说，这两项发现从零开始创造了现代数字通信。

除了这些开创性的发现，香农还沉溺于其他兴趣。在办公室里，他喜欢玩杂耍，喜欢骑独轮车，还喜欢一边骑独轮车一边在大厅里玩杂耍。在家里，他在地下室无休止地摆弄一些"垃圾"。他一生的发明包括:火箭动力飞盘,电动弹簧高跷,解魔方的机器,解迷宫游戏的机械鼠（名为"忒修斯"),计算罗马数字的程序（名为"THROBAC"），还有烟盒大小的"可穿戴计算器"，可以在轮盘赌中大赚一笔*。

香农在1940年的博士论文中也研究了遗传学。当时，生物学家正在证实基因和自然选择之间的联系，但其中涉及的大量统计数据吓坏了很多人。尽管香农后来承认他对遗传学一窍不通，但还是投身其中，试图像研究电路一样研究遗传学：把复杂因素简化成简单代数，这样对于给定的任何输入（种群中的基因），任何人都可以快速输出（哪些基因会兴盛或消亡）。香农花了几个月时间写这篇论文，在获得博士学位后，他被电子学所吸引，再也没有回到遗传学上。这不重要。他的新研究成为信息论的基础，这是一个非常广泛的领域，没有香农也可以追溯到遗传学。

通过信息论，香农确定了如何较少犯错地传递信息——生物学家已经意识到，这一目标相当于设计出最好的遗传密码，最大限度地减少细胞中的错误。生物学家还采纳了香农关于语言效率和冗余的研究。香农曾经计算过，英语至少有50%是多余的（他研究了雷蒙德·钱德勒写的一本通俗小说，冗余率接近75%）。生物学家也研究效率，因为根据自然选择，效率高的生物应该更健康。他们推断，DNA的冗余越少，细胞存储的信息就越多，处理信息的速度也越快，这是巨大的优势。但是，领带俱乐部已经知道，DNA在这方面并不令人满意。多达6个A-C-G-T三联体才编码一个氨基酸，这完全是多余的。如果细胞在每个氨基酸上使用更少的三联体，就可以吸收更多的氨基酸，而不是通常的20种——这将开辟分子进化的新领域。事实上科学家已经证明，如果经过训练，实验室的细胞可以使用50种氨基酸。

虽然冗余的成本很高，但香农指出，它也有好处。语言中的一点冗余，确保了即使某些音节或词汇被混淆，我们也能跟上对话。Mst ppl hv lttl trbl rdng sntncs wth lttrs mssng。[1]换句话说，虽然过多冗余会浪费时间和精力，但少量冗余可以防止错误。应用于DNA，我们现在能看到冗余的意义：它使突变不太可能引入错误的氨基酸。此外，生物学家已经计算出，即使一个突变确实引入了错误的氨基酸，大自然母亲已经安排好了所有事情，所以无论发生什么变化，新的氨基酸都很可能具有相似的化学和物理性质，因此可以正确折叠。它是氨基酸的同义词，所以细胞仍然可以读懂句子的意思。

（在基因之外，冗余可能也有用。非编码DNA——基因之间的长段DNA——包含着一些冗余的字母片段，看起来就像有人用自己的手指敲打大自然键盘。虽然这些片段看起来一文不值，但科学家不确定它们是不是真的无用。正如某位科学家自言自语："基因组究竟是一部垃圾小说，可以删掉其中的100页也没关系，还是更像海明威的小说，只要删掉1页，故事主线就没了？"但是将香农定理应用于垃圾DNA的研究，会发现DNA的冗余看起来很像语言的冗余——这可能意味着非编码DNA仍然有未被发现

1　这句话有意省略了一些字母，补充完整是：Most people have little trouble reading sentences with letters missing。意思是：大多数人都可以读懂少了字母的句子。

的语言属性。）

所有这些都让香农和弗里德曼惊叹不已。但也许最吸引人的是，除了其他更聪明的功能，DNA还利用了我们最强大的信息处理工具。20世纪20年代，有影响力的数学家大卫·希尔伯特（David Hilbert）试图确定是否存在一种机械的、转动曲柄的过程（算法），几乎不用思考就可以自动求解定理。希尔伯特设想人类可以用铅笔和纸完成这个过程。但在1936年，数学家（兼业余扭结学家）艾伦·图灵（Alan Turing）为此设计了一台机器。图灵的机器看起来很简单，只有一根长长的录音磁带和一个移动磁带并做标记的装置，但原则上，无论问题多么复杂，只要把它们分解成有逻辑的小步骤，它就能计算出任何可解决的问题的答案。图灵机启发了许多学者，香农就是其中之一。工程师很快就制造出了带有长磁带和记录磁头的工作模型——我们所谓的“计算机”，就像图灵设想的那样。

然而，生物学家知道，细胞复制、标记、读取DNA和RNA长链的机制完全不同于图灵机。这些“生物图灵机”运行着每一个活细胞，每一秒都在解决各种复杂的问题。事实上，DNA比图灵机更好：计算机硬件需要软件才能运行，而DNA既是硬件也是软件，既储存信息也执行命令，甚至包含了制造更多DNA的指令。

这还不是全部。即使DNA只能做到我们目前看到的事情——一遍又一遍地完美复制自己，旋转出RNA和蛋白质，承受核弹的破坏，编码词汇和短语，甚至演奏几支好听的曲调，它仍然可以作为一种令人惊叹的分子脱颖而出，是最好的分子之一。但DNA更了不起的是，它有能力构建比自身大数十亿倍的物体，并让它们在全球范围内活动。DNA甚至记录和保存了它的创造物在这段时间里所见和所做的一切，现在，掌握了DNA工作的基本原理后，一些幸运的生物终于可以自己阅读这些故事了。

第二部分

我们的动物历史

造就会爬行、嬉闹和杀戮的生物

第五章

DNA的证词：

生命演化为何如此缓慢——然后突然变得复杂？

一读到那篇论文，修女米里亚姆·迈克尔·史汀生（Miriam Michael Stimson）就立刻确定，她10年的工作、她毕生的心血已经没有任何价值。在整个20世纪40年代，这位永远穿着一身黑白修士服（戴着兜帽）的多明我会修女（Dominican nun）为自己开辟了一项饶有成效，甚至欣欣向荣的研究事业。在密歇根州和俄亥俄州的小型宗教学院，她实验过伤口愈合激素，甚至协助发明了一种著名的痔疮膏（Preparation H）。后来她发现自己的爱好是研究DNA碱基的形状。

她在这一领域进步很快，并发表了证据证明DNA碱基是“变形者”——在不同的时刻看起来完全不同。这个想法简单得令人愉悦，却对DNA的工作方式产生了深远的影响。然而，1951年，两名对立的科学家在一篇论文中抹杀了她的理论，认为她的研究“微不足道”，明显已经误入歧途。这是令人尴尬的时刻。作为女科学家，米里亚姆修女肩负着沉重的负担，她经常不得不忍受男同事的傲慢演讲，即便是在她自己的研究课题上。遭遇这样的公开驳斥，她来之不易的名声就像DNA的两条链一样迅速而彻底地瓦解了。

在接下来的几年里，她的反对意见实际上是20世纪最重要的科学发现（沃森和克里克的双螺旋结构）的诞生过程中非常必要的一步，但这一点也不会给她带来多少安慰。詹姆斯·沃森和弗朗西斯·克里克在那个时代是不同寻常的生物学家，因为他们只是综合别人的成果，很少费心去做实验（甚至超级理论家达尔文也经营了一个实验苗圃，并把自己训练成藤壶方面的专家，包括研究藤壶的性别）。这种“借用”的习惯有时会给沃森和克里克带来麻烦，最著名的例子是罗莎琳·富兰克林（Rosalind Franklin），她拍摄了显示双螺旋结构的关键X光照片。但沃森和克里克的成果也建立在其他几十位不太知名的科学家的基础工作上，米里亚姆修女就是其中之一。应该承认的是，她的研究在这个领域并不是最重要的，事实上，她的错误延续了早期人们对DNA的困惑。但就像托马斯·亨特·摩尔根，跟踪观察一个人如何面对他的错误是有价值的。而且不同于许多被击败的科学家，米里亚姆修女很谦逊，或者说很有进取心，她回到实验室，最终为双螺旋的故事做出了贡献。

在弗雷德里希·米歇尔的时代，生物学家第一次发现了DNA的异常结构：糖、磷酸盐和环状碱基。从许多方面来说，20世纪中叶的生物学家仍然为同一个基本问题而苦恼——DNA长什么样子？最让人烦恼的是，没有人知道长链DNA是如何交织在一起的。今天我们知道，由于碱基A和T配对，C和G配对，DNA的两条链可以自动匹配，但在1950年没有人知道这一点。所有人都假设字母配对是随机的。因此，科学家不得不在自己的DNA模型中尝试每一种笨拙的字母组合：有时臃肿的A和G必须组合在一起，纤细的C和T必须组合在一起。科学家很快就意识到，这些不匹配的碱基无论如何旋转或挤压，都会产生凹痕和凸起，而不是他们所期望的流畅的DNA形状。甚至有一次，沃森和克里克说，让这种生物分子的俄罗斯方块见鬼去吧，他们浪费了几个月的时间来修补一个颠倒（和三链）*的DNA模型，把碱基朝外只是为了让它们不碍事。

米里亚姆修女解决了DNA结构的一个重要子问题——碱基的精确形状。一个修女从事这样的技术领域，在今天看来可能很奇怪，但米里亚姆后来回忆说，她在研讨会和会议上碰到的大多数女性科学家都是修女。当时的女性在结婚后通常不得不放弃自己的事业，而未婚女性（比如富兰克林）会遭到怀疑和嘲笑，她们的工资很低，入不敷出。与此同时，天主教的修女可以体面地不结婚，住在教会经营的女修道院，有经济支持，可以独立地探索科学。

当然，在工作和私人生活方面，身为修女也会让事情变得更复杂。孟德尔出生时的名字叫约翰，而在修道院的名字叫格雷戈尔。类似地，米里亚姆·史汀生以及和她一起的见习修女在1934年进入密歇根修道院时获得了她们的新名字。米里亚姆选择了玛丽，但在洗礼时，她们的大主教和大主教的助手跳过了名单上的一个名字，所以排队的大多数女人在祝福的时候没有得到自己选择的名字，没有人提出异议。由于排在最后的米里亚姆没有了名字，聪明的大主教就用了他想到的第一个名字，一个男人的名字。修女被认为嫁给了基督，由于上帝（或大主教）结合了某种人类不能分开的东西，所以错误的名字只能永远错下去。

随着米里亚姆修女开始工作，这些服从的要求变得更加繁重，并阻碍了她的科学事业。她所在的小型天主教学院没有完整的实验室，修道院院长只腾出一间改装过的浴室给她做实验。她也没有很多时间：米里亚姆必须履行修女的职责，负责学生宿舍，而且她还有满满的教学任务。即使在实验室里，她也不得不穿着修士服、戴着像眼镜蛇一样的巨大兜帽，这并不会使复杂的实验变得更容易（她也不能开车，因为兜帽遮住了她的视线）。然而，米里亚姆非常聪明，朋友们给她起了个绰号叫M^2，像孟德尔一样，

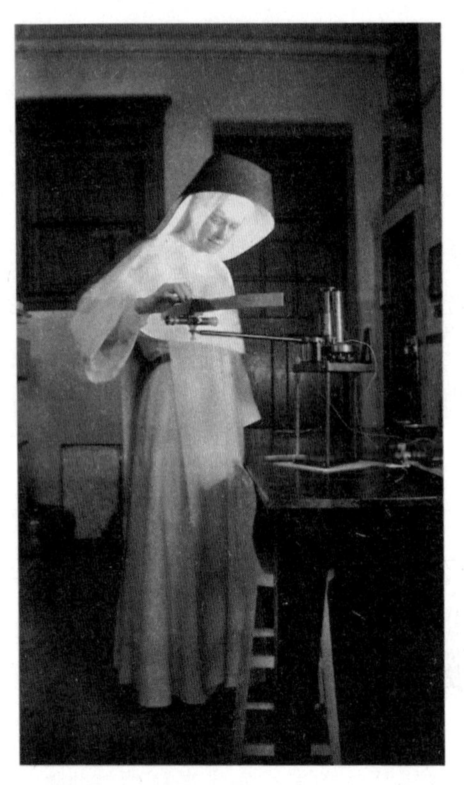

DNA先驱、修女米里亚姆·迈克尔·史汀生甚至在实验室中也穿着带有巨大兜帽的修士服（来源：锡耶纳赫兹大学）

M^2的圣职加强和鼓励了她对科学的热爱。事实上，米里亚姆和她的同事对药物化学做出了很大贡献（因此有了Preparation H的研究）。DNA研究是这一领域的自然延伸，通过研究DNA碱基的组成部分，20世纪40年代末，她似乎在碱基形状方面取得了进展。

碳、氮、氧原子构成了碱基A、C、G、T的核心，但碱基中还含有氢原子，这让事情变得复杂。氢游离在分子的外围，作为最轻的和最容易受影响的元素，氢原子可以被拉到不同的位置，使碱基的形状略有不同。这些变化并不是什么大问题——每一个分子在之前和之后几乎是相同的，只是氢的位置对于将双链DNA连接在一起至关重要。

氢原子的结构是一个电子围绕着一个质子。但氢原子通常与DNA碱基环状部分的内部共享这个负电子。于是，带正电荷的质子“臀部”就暴露在外面。一条链上的碱基的带正电的氢与另一条链上的碱基的带负电的氢对齐，从而使DNA链结合在一起（负电通常集中在氧和氮上，它们会聚集电子）。这些氢键不像普通的化学键那样牢固，但这种不牢固实际上很完美，因为细胞可以在需要的时候解开DNA。

氢键在自然界中很常见，但在20世纪50年代初，氢键似乎不可能存在于DNA中。氢键的形成需要正电荷与负电荷完美地对齐，就像碱基A和T、C和G一样。但再说一次，没有人知道特定的字母是成对的，也没有人知道，在不成对的字母组合中，电荷会不那么整齐地排列。修女M^2等人的研究进一步混淆了这幅画面。她的研究涉及在高酸度或低酸度的溶液中溶解DNA碱基（高酸度增加了溶液中氢离子的数量，低酸度减少了氢离子的数量）。米里亚姆知道，溶液中的碱基和氢以某种方式相互反应：当她用紫外线照射溶液时，碱基以不同的方式吸收光，这是物体形状变化的常见迹象。但她假设（假设总是有风险的）这种变化涉及氢的转移，她认为这在所有DNA中都是自然发生的。如果这是真的，现代DNA科学家不仅要考虑不匹配碱基的氢键，还要考虑不匹配碱基的多种形式。沃森和克里克后来恼怒地回忆说，在当时的教科书上，碱基中的氢原子有不同的位置，这取决于作者的想法和偏见。因此，几乎不可能建立模型。

20世纪40年代末，米里亚姆修女发表了DNA的变形理论，她看到自己的科学地位不断攀升。骄兵必败，1951年，伦敦的两名科学家确定酸性溶液和非酸性溶液都不会在DNA碱基上转移氢。相反，这些溶液要么在奇怪的地方抓住额外的氢，要么直接把不牢固的氢扯下来。换句话说，米里亚姆的实验创造了非自然的人造碱基。她的工作对确定DNA毫无帮助，因此DNA碱基的形状仍然是个谜。

但是，无论米里亚姆的结论多么错误，她在这些研究中引入了一些非常有用的实验技术。1949年，DNA生物学家埃尔文·查戈夫（Erwin Chargaff）采用了米里亚姆首创的紫外线分析法。利用这种技术，查戈夫确定DNA中含有等量的A和T，以及等量的C和G。查戈夫从未利用过这条线索，但他确实把这个消息透露给他能找到的每个科学家。在一次海上旅行中，查戈夫试图把这一发现转告给莱纳斯·鲍林（Linus Pauling）——沃森和克里克的主要竞争对手，但鲍林因为假期被打断而生气，赶走了查戈夫。更谨慎的沃森和克里克很重视查戈夫的观点（尽管他认为他们是年轻的傻瓜），根据他的见解，他们最终确定A与T配对，C与G配对。这是他们需要的最后一条线索，而米里亚姆与它失之交臂。双螺旋诞生了。

只是还有一个问题：那些氢键呢？在半个世纪的欢呼之后，它已经消失了，但沃森和克里克的模型建立在一个毫无根据甚至不可靠的假设之上。他们发现的碱基紧贴在双螺旋的结构中，并与适当的氢键配对，前提是每个碱基都有特定的形状。但在米里亚姆的研究被推翻之后，没有人知道生物体内的碱基是什么形状。

这一次米里亚姆决定帮忙，她回到实验室的长凳上。在酸-紫外线实验失败后，她用光谱的另一端（红外线）来探索DNA。用红外线探测物质的标准方法是将其与液体混合，但DNA碱基有时无法正确混合。所以米里亚姆发明了一种方法，将DNA与一种白色粉末溴化钾混合。为了获得足够薄的样品用于研究，米里亚姆的实验室团队不得不从附近的克莱斯勒公司借用一个模具，将粉末塑造成阿司匹林直径的“药丸”，然后前往当地的机械车间，用工业压平器将药丸压成1毫米厚的圆盘。出租车里坐满了穿着修士服的修女，停在肮脏的机械车间前面，这让当值的油漆工感觉很滑稽，但米里亚姆记得他们对待她很有绅士风度。最后，空军给她的实验室捐赠了一台压平器，这样她就可以自己压圆盘（学生们记得，她必须按住压平器，时间长到足够念两遍《圣母经》[1]）。溴化钾薄层在红外线下是看不见的，所以当红外线照射的时候，被刺激的只有碱基A、C、G、T。在接下来的10年，对圆盘的红外研究（以及其他工作）证明沃森和克里克是正确的：DNA碱基只有唯一的自然形状，这种形状能产生完美的氢键。直到这一步，科学家才可以说他们掌握了DNA的结构。

当然，理解它的结构并不是最终目标，科学家还有更多的研究要做。但是，尽管M^2继续做着杰出的工作——1953年，她在索邦大学发表演讲，是居里夫人之后第一个这样做的女性科学家。尽管她活到2002年，89岁高龄，但她的科学抱负逐渐消失了。在动荡的20世纪60年代之后，她再也没有脱下过兜帽修士服（她还学会了开车）。尽管有些许反叛，她生命的最后几十年全身心投入圣职之中，并放弃了实验。其他的科学家，包括另外两名女性科学家，揭示了DNA如何构建复杂而美丽的生命*。

科学史上有许多重复的发现。自然选择、氧气、海王星、太阳黑子——2位、3位，甚至4位科学家独立地发现了同一事实。历史学家会继续争论为什么会发生这种情况：也许每一个案例都是巨大的巧合；也许某个“发现者”偷窃了别人的观点；也许能否发现取决于条件是否成熟。但无论你相信哪种情况，科学的同时性是一个事实。有多个团队都想出了双螺旋，1963年，两个团队确实发现了DNA的另一个重要方面。其中一个团队利用显微镜绘制线粒体，线粒体是在细胞内提供能量的豆状器官。另一个团

1 《圣母经》一共只有4句话。

队破碎了线粒体，并根据直觉进行筛选。两项研究都证明了线粒体含有DNA。19世纪末，为了建立名声，弗雷德里希·米歇尔将细胞核定义为DNA的专属家园，历史再一次没有眷顾他。

不过，虽然说历史条件促成了某些发现，但科学也需要特立独行的人——那些逆时针转动的人，能够看到其他人看不到的条件。有时我们甚至需要令人讨厌的特立独行者，因为如果他们不好斗，他们的理论就永远无法进入我们的视野。林恩·马古利斯（Lynn Margulis）就是这样一个例子。20世纪60年代中期，大多数科学家以非常乏味的方式解释了线粒体DNA的起源，他们认为细胞一定是曾经借出了一点DNA，然后再也没有收回来。但从她1965年的博士论文开始，20年来马古利斯一直在推动一个想法：线粒体DNA不仅仅是一件怪事。相反，她认为这证明了一件更重要的事情，即生命结合和进化的方式超出了传统生物学家的想象。

马古利斯的"胞内共生"（endosymbiosis）理论是这样的：我们都是远古时期地球上的第一批微生物的后代，今天的所有生物都共享了部分基因，大约有100个，是该遗产的一部分。但不久之后，这些早期的微生物开始分化。一些长成了巨大的斑点，另一些缩小成颗粒，体形差异创造了机会。最重要的是，一些微生物开始吞噬和消化其他微生物,而后者感染并杀死那些粗心的"大个子"。马古利斯认为，无论是出于哪一种原因，在很久很久以前的某个下午，一只大型微生物摄入了一种细菌，然后发生了奇怪的事：无事发生。要么是细菌抵挡住了被消化的战斗，要么是其宿主阻止了体内的突然一击。双方僵持不下，虽然双方都在战斗，但谁也战胜不了对方。经过无数代的努力，最初的敌意逐渐消解，变成了合作。逐渐地，小家伙变得很擅长从氧气中合成高能量的燃料；逐渐地，大细胞失去了产生动力的能力，转而专注于提供原始营养物质和庇护。正如亚当·斯密[1]可能预测的一样，这种生物劳动分工对双方都有利，很快，如果失去了一方，另一方也无法生存。我们把这些微小的“虫子”称为“线粒体”。

总的来说，这是很不错的理论，但仅此而已。很遗憾，当马古利斯提出这个理论时，科学家并没有很好地回应。15家期刊拒绝刊登马古利斯关于胞内共生的第一篇论文，更糟糕的是，许多科学家公开批评它纯属猜测。然而，每次他们这样做，她都会整理更多的证据，并且更加积极地强调线粒体的独立行为——它们在细胞内“仰泳”；它们按照自己的时间表繁殖；它们的膜类似于细胞的膜。它们的残余DNA证实了这个问题：细胞很少让DNA逃离细胞核，进入细胞的“远郊”，即使DNA试图逃脱，也很少能存活下来。我们继承线粒体DNA的方法也不同于染色体DNA，它们完全来自母亲，因为孩子的所有线粒体都由母亲提供。马古利斯得出结论，所谓的“线粒体DNA”一定来自曾经独立的细胞。

她的对手（正确地）反驳说，线粒体并不是单独起作用，它们需要染色体基因才能发挥作用，所以很难独立工作。马古利斯回避道，如果说独立生命所必需的许多基因在30亿年后已经消失，这并不奇怪。古老的线粒体基因保存到今天，应该不超过柴郡猫[2]咧嘴一笑露出的那排牙齿。她的对手并不买账（缺乏证据等），但马古利斯并不像米歇尔那样没有为自己辩护的勇气，她一直在回击。她发表演讲、写文章，广泛地宣传她的理论，还喜欢激怒她的听众。（有一次她开场就问：“这里有真正的生物学家吗？比如分子生物学家？”她数了数举起的手，然后笑着说：“很好，你们会讨厌我讲的东西。”）

---

1 亚当·斯密（Adam Smith，1723—1790），苏格兰哲学家、经济学家，《国富论》的作者。这本书是最早的经济学著作，并第一次提出“劳动分工”的观点，认为劳动分工有助于提高生产效率。

2 《爱丽斯漫游奇境》中的角色，因为特殊的笑容而著名。在这本书之前，英语中就有“笑容像柴郡猫一样”（grin like Cheshire cat），形容人笑得牙齿和牙龈都露了出来。

生物学家确实很讨厌胞内共生理论，争论持续不停，直到20世纪80年代出现了新的扫描技术。该技术揭示，线粒体DNA并不是储存在线性的长链染色体中（像动物和植物那样），而是储存在圆环中（像细菌那样）。环上的37个紧密排列的基因也形成了类似细菌的蛋白质，而且A-C-G-T序列本身也非常像细菌。根据这些证据，科学家甚至发现了线粒体的仍然在世的亲戚，比如伤寒菌。类似的研究证实，叶绿体中也含有环状DNA，它是植物内部负责光合作用的绿色颗粒。马古利斯推测，叶绿体的进化和线粒体一样：当大型原种（ancestor）微生物吞下光合作用的绿藻时，斯德哥尔摩综合征随之出现。胞内共生已经有两个例子，反对者无法反驳。马古利斯被证明是对的，她欢欣雀跃。

除了解释线粒体，马古利斯的理论还帮助解决了地球生命的一个深刻谜团：在光明的开端之后，进化为什么几乎停滞？如果没有线粒体的启动，原始生命可能永远不会发展出高级生命，更不会发展出有智慧的人类。

要想知道这种停滞有多么深刻的意义，可以想想宇宙制造生命有多么容易。地球上最早的有机分子可能自发地出现在海底的火山口附近。那里的热能可以将简单的富碳分子融合成复杂的氨基酸，甚至可以把囊泡当成天然的细胞膜。地球也有可能从太空中输入有机物。天文学家发现了飘浮在星际尘雾中的裸露氨基酸。根据化学家的计算，腺嘌呤这样的DNA碱基也可能在太空中形成，因为腺嘌呤不过是五个简单的HCN分子（氰化物）压成的一个双环。结冰的彗星也可能孕育DNA碱基。当冰块形成的时候，它会变得非常排外，把里面的有机杂质积压成浓缩的气泡，通过高压烹煮，更有可能形成复杂的分子。科学家已经怀疑，彗星撞击早期地球导致了液态海洋的形成，它很可能在我们的海洋中播下了碱基的种子。

在这锅沸腾的有机肉汤中，具有复杂膜结构和可更换运动部件的自主微生物在短短10亿年内诞生了（想想看，是挺快的）。从这个共同的起点，许多不同的物种在短时间内出现，这些物种具有不同的生活和聪明的谋生方式。然而在这个奇迹之后，进化停滞了：地球上出现了许多类型的真正的生物，但这些微生物在10亿年的时间里没有进化太多，而且可能永远不会进化。

能量消耗注定了它们的命运。在原始微生物中，复制和维持DNA的能量只占总能量的2%，但从DNA中制造蛋白质却占用了75%。因此，即使一种微生物进化出了一种有利的、具有进化优势的性状，比如封闭的细胞核，或者消化其他微生物的“肚子”，或者与同类交流的装置，构建这种优势性状的过程几乎耗尽了它的能量。增加两种性状是不可能的。在这种情况下，进化会停滞不前，细胞只能变得如此复杂。低成本的线粒体能量解除了这种限制。线粒体每单位体积储存的能量和闪电一样多，它们的活动性使我们的祖先能够同时增加许多奇特的性状，并成长为多元化的生物。事实上，线粒体使细胞的DNA储存扩大了20万倍，不仅允许它们发明新的基因，还允许它们添加大量的调控DNA，让它们在使用基因时更加灵活。如果没有线粒体，这一切都不可能发生；如果没有马古利斯的理论，我们可能永远无法照亮这个进化的黑暗时代。

线粒体DNA（mtDNA）也开辟了全新的科学领域，比如基因考古学。由于线粒体可以自行繁殖，mtDNA的基因比染色体基因丰富得多。所以当科学家挖掘穴居人或木乃伊之类的东西时，经常会寻找并检查mtDNA。科学家还可以利用mtDNA，以前所未有的精度追踪家谱。精子携带的不过是核DNA的载荷，所以孩子们从母亲更大的卵子中继承了所有的线粒体。因此，mtDNA基本上没有改变，通过母系一代又一代地遗传下去，它是一种追踪母系血统的理想方法。更重要的是，由于科学家知道罕见的突变在线粒体中积累的速度——平均每3 500年就有一个突变，他们可以用mtDNA作为时钟：比较两个人的mtDNA，发现的突变越多，两人拥有共同的母系祖先的时间就越远。事实上，这个时钟告诉我们，今天活着的70亿人的母系都可以追溯到17万年前生活在非洲的一位女性，她被称为“线粒体夏娃”。注意，夏娃并不是当时唯一活着的女人。她只是当今所有人最古老的母系先祖*。

线粒体被证明对科学至关重要，在此之后，马古利斯凭借自己的势头和突如其来的声望，提出了其他不寻常的想法。她开始提出，微生物也为动物提供了各种运动装置，比如精子的尾巴，尽管这些结构缺乏DNA。除此之外，她还勾勒出一个更宏大的理论，即胞内共生驱动着所有的进化，而突变和自然选择则处于次要地位。根据这一理论，突变只会在很小的程度上改变生物。真正的改变发生在基因从一个物种跳到另一个物种的时候，或者当整个基因组合并、将截然不同的生物融合在一起的时候。只有在这些“横向的”DNA转移之后，自然选择才会开始，其目的仅仅是删除注定失败的怪物。与此同时，合并的受益者、有前途的怪物蓬勃发展。

马古利斯认为这是革命性的，但在某种程度上，她的合并理论只是延续了生物学家之间的经典争论：一方喜欢（无论你想通过精神分析得出什么原因）大胆的飞跃和即时的物种形成，另一方喜欢保守的调整和渐进的物种形成。极端的渐进主义者达尔文认为，微小的变化和共同的祖先是自然法则，他喜欢缓慢生长的生命之树，没有重叠的枝条。马古利斯落入了激进的阵营，她认为，合并可以创造出真正的“喀迈拉”，严格来说，这种生物与美人鱼、斯芬克斯或半人马[1]没有什么不同。从这个角度来说，达尔文典雅的生命之树必须让位给快速编织的生命之网，后者有着纵横交错的线条和圆弧。

无论马古利斯的想法多么激进，她仍然赢得了持有异议的权利。一边赞扬某人坚持非传统的科学观点，一边又批评她在其他方面不守常规，这多少有些虚伪，你不可能在方便的时候就把头脑中反传统的部分关掉。著名生物学家约翰·梅纳德·史密斯（John Maynard Smith）曾经承认："我认为（马古利斯）经常犯错，但我认识的大多数人都认为，有她在身边很重要，因为她的错误在很多方面很有成效。"别忘了，马古利斯的第一个伟大想法是正确的，非常正确。最重要的是，她的研究提醒我们，漂亮的植物和有脊椎的生物并没有主宰生命的历史，微生物才是主宰。它们是多细胞生物进化的饲料。

如果说林恩·马古利斯喜欢冲突，那么她的同龄人巴巴拉·麦克林托克（Barbara McClintock）则回避冲突。相比于公开地对抗，麦克林托克更喜欢安静地沉思。她独特的想法并不是来自逆反，而是出于纯粹的古怪。因此，麦克林托克一生致力于探索玉米等植物的奇怪基因，这符合她的本性。通过研究玉米的怪异基因，麦克林托克拓展了我们对DNA功能的认识，并为理解人类进化史上的第二大谜团提供了重要线索：DNA如何从马古利斯的复杂单细胞中构建多细胞生物。

麦克林托克的一生可以分为两个时期：1951年以前，她是富有成就的科学家；1951年之后，她是愤懑不平的隐士。从很小的时候开始，麦克林托克就与她的钢琴家母亲发生过激烈争吵，主

1　喀迈拉是希腊神话中的怪物，长着狮子头、山羊身和蟒蛇尾，嘴里吐出火焰。斯芬克斯是埃及神话中的怪物，有人面狮身、羊头狮身、鹰头狮身几种说法。半人马是希腊神话中的怪物，上半身是人的躯干，下半身是马。

要是因为她对科学和滑冰等越来越感兴趣，却不喜欢能提升约会前景的女孩子的娱乐项目。她的母亲甚至否定了她在康奈尔大学学习遗传学（就像她之前的赫尔曼·马勒和威廉姆·弗里德曼）的梦想，因为好男孩不愿意娶聪明女孩。对科学来说值得庆幸的是，麦克林托克的医生父亲在1919年秋季学期之前介入，把女儿送上了前往纽约北部的火车。

在康奈尔大学，麦克林托克表现出色，成为新生女生班的班长，并成了科学课上的明星。不过，一起上科学课的同学有时并不欣赏她的伶牙俐齿，特别是当她指出她们使用显微镜的方法有误时。在那个时代，准备显微镜样品是一项复杂且要求很高的工作——要像切熟食火腿一样将细胞切片，把凝胶状的内脏安装在多个载玻片上而不溢出。事实上，使用显微镜也很麻烦，即使是优秀的科学家，也很难识别细胞内的颗粒。但麦克林托克很早就掌握了显微镜技术，毕业时成为名副其实的世界一流。在康奈尔大学读研究生的时候，她磨炼了一种技术——“压片”，她可以用拇指压扁整个细胞，使它们在切片上保持完整，从而更容易研究。使用压片法，她成为第一个识别出全部10条玉米染色体的科学家（细胞内的染色体像意大利面条一样混乱，任何曾经眯着眼看过的人都知道这不容易）。

1927年，康奈尔大学邀请麦克林托克成为全职研究员兼讲师，开始研究染色体的相互作用，她的助手是她最好的学生哈丽特·克莱登（Harriet Creighton）。这两个“假小子”都留着短发，打扮也很中性，穿着短裤和高筒袜。人们还会混淆她们的奇闻逸事，比如，在忘带二楼办公室钥匙的那天早晨，究竟是谁从排水管爬了上去。克莱登比较外向，内敛的麦克林托克绝不会像她那样买一辆老爷车庆祝“二战”结束，然后乘船去墨西哥旅行。尽管如此，她们还是组成了很棒的团队，而且很快就有了开创性的发现。

摩尔根的“果蝇小子”在几年前就已经证明，染色体可能会交换，并且互换尖端。但他们的理由仍然是基于抽象的统计数据。虽然许多显微镜学家看到过染色体纠缠，但没有人能知道它们是否真的交换了物质。而麦克林托克和克莱登只需看一眼，就能知道每条染色体上的所有凸起和“疖子”，她们确定染色体确实交换了片段。她们甚至将这些交换与基因工作方式的变化联系起来，这是至关重要的事实。麦克林托克磨磨蹭蹭地写这些结果，但是摩尔根听到了风声，催促她尽快发表。1931年，她做到了。两年后，摩尔根获得了诺贝尔奖。

虽然麦克林托克对这项工作很满意，《美国科学名人录》[1]刊登了她和克莱登的小传，但她想要更多。她不仅想研究染色体，还想研究染色体的变化和突变，以及这些变化如何构建具有不同根系、颜色和叶子的复杂生物体。不幸的是，当她试图建立实验室的时候，社会环境对她很不利。和牧师行业一样，当时的大学只向男性提供正教授职位（家政学除外），康奈尔大学无意对麦克林托克网开一面。于是，1936年，她不情愿地离开了，开始四处漂泊，先是和摩尔根一起在加州工作了一段时间，然后在密苏里州和德国担任研究职位。她讨厌这两个地方。

说实话，除了性别之外，麦克林托克还有其他麻烦。她不是那种活泼的人，在外人看来脾气也不好、没有学院气质，她曾经背着一名同事偷偷解决他的问题，并在他完成之前发表了自己的研究结果。同样有问题的是，麦克林托克研究的是玉米。

是的，玉米遗传学有利可图，因为玉米是粮食作物（著名的遗传学家亨利 · 华莱士——后来富兰克林 · 罗斯福的副总统——

1　当时名为*American Men of Science*，主要刊登美国科学家的成就摘要；后来在1971年改成了现在的名字：*American Men and Women of Science*。《美国科学名人录》第一版出版于1906年，其中已经收录了两名女性科学家，分别是数学家格蕾丝 · 安德鲁斯（Grace Andrews）和夏洛特 · 斯科特（Charlotte Scott）。

靠经营一家种子公司发家致富）。玉米也有科学谱系，达尔文和孟德尔都研究过玉米。农业科学家甚至对玉米突变感兴趣：1946年，当美国开始在比基尼环礁引爆核弹的时候，政府科学家将玉米种子置于爆炸之下，研究核辐射对玉米的影响。

玉米研究的传统目的是更高的产量和更甜的玉米粒，但麦克林托克对此嗤之以鼻。玉米对她来说只是手段，是研究广泛意义上的遗传和发育的工具。不幸的是，玉米非常不适合这项研究。它的生长速度慢得令人痛苦，它的染色体变幻莫测，经常断裂或者隆起，或者融合，又或者随机加倍。麦克林托克很享受这种复杂性，但大多数遗传学家都想避免这些令人头疼的问题。他们相信麦克林托克的工作——没有人比她更擅长使用显微镜，但她对玉米的热爱让她陷入了两难的困境：务实的科学家希望帮助爱荷华州种植更多玉米，而纯粹的遗传学家不能接受对玉米DNA的小题大做。

1941年，麦克林托克终于在曼哈顿以东30英里的简陋的冷泉港实验室找到了一份工作。与以前不同的是，没有学生分散她的精力，她只雇了一名助手，该助手拿着一把猎枪，把讨厌的乌鸦从她的玉米地赶走。她和她的玉米被孤立在外面，但她很高兴被孤立。她的几个朋友总是把她形容为科学的神秘主义者，不断地追求某种真知灼见，要把遗传学的复杂分解为统一。“她相信里面有一盏大灯泡。”一个朋友说。在冷泉港实验室，她有时间和空间进行冥想，并进入了她职业生涯中最富有成效的10年，一直到1951年。

她研究的巅峰实际上是在1950年3月，当时一位同事收到了麦克林托克的一封信，是单倍行距的10页纸，但所有段落都写到了格子外边，更不必说其他热情的注释，这些注释由箭头连接，像葛藤在页面空白处爬上爬下。这种信如果放在今天，你会想要测试一下是否有炭疽病毒。它描述的理论听起来也很疯狂。摩尔根已经确定，基因是染色体项链上固定的珍珠。麦克林托克坚称，她看到了“珍珠”的移动——从一个染色体跳到另一个染色体，然后钻了进去。

此外，这些跳跃基因（jumping gene）不知以何种方式影响了玉米粒的颜色。麦克林托克研究的是印第安玉米，也就是丰收游行花车上那种带有红蓝斑点的玉米。她看到跳跃基因攻击这些玉米粒内部的染色体臂，折断它们，使染色体的末端像有创骨折一样摇摆不定。每当发生这种情况时，玉米粒就停止生产色素。但后来，当跳跃基因变得焦躁不安，随机地跳跃到其他地方时，断臂愈合了，色素又开始产生。在这封潦草的信中，麦克林托克认为这种断裂破坏了制造色素的基因。确实，这种开关模式似乎解释了她的玉米粒上随机出现的条纹和螺旋。

换句话说，跳跃基因控制着色素的产生，麦克林托克称之为“控制元素”（如今，它们被称为“转座子”，更通俗的说法是“移动DNA”）。类似于马古利斯，麦克林托克把这个迷人的发现转化为更有野心的理论。20世纪40年代最棘手的生物学问题也许是，为什么细胞有差别：毕竟，皮肤细胞、肝脏细胞和脑细胞含有相同的DNA，为什么它们的行为不一样呢？以前的生物学家认为，细胞质中的某种物质调控着基因，该物质位于细胞核外。麦克林托克找到了染色体在细胞核内自我调节的证据，这种控制包括在正确的时刻打开或关闭基因。

事实上，（正如麦克林托克的怀疑）打开和关闭基因的能力是生命史上至关重要的一步。马古利斯的复杂细胞出现后，生命再次停滞了10亿年。然后，大约在5.5亿年前，大量的多细胞生物突然出现。最早的生物可能是无意出现的多细胞生物，黏黏的细胞无法脱身。但随着时间的推移，通过精确控制哪些基因在细胞黏合的哪些时刻起作用，细胞就可以开始特化（specialize），这是高等生命的标志。麦克林托克认为她已经了解了这一深刻变化是如何发生的。

麦克林托克把这封狂躁的信整理成一篇得体的演讲稿，并于1951年6月在冷泉港实验室发表了这篇讲话。她满怀希望，在那天讲了两个多小时，读了35页单倍行距的文字。她可能会原谅观众们打瞌睡，但令她沮丧的是，她发现他们只是感到困惑。她说的那些事实并不难理解。科学家知道她的名声，所以当她坚持说她看到基因像跳蚤一样跳来跳去的时候，大多数人都接受了她的说法。让他们感到困扰的是她的基因控制理论。从根本上来说，插入和跳跃似乎太随机了。他们认为，这种随机性的确很好地解释了蓝玉米粒和红玉米粒的关系，但跳跃基因怎么可能控制多细胞生物的所有发育？如果基因随意地打开和关闭，你就不可能制造婴儿或豆茎。麦克林托克没有很好的答案，随着棘手的问题越来越多，反对她的舆论也越来越强烈。她关于控制元素的革命性想法被贬低为玉米的另一种奇怪特性*。

这种贬低严重伤害了麦克林托克。在那次演讲之后的几十年里，她仍然对同事的窃笑或指责——你竟敢质疑固定基因的法则——耿耿于怀。几乎没有证据表明人们真的发笑或发怒，大多数人接受跳跃基因，仅仅是不接受她的控制理论。但麦克林托克将这段记忆扭曲成了针对她的阴谋。跳跃基因和基因控制已经在她的内心和头脑中交织在一起，攻击其中一个就意味着攻击这两者，也意味着攻击她本人。她非常沮丧，又不喜欢争吵，于是退出了科学界*。

隐士阶段开始了。30年来，麦克林托克一直研究玉米，经常晚上在办公室的小床上打瞌睡。但她不再参加研讨会，也切断了和其他科学家的交流。在完成实验后，她通常会把结果打印出来，

巴巴拉·麦克林托克发现了“跳跃基因”，但当其他科学家质疑她的结论时，她变成了科学隐士，感到沮丧和气馁。小图：麦克林托克心爱的玉米和显微镜（美国国立卫生研究院，史密森尼学会，美国国家历史博物馆）

仿佛要提交给期刊一样，然后她会把论文归档，不寄出去。如果她的同事不理会她，她也会以无视来报复。在这种孤独的状态中（还有些抑郁），她神秘的一面完全显现了出来。她沉迷于对超感知觉、不明飞行物和骚灵现象[1]的猜测，并研究用精神控制自己反应的方法（去看牙医的时候，她告诉牙医不必使用奴佛卡因，因为她可以用意念锁住疼痛）。一直以来，她种植玉米，制作压片，写着像艾米莉·狄金森（Emily Dickinson）的诗一样无人问津的论文。她就是她自己的悲伤科学界。

1 超感知觉（ESP），俗称“第六感”，即不以感官为基础而获得知觉。骚灵现象（Poltergeist），即暴力且具有破坏性的灵异事件，骚灵（一种鬼魂）被认为是这些事件的原因。

与此同时，在更大的科学界，一些有趣的事情正在发生，这种变化太微妙了，一开始几乎没有人注意。20世纪60年代末，被麦克林托克无视的分子生物学家开始在微生物中发现“移动DNA”。跳跃基因不仅仅是一种新奇的东西，它还决定了微生物是否产生耐药性等问题。科学家还发现了证据，证明传染性病毒（就像移动DNA一样）可以将遗传物质插入染色体并永久潜伏在那里。两者都是重大的医疗问题。对于追踪物种间的进化关系，移动DNA也至关重要。这是因为，如果你比较几个物种，其中两个物种的DNA的数十亿个碱基中有相同的转座子，那么几乎可以肯定这两个物种最近有共同的祖先。更重要的是，相比于第三个也具有共同祖先但缺乏转座子的物种，这两个物种有共同祖先的时间更近。由于存在太多碱基，这种插入不可能单独发生两次。看起来像DNA旁注的东西实际上解释了生命隐藏的历史记录，出于这个和其他原因，麦克林托克的研究突然看起来没有那么可爱，而是更加深刻了。结果，她的声誉不再下降，而是逐年上升。1980年前后，情况有了变化。1983年7月，出现了一本关于已经满脸皱纹的麦克林托克的通俗传记《对生物的感情》（*A Feeling for the Organism*）[1]，使她小有名气。在那之后，这股势头失去了控制，不可思议的是，这种吹捧推动麦克林托克在那年10月获得了诺贝尔奖，就像半个世纪前她的工作使摩尔根获奖一样。

这位隐士已经像童话一样脱胎换骨了，她就像当代的孟德尔，一个被抛弃和被遗忘的天才，只不过麦克林托克活得足够长，看到了自己的平反。她的生活很快成为女权主义者的关注点，并成为儿童读物中的模范，让小孩永远不要放弃梦想。麦克林托克讨厌诺贝尔奖的宣传——这打断了她的研究，让记者在她家门口徘

1　简体中文版见：伊夫林·凯勒《情有独钟》，赵台安/赵振尧译，生活·读书·新知三联书店，1987。

徊，但粉丝并不在意这一点。甚至在科学上，获得诺贝尔奖也让她很痛苦。委员会表彰她“**发现了**可移动的基因元素”，这是正确的。但在1951年，麦克林托克认为她已经解决了基因如何控制其他基因，以及如何控制多细胞生物的发育。然而从根本上来说，科学家尊敬她是因为她的显微技术——她发现了四处游动的DNA小鱼。出于这些原因，麦克林托克对诺贝尔奖之后的生活越来越厌倦，甚至有些病态，80多岁时，她开始告诉朋友们她肯定会在90岁时死去。1992年6月，她在詹姆斯·沃森的家中举办了90岁生日派对，几个月后，她真的去世了，这使她更加传奇：能预见别人无法预见的事情。

最后，麦克林托克一生的工作仍然没有完成。她确实发现了跳跃基因，极大地拓展了我们对玉米遗传学的理解（玉米矮小干瘦的野生祖先之所以变成茂盛的、可驯化的物种，似乎是因为一种跳跃基因：*hopscotch*）。更广泛地说，麦克林托克帮助建立了如下观念：染色体在内部自我调节，DNA的打开和关闭模式决定了细胞的命运。这两个观念仍然是遗传学的重要内容。但是，尽管她怀有最美好的希望，但跳跃基因并不如她想象的那样控制发育，或者打开和关闭基因，细胞以其他方式完成这些事情。事实上，其他科学家花了很多年时间解释DNA是如何完成这些任务的——强大而孤立的细胞如何在很久以前将自己聚集在一起，并开始构建真正复杂的生物，甚至包括米里亚姆·迈克尔·史汀生、林恩·马古利斯和巴巴拉·麦克林托克这样的复杂生物。

第六章
幸存者与肝脏：
我们最古老、最重要的DNA是什么？

每一代孩童都知道，在殖民时期，欧洲的商人和君主花了大量的金钱来寻找“西北航道”（Northwest Passage）——横向穿过北美洲的一条航线，通往印度尼西亚、印度和中国的香料、瓷器和茶叶。鲜为人知的是，更早的探险家怀着同样坚定的信念、同样努力地寻找“东北航道”（northeast passage），即环绕着冰天雪地的俄罗斯北部的航道。

其中一位探险家是荷兰人威廉·巴伦支（Willem Barentsz），他是来自沿海低地的航海家和制图师，在英国编年史中有多个名字（Barents、Barentz、Barentson和Barentzoon）。他于1594年首航，到达了如今挪威北边的巴伦支海。虽然巴伦支的这种航行是为了钱，但科学家也从中受益。博物学家惊慑于偶尔出现在蛮荒之地的怪物，他们开始绘制全球动植物群的差异。今天的生物学强调共同血统和共同DNA，是这种研究的延续。地理学家也得到了急需的帮助。当时的许多地理学家认为，由于高纬度地区夏季持续的阳光，极地冰盖会在某一点以上融化，使北极成为阳光明媚的天堂。几乎所有地图都把北极描绘成一块黑色的磁性岩石，这解释了为什么极地会拉扯指南针。通过巴伦支海的航行，巴伦支可以确认，西伯利亚北部的新地岛究竟是未发现的大陆的海角，还是一座可以绕行的岛屿。他准备了三艘船，两艘“墨丘利号”和一艘“天鹅号”，并于1594年6月出发。

几个月后，巴伦支和他的“墨丘利号”船员与其他船只分道扬镳，开始探索新地岛的海岸。在此过程中，他们进行了探险史上最大胆的一次冒险。几周以来，“墨丘利号”一直在躲避那些堪比西班牙无敌舰队的冰山，航行了1 500英里而没有发生灾难。最后，巴伦支的船员疲惫不堪，只好请求返回。巴伦支心软答应了，他已经证明自己可以在北冰洋上航行，回到荷兰时确信他自己找到了一条通往亚洲的捷径。

只要没有碰上海怪，一切就都很简单。新大陆的发现以及对非洲和亚洲的持续探索，让人们找到了成千上万种做梦也想不到的植物和动物，也激起了一些荒诞的故事，比如许多水手发誓说见过一些怪兽。制图师内心的耶罗尼米斯·博斯[1]被激发出来，对于地图上空旷的海洋和草原，他们用狂野的场景为其增色：血红的挪威海怪撕裂船只，巨型的水獭相互啃食，龙贪婪地咀嚼老鼠，大树用棒状的树枝敲打熊的脑袋，更不必说一直很受欢迎的赤裸上身的美人鱼。1544年，那个时代一幅重要的海图显示，非洲西海岸的拐弯处坐着一个沉思的独眼巨人（Cyclops）。该海图的制图师是塞巴斯丁·缪斯特（Sebastian Münster），他后来出版了一本很有影响力的地图概要，其中有文章提到了狮鹫和开采黄金的贪婪蚂蚁。缪斯特还介绍了世界各地长得像人的野兽，包括脸长在胸前的无头人（Blemmyae）；脸上有犬齿的犬头人（Cynocephali）；长着巨脚的形状怪异的陆地美人鱼，在阳光明媚的日子里，它们为了遮阳会躺下来把脚举过头顶。其中一些野兽不过是将古代的恐惧和迷信拟人化（或者拟动物化）。但在各种看似可信的神话和荒诞的事实之间，博物学家很难继续了解。

---

1 耶罗尼米斯·博斯（Hieronymus Bosch，1450—1516），荷兰画家，他的多数画作描绘罪恶与人类道德的沉沦，以恶魔、半人半兽，甚至是机械的形象来表现人的邪恶。

几个世纪以来，广阔的陆地和海洋充斥着各种各样的怪物，它们在早期地图上很受欢迎（1539年斯堪的纳维亚海图*Carta Marina*的局部，制图者：乌劳斯·马格努斯）

在大航海时代，即便是最具科学精神的博物学家卡尔·林奈（Carl Linnaeus）也对怪物有过许多猜测。林奈的《自然系统》（*Systema Naturae*）提出了我们今天仍在使用的物种命名的双名法，启发了像*Homo sapiens*（智人）和*Tyrannosaurus rex*（霸王龙）这样的名称的提出。这本书还定义了一类“悖理动物”（paradoxa），包括龙、凤凰、萨堤尔、独角兽、树上长出的鹅，赫拉克勒斯的宿敌九头蛇[1]，以及不同寻常的蝌蚪——它们不仅越长越小，而且会变成鱼。今天的我们可能会哑然失笑，但至少在最后一个例子里，应该被嘲笑的是我们：缩小的蝌蚪确实存在，但奇异多指节蟾（*Pseudis paradoxa*）最后会变成普通大小的成蛙，而不是鱼。更重要的是，现代遗传研究表明，林奈和缪斯特的传说具有合理性。

1 萨堤尔是希腊神话中的怪物，长着人类的身体，但也有山羊的部分特征。赫拉克勒斯是希腊神话中的大力神，因为被诅咒而杀死了自己的孩子。为了消除这一罪孽，他需要完成12项任务，其中一项任务就是杀死九头蛇。

每个胚胎中都有几个关键基因为其他基因扮演制图师的角色，并以GPS的精度绘制出我们的身体——从前到后，从左到右，从上到下。昆虫、鱼类、哺乳动物、爬行动物等所有动物都有这样的基因，特别是一类被称为“同源异形基因”（hox gene）的群集。同源异形基因在动物界非常普遍，这解释了为什么全世界的动物都有相同的基本形体构型（body plan）：圆柱形的躯干，一端是头，另一端是肛门，中间长出各种附肢（“无头人”的脸低到可以舔自己的肚脐，单凭这一点就不可能存在）。

对基因而言，不同寻常的是，在几亿年的进化后，同源异形基因仍然紧密相连，几乎总是一起出现在连续的DNA片段中（无脊椎动物有1段大约10个基因，脊椎动物有4段基本相同的基因）。更不寻常的是，每个同源异形基因在该片段上的位置都密切对应于其在体内的分布。第一个同源异形基因设计头顶。第二个同源异形基因设计稍低一点的东西。第三个同源异形基因的位置更低，以此类推，直到最后一个同源异形基因设计我们的下体。我们还不清楚为什么大自然需要这种从上到下的空间映射，但所有动物都表现出这种性状。

在许多物种中以相同的基本形式出现的DNA，科学家称之为高度“保守”，因为生物非常谨慎，不会轻易改变它（有些同源异形基因和类同源异形基因非常保守，以至于科学家可以从鸡、老鼠和果蝇中提取它们，并在不同的物种之间交换。这些基因的功能或多或少是相同的）。你可能会猜测，高度保守意味着我们所讨论的DNA非常重要。我们很容易理解为什么生物不经常打乱高度保守的同源异形基因。删除其中一个基因，动物就会长出多个下巴。其他的基因突变，可能会导致翅膀消失，在可怕的地方长出额外的眼睛，腿上长出凸起，触角的末端“瞪着眼睛”。还有一些突变导致生殖器或腿长在头上，或者导致下颚或触角长在裆部。这些突变体是不幸中的万幸；大多数拿同源异形基因（和相关基因）冒险的生物都活不下去。

像同源异形基因这样的基因指导其他基因如何构建动物，但它们本身并不参与构建：每个基因调控几十个部下。但无论多么重要，这些基因并不能控制发育的各个方面。特别是，它们依赖于维生素A等养分。

“维生素A”这个词（在英文中）是单数，但它实际上是一些相关的分子，生物化学家以外的人为了方便把它们放在一起。各种各样的维生素A是自然界中分布最广泛的养分。植物以“β-胡萝卜素”的形式储存维生素A。β-胡萝卜素使胡萝卜具有独特的颜色。动物将维生素A储存在肝脏中，我们的身体把它们自由转换成各种形式，并在复杂的生化过程中使用这些维生素A，比如保持视力敏锐，保持精子活力，促进线粒体的生产，并导致老细胞安乐死。出于这些原因，饮食中缺乏维生素A是世界范围内一个主要的健康问题。“黄金大米”是科学家发明的第一批转基因食品，它是一种廉价的维生素A来源，其谷物被β-胡萝卜素染色。

维生素A与同源异形基因及相关基因相互作用，形成了胎儿的脑、肺、眼睛、心脏、四肢以及几乎所有其他器官。事实上，维生素A非常重要，以至于细胞在细胞膜上建立了只允许维生素A通过的特殊吊桥。一旦进入细胞，维生素A就会与特殊的辅助分子结合，产生的复合体直接与DNA的双螺旋结构结合，并启动同源异形基因和其他基因。大多数信号化学物质会被细胞壁排斥，它们必须通过小钥匙孔发出指令，但维生素A享受特殊待遇，如果没有维生素A这位关键养分的同意，同源异形基因不可能在婴儿体内大搞建设。

但是请注意：在冲到保健品商店为某个特殊孕妇购买大剂量的维生素A之前，你需要知道过多的维生素A会导致严重的出生缺陷。事实上，身体严格限制了维生素A的浓度，甚至有一些基因（如"tgif基因"）的主要作用是在浓度过高时降解维生素A。部分是因为胚胎中维生素A含量过高会干扰一种至关重要但名字更可笑的基因，音猬因子（sonic hedgehog gene）。

［是的，它源自电子游戏角色的名字。通过那些古怪的果蝇名称，一名研究生在20世纪90年代初发现了这种基因，并将其归为一组基因：当这种基因发生突变时，会导致果蝇全身长出尖锐的刚毛，就像刺猬一样。科学家已经发现了多种"刺猬"基因，并以真正的刺猬物种命名，比如印度刺猬、刺氏鼩猬和沙漠刺猬。罗伯特·里德尔（Robert Riddle）用世嘉游戏公司的动作迅速的角色[1]命名他发现的基因，认为这会很有趣。巧合的是，音猬因子被证明是动物中最重要的基因之一，而这种轻率的命名并没有很好地反映它的本质。音猬因子的瑕疵会导致致命的癌症和令人心碎的出生缺陷；在必须向一些可怜的家庭解释音猬因子会杀死他们所爱之人的时候，科学家会感到畏缩。一位生物学家在接受《纽约时报》采访时谈到了这样的名字："对于一只蠢笨的果蝇，如果把一个基因称为'芜菁'，这听起来很可爱。但如果跟人类的发育有关，它就没有那么可爱了。"］

就像同源异形基因控制着我们身体从上到下的模式，音猬因子（科学家讨厌这个名字）帮助控制身体从左到右的模式。音猬因子通过设置GPS梯度来实现这一点。当我们还是一个原生质球的时候，形成人体中线的早期脊柱开始分泌音猬因子产生的那种蛋白质。附近的细胞吸收了很多，而远处的细胞吸收了很少。根据自己吸收了多少蛋白质，细胞"知道"它们相对于中线的确切位置，因此知道它们应该变成哪种类型的细胞。

---

1 世嘉游戏公司一套相当有名的电子游戏的主角，刺猬索尼克（Sonic the Hedgehog，也被称为"音速小子"或"超音鼠"）。

但如果附近有太多的维生素A（或者出于其他原因音猬因子失效），梯度就无法正确设置。细胞无法计算它们与中线之间的经度，于是器官开始以异常，甚至以畸形的方式生长。在严重的情况下，大脑不会分成左右两半，它最后会变成一个大的、没有分化的团。下肢也会发生同样的情况：如果暴露在过多的维生素A中，它们会融合在一起，导致并肢畸形，或者说“美人鱼综合征”。脑或腿的融合都是致命的（在后一种情况下，原因是肛门和膀胱的孔没有发育出来）。但最令人痛心的对称破坏表现在脸上。如果有太多的音猬因子，鸡的脸部中线就会特别宽，有时足以形成两个喙（其他动物会出现两个鼻子）。太少的音猬因子，会导致鼻子有一个巨大的鼻孔，或者使鼻子根本无法生长。在一些严重的情况下，鼻子会长在错误的地方，比如额头。也许最令人痛苦的是，当音猬因子太少，两只眼睛可能会长错了地方——位于脸部中线左边和右边大约1英寸处。最终两只眼睛都在中线上，成了货真价实的独眼巨人*，制图师似乎有些愚蠢地把它绘制在地图里。

林奈从来不曾把独眼巨人列入他的分类体系，在很大程度上是因为他怀疑怪物的存在。在《自然系统》后来的版本中，他删掉了“悖理动物”的分类。但有一个例子，林奈可能过于愤世嫉俗，完全不理会他听到的故事。林奈把熊所在的属命名为“熊属”（Ursus），并且把棕熊命名为“*Ursus arctos*”，因此他知道熊可以生活在极端的北方气候中。[1]然而，他从未讨论过北极熊的存在，也许是因为他不相信自己听到的那些逸事。毕竟，谁会相信这样的酒吧传说：一只幽灵般的白熊在冰上跟踪人们，把他们的

1 根据字面意思，*Ursus arctos* 可解释为“北方的熊”，但这里很可能是作者的误解，因为“*arctos*”实际上源自希腊语中的“ἄρκτος”，意思是“熊”（顺便说一句，“*Ursus*”源自拉丁语，意思也是“熊”）。如果是这样，本句中的“因此”就不能成立。

头扯下来取乐。如果有人杀死并吃掉了白熊，它会从阴间前来复仇，剥掉凶手的皮，人们信誓旦旦地说发生了这种事情，可是谁会相信呢？但这样的事情的确发生在巴伦支的船员身上。这是一个可怕的故事，它可以追溯到产生独眼巨人和美人鱼的同一种维生素A。

受刺激于荷兰王子拿骚的毛里茨（Maurice of Nassau）*的“最夸张的希望”，荷兰4个城市的领主用7艘船装满了亚麻布、布料和挂毯，在1595年将巴伦支送回亚洲。争论导致出海的时间推迟到仲夏，而一旦出海，船长们就否决了巴伦支（当时只是领航员）的意见，选择了偏南的航线。他们之所以这样选择，部分是因为巴伦支的北方路线似乎很疯狂，部分是因为在到达中国之后，荷兰水手听闻一座偏远岛屿的海岸上镶满了钻石，产生了极大兴趣。果然，船员发现了小岛，并立即登陆。

几分钟之内，水手们的口袋里就装满了透明的宝石。这时，就像一则古老的英国故事所描述的那样，“一只瘦削的大白熊悄悄地溜了出来”，用爪子绕住了一名水手的脖子。那名水手还以为是哪个多毛的同伴用一只手臂扼住了他，他大声喊道：“谁在拉我的脖子？”他的同伴盯着地上寻找宝石，抬头一看，吓了一大跳。北极熊“扑向那个人，把他的头咬成碎片，吸出了他的血”。

在探险者和这种“残忍、凶猛和贪婪的野兽”之间，这次遭遇开启了长达一个世纪的战争。北极熊被称为“可恶的浑蛋”，它们当之无愧。无论水手在哪里登陆，北极熊都会抓住并吞食落单的人，而且它们能够承受惊人的攻击。水手可以把斧头砍进它的背部，或者向它的侧翼射出6发子弹——通常是在北极熊横冲直撞的时候，这只会让它更疯狂。话说回来，北极熊对人类也有很多仇怨。一位历史学家指出，“早期的探险家似乎认为杀死北极熊是他们的职责”，他们堆积了很多尸体，就像后来的水牛猎人在北美大平原所做的那样。一些探险家故意弄残北极熊当宠物，把它们套在绳套里游街示众。其中一只北极熊被拖上了一条小船，它挣脱束缚，摔打水手，用武力接管了那条船。然而，愤怒的北极熊把套索缠在了舵上，精疲力竭也无法挣脱。勇敢的人们夺回了船，并杀死了那只北极熊。

在与巴伦支船员的遭遇中，那只北极熊成功地杀死了第二名水手，如果主船的人没有赶来救援，它很可能会继续猎杀。一名神枪手朝北极熊的两眼之间开了一枪，但它把子弹抖了下来，并没有停止吃人。其他人也冲了过来，用剑攻击它，但他们的剑在它头上折断了，隐没在毛皮中。最后，有人一棍子打在北极熊的鼻子上，打昏了它，于是另一个人大肆割开了它的喉咙。当然，此时两名水手都已经死亡，救援队只能剥掉熊皮，丢弃了所有的尸体。

对于巴伦支的船员，接下来的航行也没有好到哪里去。这些船出发的时间本来就很晚，巨大的浮冰开始从四面八方威胁着船身。威胁与日俱增，到了9月，一些水手感到绝望，开始发动叛乱。有5个人被绞死了。最后，连巴伦支也退缩了，他们担心笨拙的商船会被困在冰里。7艘船都回到了港口，它们只带着出发时的货物，所有人都输得精光。就连那些所谓的钻石也不过是毫无价值的碎玻璃。

普通人会因为这样的一次航行而失去信心。但巴伦支只学会了不要相信上级。他一直想继续向北航行，所以在1596年，他又凑钱买了2艘船，然后重新出发。一开始都很顺利，但巴伦支的船再一次与同伴分道扬镳——另一艘船由更谨慎的里普船长掌舵。这一次巴伦支走得太远了。他到达了新地岛的北端，终于绕过了它，但就在刚绕过的时候，一场不合时宜的冰冻从北极席卷而来。寒冷的天气沿着海岸线向南尾随他的船，在浮冰之间腾出空间一天比一天更困难。很快，巴伦支发现自己动不了了，被困在一片冰封的大陆上。

船员们抛弃了这条漂浮的棺材——毫无疑问，他们能听到脚下的冰在膨胀，并使船只分裂，他们摇摇晃晃地上了岸，在新地岛的一个半岛寻找藏身之处。幸运的是，他们在这座没有树木的小岛上发现了一堆漂浮的原木。当然，船上的木工很快就死了，但十几个船员用那些木头以及从船上打捞来的木头，建造了一栋小木屋，大约长11米、宽7米，有松木做的瓦板，还有门廊和台阶。他们把这栋小木屋称为“Het Behouden Huys”，意思是“拯救小屋”——更多是出于希望，而不是出于讽刺。他们在寒冷的冬天定居下来。

寒冷是无处不在的危险，但北极还有许多寒冷的“仆从”前来骚扰他们。从11月开始，太阳消失了三个月，他们在黑暗、恶臭的小屋里被逼疯了。反常的是，大火也威胁着他们：有天晚上，因为通风不良，船员们几乎因为一氧化碳中毒而窒息。他们成功地射杀了一些白狐，获取了皮毛和肉，但这些小动物不断地蚕食他们的食物，甚至洗衣服也成了黑色喜剧。为了获得足够的热量烘干衣服，船员们几乎要把衣服放进火里。但衣服的一边可能会烧焦而冒烟，另一边仍然会因为结冰而变得很脆。

但说到日复一日的恐怖，没有什么比得上与北极熊的冲突。巴伦支的一名船员格里特·德·维尔（Garrit de Veer）在他的日记中记录，北极熊几乎围攻了“拯救小屋”，并以军事行动般的细致攻击了堆在外面的装着牛肉、培根、火腿和鱼的桶。有天晚上，一只北极熊闻到了灶台上的食物，蹑手蹑脚地从后面的楼梯爬上来，穿过了后门的门槛。幸好有人开了一枪（子弹穿过熊的身体，把它吓了一跳），才避免了狭小的宿舍里发生屠杀。

在冰天雪地的俄罗斯北端，巴伦支的注定失败的航行。从左上图开始顺时针：遭遇北极熊；船被冰挤破；16世纪90年代船员们在小屋中忍受凛冽的严冬（格里特·德·维尔,《威廉·巴伦支在北极地区的三次航海》）

船员们已经受够了，几乎快要疯癫，强烈的复仇欲让他们冲了出去，沿着雪地里的血迹，找到并杀死了入侵者。在接下来的两天，水手们又遇到了两次北极熊袭击，他们再次把熊砍倒了。他们突然兴致勃勃，又很想吃新鲜的肉，所以决定在熊身上大快朵颐，把任何能吃的东西都塞进肚子里。他们啃咬骨头上的软骨，吸食骨髓，煮熟有肉的器官——心、肾、脑，还有最多汁的肝。在北纬80度的一间荒凉的小木屋里，欧洲探险家通过那顿饭第一次学到了关于遗传学的惨痛教训，这是所有顽固的北极探险家必须不断学习的教训，也是科学家在几个世纪里都无法完全理解的教训。虽然北极熊的肝脏看起来与任何哺乳动物的肝脏一样都是紫红色，闻起来都不太熟，在叉子尖上颤动的方式也都一样，但它们仍然有一个很大的区别：在分子水平上，北极熊的肝脏富含维生素A。

要理解为什么有如此多的维生素A，我们需要仔细研究某些基因，这些基因帮助我们体内未成熟的细胞转化为特殊的皮肤细胞、肝脏细胞、脑细胞等。这是巴巴拉·麦克林托克渴望理解的过程的一部分，但科学上的争论实际上比她早几十年。

19世纪末，出现了两个解释细胞特化（specialization）的阵营。一个阵营的领袖是德国生物家奥古斯特·魏斯曼（August Weismann）*。魏斯曼研究的是受精卵，即精子和卵子融合的产物，它形成了动物的第一个细胞。魏斯曼认为，第一个细胞显然包含了一套完整的分子指令，但每次受精卵及其子细胞分裂时，这些细胞就会失去一半的分子指令。当细胞失去了所有的指令、只剩下一种类型的指令时，这种细胞就成了它要成为的那类细胞。与此相反，其他科学家坚持认为，细胞在每次分裂后都保留了完整的指令集,但在一定年龄后会忽略大部分指令。1902年，德国生物学家汉斯·斯佩曼（Hans Spemann）用蝾螈的受精卵解决了这个问题。他把一个又大又软的受精卵放在显微镜的准星上，等它分裂成两半，然后把他女儿玛格丽特的一缕金发绕在它们之间的边界上（我们不知道斯佩曼为什么用他女儿的头发，因为他并不秃顶。可能是婴儿的头发更细一些）。他收紧这个套索，两个细胞分裂，斯佩曼把它们放入不同的培养皿中分别发育。如果根据魏斯曼的预言，将得到两条畸形的半蝾螈。但斯佩曼的两个细胞都长成了完整、健康的成年蝾螈。事实上，它们的基因是相同的，这意味着斯佩曼早在1902年就成功地克隆了它们。此前不久，科学家重新发现了孟德尔，所以斯佩曼的研究表明，细胞一定保留所有的指令，但可以打开和关闭基因。

然而，无论是斯佩曼、麦克林托克还是其他人，都无法解释细胞关闭基因的机制，这又花了几十年时间。事实证明，虽然细胞本身不会丢失遗传信息，但细胞确实会失去获取这些信息的途径——两者的结果是一样的。我们已经看到，DNA必须表演不可思议的杂技才能将整个弯曲的长链塞进一个微小的细胞核。为了避免在这个过程中形成扭结，DNA通常会像溜溜球一样把自己包裹在一团“组蛋白”（histone）上，这种蛋白质堆积在一起，埋入细胞核内（组蛋白是科学家早期在染色体中检测到的一些蛋白质，科学家认为是它而非DNA控制遗传）。除了使DNA免于缠结，组蛋白的缠绕还可以防止细胞通过DNA制造RNA，从而有效地关闭DNA。细胞用一种名为“乙酰基”（acetyls）的化学物质控制缠绕。把乙酰基（$COCH_3$-）固定在组蛋白上，就可以解开DNA；去掉乙酰基，会使线圈再卷回来。

细胞也可以通过改变DNA本身来关闭DNA，这种改变需要用到名为“甲基”（CH_3-）的分子图钉。甲基最容易附着在胞嘧啶（遗传字母C）上，虽然甲基不占太多的空间——碳原子很小，氢是元素周期表上最小的元素，但即使是这个最小的凸起也能阻止分子锁定DNA，从而无法打开基因。换句话说，添加甲基会使基因沉默。

人体内有200多种细胞，每一种细胞都有独特的线圈和甲基化的DNA——这种模式在胚胎时期就已经形成了。注定要成为皮肤细胞的细胞，必须关闭所有产生肝酶或者产生神经递质的基因，其他细胞也会发生相应的事情。这些细胞不仅能在以后的生命中记住它们的模式，而且在每次分裂成熟细胞时都会传递这种模式。每次你听到科学家谈论打开或关闭基因时，甲基和乙酰基往往是罪魁祸首。甲基非常重要，以至于一些科学家建议在DNA字母表中增加第五个正式字母*：A、C、G、T以及代表甲基化胞嘧啶的mC。

为了额外地同时也更精细地控制DNA，细胞会求助于维生素

A等转录因子。维生素A等转录因子与DNA结合，并招募其他分子开始转录。对我们来说最重要的是，维生素A能刺激生长，帮助未成熟的细胞快速转化为成熟的骨骼或肌肉等。维生素A对皮肤的各个层次都特别有效。例如，维生素A使成年人的某些皮肤细胞从体内爬到体表，这些细胞在体表死亡，成为皮肤的保护层。高剂量的维生素A也会通过“程序性细胞死亡”来损伤皮肤。这种遗传程序是一种强迫自杀，帮助身体消除病态细胞，所以它并不总是坏的。但出于未知的原因，维生素A似乎也劫持了某些皮肤细胞中的系统——巴伦支的船员费了很多周折才发现这一点。

船员们狼吞虎咽地吃完了富含紫红色肝块的北极熊炖菜，他们的病情变得比一生中任何时候都要更严重。症状是出汗、烧心、头晕、大小便失禁，就像是《圣经》中的那种倒霉的瘟疫。日记作者格里特·德·维尔想起了他在神志不清时帮助屠宰的母熊，痛苦地写道：“它死了比活着更伤人。”更令人痛苦的是，几天后维尔意识到，许多船员的嘴唇或嘴巴——凡是身体接触到肝脏的地方——附近的皮肤开始脱落。维尔惊慌地注意到，有三个人“病”得特别厉害，“我们真的以为会失去这些同伴，因为他们从头到脚的皮肤都脱落了”。

直到20世纪中叶，科学家才确定为什么北极熊的肝脏有如此丰富的维生素A。北极熊的生存主要是依靠捕食环斑海豹和髯海豹，这些海豹在最严苛的环境中养育孩了，35华氏度的北冰洋无情地带走它们的身体热量。维生素A使海豹能在如此寒冷的环境中生存：它就像一种生长激素，刺激细胞，使海豹幼崽迅速长出厚厚的皮肤和脂肪层。为此，海豹母亲在肝脏中储存了一整箱维生素A，并在哺乳期间一直使用这些维生素A，以确保幼崽摄入足够的量。

北极熊也需要大量的维生素A来储存脂肪。但更重要的是，它们的身体可以忍受有毒的维生素A水平，否则它们就不能吃海豹——北极地区唯一的食物来源。生态学的一条定律指出，毒素随着食物链的上升而累积，而处于食物链顶端的食肉动物摄取了最高浓度的毒素。对于任何毒物，或者任何在高浓度时就有毒的养分，这个说法都是对的。但不同于其他的许多营养物质，维生素A不溶于水，因此食肉之王摄入过量的维生素A不能通过尿液排出体外。北极熊要么吞下所有的维生素A，要么只能挨饿。北极熊的适应方法是，将肝脏变成高科技的生物危害遏制设施，从而过滤维生素A并使其远离身体的其他部分（不过北极熊也必须小心地摄入某些肝脏。它们可以食用食物链等级较低的动物——这些动物的毒素浓度较低。但一些生物学家讽刺地指出，如果北极熊吃自己的肝脏，它们肯定会死）。

大约15万年前，北极熊开始进化出令人赞叹的对抗维生素A的能力——当时一小群阿拉斯加棕熊分散开来，向北迁移到冰盖。但科学家一直怀疑，使北极熊成为“北极熊”的重要遗传变化几乎是立刻发生的，而不是在这段时间内逐渐形成。他们的理由是这样的。任何两组动物在地理上分离之后，它们开始获得不同的DNA突变。随着突变的累积，这些群体发展成为具有不同身体、代谢和行为的不同物种。但在同一个种群中，不同的DNA以不同的速度变化。像同源异形基因这样高度保守的基因变化非常缓慢，几乎就像地质变化一样慢。其他基因的变化可以迅速传播，特别是当生物面临环境压力时。例如，当那些棕熊漫步在北极圈荒凉的冰原上时，任何对抗寒冷的有益突变——比如消化富含维生素A的海豹的能力——都将大大增加其中一些熊的优势，使它们能生育更多幼崽并更好地照顾幼崽。环境压力越大，该基因在种群中传播的速度就越快。

另一种说法是，DNA时钟——观察DNA突变的数量和速率——在基因组的不同部分以不同速度嘀嗒作响。因此，对于比较两个物种的DNA并确定它们分离的时间，科学家必须非常谨慎。如果科学家没有考虑到保守的基因或变化的加速，他们的预估可能会有很大误差。综合这些提醒，科学家在2010年确定，北极熊在偏离棕熊先祖之后只花了200万年——这在进化史上不过是眨眼之间，就已经拥有了足够的御寒能力，成为一个独立的物种。

我们将在后面看到，人类很晚才进入肉食动物的领域，所以人类缺乏北极熊的那种御寒能力，所以人类误食了北极熊肝脏会遭受痛苦，这些都不足为奇。不同的人对维生素A中毒（“维生素A过多症”）有不同的遗传易感性，但只需要1盎司北极熊肝脏就能以可怕的方式杀死一个成年人。

我们的身体通过代谢维生素A产生视黄醇，然后这种特殊的酶会进一步分解（这些酶也会分解我们人类摄入的最常见的毒药，即啤酒、朗姆酒、葡萄酒、威士忌和其他烈酒中的酒精）。但是，北极熊肝脏中的维生素A淹没了我们的可怜的酶，维生素A还没有被分解掉，游离的视黄醇就开始在血液中循环。这很糟糕。因为细胞被油性膜包围着，而视黄醇是一种分解膜的清洁剂。细胞的“内脏”开始不受控制地流出，在颅骨内，这导致液体的积聚，引起头痛、眼花和易怒。视黄醇也会损害其他组织（它甚至会使直发卷曲），但皮肤会受到真正的伤害。维生素A已经激活了皮肤细胞中的许多基因开关，导致一些细胞自杀，另一些细胞过早地来到体表。更多维生素A的燃烧会杀死所有额外的皮肤，很快皮肤就会开始脱落。

很长一段时间以来，我们人类一直在学习（并且不断学习）不能吃肉食动物肝脏这一惨痛的教训。20世纪80年代，人类学家发现了一具160万年前的直立人（*Homo erectus*）骨骼，骨骼上有维生素A中毒的特征，这是因为他吃了那个时代的“食肉之王”。在北极熊出现之后，因纽特人、西伯利亚人和其他北方部落（更不用说食肉鸟类）——他们的种族遭受了几个世纪的伤亡——学会了避开北极熊的肝脏，但闯入北极的欧洲探险家不具备这种智慧。事实上，许多人认为食肝禁忌是“庸俗的偏见”，是一种等同于树木崇拜的迷信。直到1900年，英国探险家雷金纳德·科特利茨（Reginald Koettlitz）仍然憧憬着食用北极熊肝脏，但他很快发现，禁忌中有时蕴含着智慧。几个小时后，科特利茨感觉颅内的压力越来越大，直到整个脑袋仿佛从内部被压碎了。他感到眩晕，不停地呕吐。最残酷的是，他睡不着觉，躺着比坐着更难受。当时的另一位探险家延斯·林德（Jens Lindhard）博士，在一项实验中给19个人（这些人由他负责照顾）喂食了北极熊肝脏。所有人都病得很厉害，有些人甚至表现出精神错乱的迹象。与此同时，其他饥肠辘辘的探险者发现，不仅北极熊和海豹含有过量的维生素A，驯鹿、鲨鱼、剑鱼、狐狸和北极哈士奇的肝脏*也可以成为绝佳的毒药。

在1597年受到北极熊肝脏的伤害之后，巴伦支的船员变得聪明起来。日记作者德·维尔写道：“在饭后，锅仍然悬在火上，里面还有一些肝脏。船长却把它端了起来，倒在门外，因为我们已经受够了。”

大家很快恢复了体力，但他们的船舱、衣服和士气继续在寒冷中瓦解。终于到了6月，冰开始融化，他们从船上抢救出划艇，开始驶向大海。起初，他们只能在小冰山之间穿梭，还要承受北极熊的猛烈攻击。但在1597年6月20日，极地冰层破裂，他们可以真正地航行。唉，6月20日也是长期患病的威廉·巴伦支在地球上的最后一天，享年50岁。失去领航员使剩下的12名船员的士气大减，他们必须乘坐划艇穿越数百英里的海洋。但他们成功到达了俄罗斯北部，当地人施舍给他们食物。一个月后，他们被冲到了拉普兰的海岸，在那里，他们遇到了扬·科内利松·里普（Jan Corneliszoon Rijp）船长，他就是去年冬天与巴伦支分开的那艘船的指挥官。里普欣喜若狂——他本以为他们已经死了，用他的船把他们带回了荷兰*。他们到达时穿着破旧的衣服，戴着漂亮的白狐皮帽。

并没有他们所期待的英雄般的欢迎仪式。同一天，另一支荷兰船队也返回了祖国，他们绕过非洲南端到达了中国，满载着香料和美味佳肴成功返航。他们的旅程证明了商船可以进行如此漫长的航行。饥饿与生存的故事非常惊险，但真正打动了荷兰人的是关于宝藏的故事。荷兰王室授予荷兰东印度公司通过非洲进入亚洲的垄断权，一条史诗般的贸易路线诞生了，这是一条水手的丝绸之路。巴伦支和船员都被遗忘了。

不合理的是，由于通往亚洲的非洲航线被垄断，其他航海家只能通过东北航线寻找财富，他们继续进军50万平方英里的巴伦支海。最终，荷兰东印度公司觉得有可能同时垄断这两条航线，在1609年派自己的船员北上——由英国人亨利·哈德孙（Henry Hudson）担任船长。事情又一次被搞砸了。哈德孙和他的“半月号”按计划缓慢地向北行进，绕过挪威的上方。但他的40名船员——其中一半是荷兰人，他们一定听说过饥饿、受冻，以及从头到脚剥皮的故事——叛变了。他们迫使哈德孙向西行驶。

如果他们希望这样，哈德孙照做就是，他们一路西行来到北美洲。他掠过新斯科舍，驶入大西洋沿岸的几个地方，其中一段旅程沿着一条当时还没有名字的河流，该河流流经一座窄小的沼泽岛。[1]哈德孙对没有绕过俄罗斯感到失望，但过了几年，荷兰人就在曼哈顿岛上建立了一个名为“新阿姆斯特丹”的制造柠檬水的贸易殖民地。人们有时会说，人类的探索热情源于我们的基因。随着纽约的建立，这几乎就是事实。

1 “河流”指的是哈德孙河，以亨利·哈德孙的名字命名；“沼泽岛”指的是曼哈顿岛。1624年，荷兰人在曼哈顿建立殖民地，并命名为“新阿姆斯特丹”；1664年，新阿姆斯特丹被英国占领，为了纪念当时的约克公爵（Duke of York，即后来的詹姆斯二世）而改名为纽约（New York）。

第七章

马基雅维利式微生物：

人类DNA有多少真正属于人类？

1909年，长岛的一位农场主满怀忧虑地来到曼哈顿的洛克菲勒研究所，他的胳膊下面还夹着一只病鸡。在那10年里，一场瘟疫般的癌症席卷了美国各地的鸡舍，这位农场主的洛克母鸡的右乳房上长出了可疑的肿瘤。由于担心失去所有的牲畜，这位农场主把母鸡交给洛克菲勒研究所的科学家弗朗西斯·佩顿·劳斯（Francis P. Rous）进行诊断。令农场主惊讶的是，劳斯没有试图治愈这只鸡，而是把它杀了，看了看肿瘤，做了一些实验。然而，科学将永远感谢这次杀鸡事件。

劳斯捣碎了0.1盎司的肿瘤，形成了一种湿润的糊状物。然后，他用非常小的瓷孔过滤糊状物，去除肿瘤细胞，只留下细胞间的液体。这种液体有助于营养物质的传送，但它也可能是微生物的温床。劳斯把这种液体注射到另一只洛克鸡的乳房。很快，第二只鸡也长出了肿瘤。劳斯用其他品种的鸡（比如来亨鸡）重复这个实验，不到半年，它们也长出了1英寸见方的癌变肿块。在这个过程中，值得注意且令人困惑的是过滤阶段。由于劳斯在注射前已经移除了所有肿瘤细胞，所以新肿瘤的来源不可能是旧的肿瘤细胞附着在新的鸡上。癌症必定是来自那种液体。

虽然很生气，但这位农民要牺牲母鸡来弄清楚鸡瘟的原因，劳斯是最好的选择。劳斯是一名医生兼病理学家，在驯养动物方面有很好的背景。劳斯的父亲在内战前逃离弗吉尼亚州，并定居在得克萨斯州，在那里他遇到了劳斯的母亲。最终，全家人搬回了东部的巴尔的摩。高中毕业后，劳斯进入了约翰霍普金斯大学。在那里，他通过为《巴尔的摩太阳报》（*Baltimore Sun*）撰写“每日野花”专栏来维持生活，每篇5美元，内容是“魅力之都”的植物群。劳斯在进入约翰霍普金斯医学院后就放弃了这个专栏，但很快他不得不休学。在一次尸检中，一具患有结核病的尸体骨头割伤了他的手，他也患上了结核病，所以校方命令他休养治疗。然而劳斯并没有选择欧式的治疗方法：在山间疗养院休息一段时间，而是选择了美式的治疗方法：在得克萨斯州当一名牧场工人。劳斯虽然身材瘦小，却喜爱经营牧场。康复后，他决定放弃临床医学，专攻微生物生物学。

对劳斯来说，牧场和实验室的所有训练，以及鸡病例的所有证据，都指向了一个结论。这些鸡感染了病毒，病毒正在传播癌症。但他所学的知识也告诉他这个想法非常荒谬，他的同事也觉得很荒谬。传染性癌症，劳斯医生？病毒到底是怎么致癌的？一些人认为劳斯误诊了肿瘤，也许是注射引起了鸡特有的炎症。劳斯本人后来承认：“我常常在夜里颤抖，因为我害怕自己犯了错。”他确实发表了他的研究结果，但即使按照科学散文的那种兜圈子的标准，他也没有承认他在某些时刻所相信的：“毫不夸张地说，（这一发现）指出了新实体的存在，这些实体会导致鸡体内不同特征的肿瘤。”但劳斯谨小慎微，一个同时代的人记得，他那篇关于鸡癌症的论文“得到的反应从漠视到怀疑，甚至还有完全的敌意”。

在接下来的几十年里，大多数科学家都已悄然忘记劳斯的工作，这是有原因的。尽管当时的一些发现在生物学上将病毒和癌症联系起来，但其他发现仍然把它们分开。科学家在20世纪50年代就已经确定，癌细胞失控的部分原因是它们的基因发生故障。

科学家还确定，病毒有储存遗传物质的小屋（有些人认为是DNA，而劳斯等人则认为是RNA）。虽然严格来说病毒并没有“存活”，但它们利用这些遗传物质劫持细胞并复制自身。所以病毒和癌症都不受控制地繁殖，都把DNA和RNA作为通用货币——这是有趣的线索。但与此同时，弗朗西斯 · 克里克在1958年发表了他的“中心法则”，即DNA产生RNA，RNA产生蛋白质——按照这个次序。根据对中心法则的普遍理解，像劳斯这样的RNA病毒不可能破坏或重写细胞的DNA：这将使法则逆行，而逆行法则是不被允许的。因此，尽管有生物学上的重叠，病毒RNA似乎没有办法与致癌DNA结合。

问题陷入了僵局——数据对法则，直到20世纪60年代末70年代初，一些年轻的科学家发现，大自然并不关心法则。事实证明，某些病毒（HIV病毒是最著名的例子）以异端的方式操纵DNA。具体来说，这些病毒可以“哄骗”受感染的细胞将病毒RNA逆转录为DNA。更可怕的是，它们“哄骗”细胞将新生成的病毒DNA剪接回细胞的基因组中。简而言之，这些病毒与细胞融合。我们更愿意在“它们的”DNA和“我们的”DNA之间画出马奇诺防线，但它们并不尊重这条防线。

这种感染细胞的策略似乎令人费解：为什么像HIV这样的RNA病毒会不辞劳苦地将自己转化为DNA，尤其是考虑到细胞之后必须将DNA重新转录为RNA？如果你考虑到RNA相比于DNA是多么机智和灵活，这似乎更加令人困惑。单独的RNA就可以构建基本的蛋白质，而单独的DNA只能待在那里。RNA也可以自我复制，就像莫里茨·埃舍尔画的两只手在纸上勾勒出自己[1]。因此，

1 莫里茨 · 埃舍尔（M. C. Escher，1898—1972），荷兰版画艺术家，他有一幅著名的作品《画手》（*Drawing Hands*）：一张纸上面有两只手，这两只手都在分别画出对方。侯世达在《哥德尔、埃舍尔、巴赫：集异璧之大成》（书名中的埃舍尔指的就是莫里茨·埃舍尔）中将《画手》作为“怪圈”的一个例子。

大多数科学家认为，在生命的历史上，RNA可能比DNA更早出现，因为早期的生命缺乏细胞现在拥有的复杂的内部复制装置（这就是所谓的“RNA世界”理论*）。

然而，早期地球是混乱无序的，与DNA相比，RNA非常脆弱。因为它是单链结构，所以RNA的碱基经常遭受攻击。RNA的环糖上比DNA多一种氧原子，如果RNA太长，氧原子就会愚蠢地吃掉自己的链骨，从而撕碎RNA。因此，为了建造持久的能够探索、游泳、生长、战斗和交配的东西——真正有生命的东西，脆弱的RNA必须让位于DNA。数十亿年前向不易腐蚀的介质的转变可以说是生命史上最重要的一步。在某种程度上，这就像人类文化从荷马的口述史诗转变为无声的书面作品：生硬的DNA文本让你失去了RNA般的多样性，失去了声音和手势的细微差别，但如果没有纸莎草纸和墨水，我们今天甚至不会有《伊利亚特》（*Iliad*）和《奥德赛》（*Odyssey*）。DNA永垂不朽！

这就是为什么有些病毒在感染细胞后将RNA转化成DNA：DNA更坚固、更持久。一旦这些逆转录病毒——之所以如此命名，是因为它们的“DNA→RNA→蛋白质”法则是逆向运行的——将自己编织进细胞的DNA中，只要两者都还活着，细胞就会忠实地复制病毒的基因。

病毒可以操纵DNA，这个发现解释了劳斯可怜的鸡。注射后，病毒通过细胞间液进入肌肉细胞。然后它们竭力讨好鸡的DNA，使每个受感染的肌肉细胞尽可能多地复制自己。事实证明——这是关键——病毒疯狂传播的一个伟大策略是说服携带病毒DNA的细胞也疯狂传播。病毒采取的方法是破坏阻止细胞快速分裂的基因调速器，结果就是失控的肿瘤（以及大量的死鸡）。像这样的传染性癌症是不正常的——大多数癌症都有别的遗传成因，但对于许多动物，病毒传播的癌症是重大的危险。

这种遗传入侵的新理论当然是非正统的（就连劳斯也表示怀疑）。如果有什么区别的话，那就是当时的科学家实际上低估了病毒和其他微生物入侵DNA的能力。你不可能给“无处不在”这个词加上程度，就像“独一无二”这个词，某样东西要么“无处不在”，要么“非无处不在”。但微生物在微观尺度上完全地、绝对地、彻底地无处不在，请允许我对此感到惊叹。人体内的微生物数量是细胞数量的10倍。这些小家伙已经占领了所有已知的生物，并且充满了每一个可能的生态位（ecological niche）。甚至有一类病毒只感染其他的寄生物*，这些寄生物并不比病毒本身大多少。出于稳定性的考虑，许多微生物侵入DNA，它们通常足够灵活地改变或掩盖自己的DNA，目的是逃避和突破我们身体的防御（一位生物学家计算出，在过去的几十年里，仅仅HIV病毒在基因中交换的A、C、G和T碱基就超过了灵长目动物在5 000万年里交换的数量）。

直到2000年前后人类基因组计划[1]完成，生物学家才意识到微生物可以多么广泛地渗透（infiltrate）到高等动物中。“人类基因组计划”这个名字甚至变得有些名不副实，因为事实证明，我们的基因组中有8%根本不属于人类：有25亿对碱基来自古老的病毒基因。人类基因实际上只占我们DNA总数的不到2%，所以按照这个标准，我们像病毒的程度远远超过我们像人类的程度。研究病毒DNA的先驱罗宾·韦斯（Robin Weiss）直截了当地描述了这种进化关系，“如果查尔斯·达尔文活到今天，”韦斯若有所思地说，“他可能会惊讶地发现，人类既是猿类的后代，也是病毒的后代。”

1 人类基因组计划（Human Genome Project）始于1990年，目的是测量人类染色体中所包含的所有碱基序列，从而绘制人类基因组谱图。该计划完成于2003年，更详细的内容见第十四章。

这怎么可能呢？从病毒的角度来看，“殖民”动物DNA是有道理的。尽管它们阴险狡诈，但导致癌症或艾滋病等疾病的逆转录病毒在一个方面显得相当愚蠢：它们杀死宿主的速度太快，而且会随之死亡。然而，并不是所有的病毒都会像小蝗虫一样撕裂宿主。野心较小的病毒学会了控制破坏的程度，通过表现出一定的克制，它们可以欺骗细胞，让细胞在几十年内安静地自我复制。更妙的是，如果病毒渗透到精子或卵子，它们可以哄骗宿主将病毒基因传递给下一代，使病毒在宿主的后代中无限期地“存活”（这种情况正发生在考拉身上，科学家发现逆转录病毒DNA正在考拉的精子中传播）。这些病毒在大量的动物体内掺入了大量的DNA，这暗示着渗透一直在发生，规模之大让人想起来就有点可怕。

那些已经载入人类DNA但已经灭绝的逆转录病毒基因，绝大多数都积累了一些致命的突变，不再起作用了。但其他基因在我们的细胞中完好无损，为研究原始病毒提供了足够的细节。事实上，2006年，法国病毒学家蒂埃里·海德曼（Thierry Heidmann）使用人类DNA在培养皿中复活了一种已经灭绝的病毒，相当于培养皿中的“侏罗纪公园”[1]。这非常容易。一些古老病毒的序列在人类基因组中多次出现（复制的数量从几十到数万不等）。但致命的突变偶然地出现在每个副本的不同位置。因此，通过比较多个序列，海德曼就可以计算每个位点上最常见的DNA字母，从而推断出原始的、健康的序列。海德曼说，这种病毒是良性的，但当他将其重组并注入各种哺乳动物——猫、仓鼠、人类——的细胞，它们都被感染了。

海德曼并没有对这项技术感到绝望（并非所有的古老病毒都是良性的），也没有预言它会落入坏人之手，而是把病毒的复活

1 在电影《侏罗纪公园》（*Jurassic Park*）中，科学家用琥珀中的蚊子体内的恐龙血液得到了恐龙基因，最终复活了恐龙。

视为科学的胜利,并将其命名为“凤凰”——神话中浴火重生的鸟。其他科学家用其他病毒复制了海德曼的工作，他们共同创立了一门新学科：古病毒学。柔软、微小的病毒不会留下古生物学家挖掘的那种岩石化石，但古病毒学家在化石DNA中找到了同样有用的东西。

仔细研究这种“潮湿的”化石记录，可以看出，人类基因组中病毒的比例甚至可能超过8%。2009年，科学家在人类身上发现了4个DNA片段，它们来自所谓的“博尔纳病毒”，从远古时代开始，博尔纳病毒就开始感染有蹄类动物（它得名于1885年德国博尔纳镇附近的一场马流行病，发生在一个骑兵部队中。那些军马完全疯了，摔碎了自己的头骨）。大约4 000万年前，一些流浪的博尔纳病毒跳进我们的猴子祖先体内，并在它们的DNA中避难。从那以后，它一直潜伏着，没有被发现，也没有被怀疑，因为博尔纳病毒不是逆转录病毒，所以科学家认为它没有将RNA转化为DNA并插入某个地方的分子机制。但实验室测试表明，博尔纳病毒确实可以在短短30天内以某种方式将自己编织到人类DNA中。不同于我们从逆转录病毒中遗传的沉默DNA，这4段DNA中的2段像真正的基因一样工作。

科学家还没有确定这些基因的作用，但它们很可能制造了我们生存所需的蛋白质，也许是通过增强我们的免疫系统。允许一种非致命病毒入侵我们的DNA，也许能抑制其他更严重的病毒做同样的事情。更重要的是，细胞可以利用良性病毒蛋白来抵抗其他感染。这是一个简单的策略，就像赌场雇用算牌手，计算机安全机构雇用黑客，改造过的病菌最了解如何对抗和消除病菌。对人类基因组的调查表明，病毒也为我们提供了重要的调控DNA。例如，长期以来，我们的消化道中一直有酶将淀粉分解成更简单的糖。但病毒也给了我们开关，让我们能在唾液中运行这些酶。

因此，淀粉类食物在我们嘴里尝起来是甜的。如果没有这些开关，我们就不会对面包、意大利面和谷物如此热衷。

这些案例可能只是开始。几乎一半的人类DNA由（按照巴巴拉·麦克林托克的说法）控制元素和跳跃基因构成。以一个转座子为例：长度为300个碱基的*alu*基因在人类的染色体中出现了100万次，构成了人类基因组的整整10%。该DNA从一条染色体上分离出来，缓慢地爬到另一条染色体上，然后像虱子一样钻进去，这种能力看起来非常像病毒。不应该把自己的感觉带入科学中，但"我们是8%（或更多）的化石病毒"这一事实之所以非常迷人，是因为它非常惊悚。我们对疾病和不洁有一种与生俱来的厌恶，把入侵的病菌当成要躲避或驱逐的东西，但是病毒和类病毒的颗粒一直在修补动物的DNA。正如一位追踪人类博尔纳病毒基因的科学家所说（他强调了单数形式）："我们把自己作为一个物种的整个概念是有点错误的。"

情况变得更糟。由于各种各样的微生物无处不在——不仅仅是病毒，还有细菌和原生动物，它们不由自主地引导着动物的进化。显然，微生物通过疾病杀死一些生物来塑造种群，但这只是它们力量的一部分。病毒、细菌和原生动物有时会将新的基因遗赠给动物，这些基因可以改变我们身体的工作方式。它们也能操纵动物的思想。有一种马基雅维利式微生物不仅能隐秘地在大量动物身上繁殖，而且窃取了动物的DNA，甚至可能利用这些DNA来控制我们的思想，从而达到自己的目的。

有时候，吃一堑才能长一智。"你能想象100只猫，"杰克·赖特（Jack Wright）曾说，"但超过这个数字，你就无能为力了。到了200只或者500只，看起来都差不多。"这并非只是猜测。赖特之所以知道，是因为他和他的妻子唐娜曾经拥有689只家猫，是吉尼斯认证的世界纪录。

事情从“午夜”开始。赖特是安大略省的一名油漆工，他在1970年前后爱上了一位名叫唐娜·贝尔瓦（Donna Belwa）的女服务员。他们开始同居，住在一起的还有唐娜的黑色长毛猫。一天晚上，“午夜”在院子里犯了一个小错误，它怀孕了，赖特夫妇不忍心拆散它和孩子。有了更多的猫，这家人实际上变得更加快乐。不久之后，他们觉得有必要从当地的避难所收养流浪猫，以免它们被杀死。他们的房子被当地人称为“猫十字屋”，人们在这里丢下更多的流浪猫：这里2只，那里5只。《国家问询报》（*National Enquirer*）在20世纪80年代举办了一场比赛，看看谁在一栋房子里养了最多的猫，赖特夫妇以145只获胜。他们很快就上了《菲尔·多纳休秀》（*The Phil Donahue Show*），在那之后，“捐赠”变成了很糟糕的事情。有人把小猫绑在赖特家的野餐桌上，然后开车离开；还有人通过快递公司空运了一只猫，并让赖特夫妇支付运费。但赖特夫妇没有赶走过一只猫，即便他们的猫已经增长到700只。

据报道，每年的账单高达11.1万美元，其中包括单独包装的圣诞玩具。唐娜（她开始在家工作，管理赖特的油漆事业）每天早晨5点30分起床，之后花15个小时清洗猫窝、倒空猫砂盆、喂猫吃药、往猫碗里加冰（太多的猫舌头摩擦使水热到无法饮用）。但最重要的是，她每天都在喂猫、喂猫、喂猫。赖特夫妇每天要打开180罐猫粮，还额外买了3个冰柜，用来放猪肉、火腿和西冷牛肉给那些挑剔的小猫。他们最终申请了二次抵押，为了使贷款更高的平房保持整洁，他们在墙上钉了油毡。

最终赖特和唐娜太累了。到20世纪90年代末，猫的数量减少到359只。没过多长时间，这个数字又升了上来，因为他们忍受不了猫的减少。事实上，你能从字里行间感觉到，赖特夫妇似乎对猫上了瘾，“瘾”是指从同一件事物中获得强烈快乐和强烈焦虑的奇怪状态。显然他们很喜欢猫，赖特在报纸上为他的“猫家庭”辩护，给每只猫都起了名字*，甚至包括那几只执意不肯离开衣柜的猫。与此同时，唐娜无法掩饰被猫奴役的痛苦。“我告诉你在这里吃什么很艰难，”她曾经抱怨道，“肯德基。每次吃肯德基的时候，我必须托着盘子在屋子里转来转去。”（部分是为了让猫远离，部分是为了防止黏糊糊的鸡腿粘上猫毛。）更令人心酸的是，唐娜曾经承认：“我有时会感到沮丧。有时我只是说，‘杰克，给我几块钱’，然后我就出去喝一两杯啤酒。我在那里坐了几个小时，感觉很好。这里很安静，到处都没有猫。”尽管有这样的清醒时刻，尽管他们的痛苦与日俱增*，但她和赖特还是无法接受显而易见的解决方案：摆脱那些该死的猫。

值得称赞的是，唐娜经常打扫房屋，使他们的家看起来相当宜居，尤其是相比于某些囤积者[1]的凌乱污秽的房子。动物福利检查员经常在最恶劣的场所发现腐烂的猫尸体，甚至在一户人家的墙壁内发现猫尸体——猫有可能会从墙洞里逃跑。地板和墙壁因为浸润猫尿而腐烂或结构损坏，这种情况并不少见。最奇怪的是，许多囤积者不承认事情已经失控，这是典型的成瘾迹象。

科学家直到最近才开始研究瘾的化学和遗传基础，但越来越多的证据表明，猫囤积者坚持养猫，至少在一定程度上是因为他们迷上了一种寄生物——弓形虫（*Toxoplasma gondii*）。弓形虫是一种单细胞原生动物，是藻类和变形虫的亲戚，它有8 000个基因。弓形虫最初是一种猫科病原体，但它已经“建立了多元化投资组合”，现在可以感染猴子、蝙蝠、鲸鱼、大象、食蚁兽、树懒、犰狳和有袋哺乳动物，以及鸡。

1 囤积者（hoarder），通常是指病态地收购或收集某样东西的人，即使那些物品本身不值钱、不卫生或者有危险。这被认为是一种强迫症。有些囤积者喜欢囤积猫、狗等动物，被称为“动物囤积者”。

野生蝙蝠、食蚁兽或其他动物通过受感染的猎物或粪便摄入弓形虫，家养动物则通过肥料中的粪便间接地吸收弓形虫。人类也会通过饮食吸收弓形虫，而猫主人在处理猫砂时可能通过皮肤感染弓形虫。全世界有1/3的人感染了这种病原体。当弓形虫入侵哺乳动物时，它通常会直接游向大脑，在那里形成微小的囊肿，尤其是在杏仁核中，杏仁核是哺乳动物大脑中杏仁状的区域，指导情绪的处理，包括快乐和焦虑。杏仁核囊肿可以减缓人们的反应时间，诱发嫉妒或攻击等行为，尽管科学家还不知道原因。弓形虫也能改变人的嗅觉。一些猫囤积者（最容易感染弓形虫的人）对猫的刺激性尿液免疫，他们闻不到猫尿。据报道，少数猫囤积者甚至渴望这种气味，这通常让他们感到非常羞愧。

弓形虫对啮齿动物（猫的常见食物）的效果更奇怪。在实验室里养了几百代、一生从未见过捕食者的啮齿动物，如果接触到猫的尿液，仍然会害怕得发抖，并逃到任何能找到的缝隙里，这是一种本能的、根深蒂固的恐惧。老鼠如果暴露在弓形虫中，会有相反的反应。它们仍然害怕其他捕食者的气味，除此之外，它们睡觉、交配、走迷宫、吃美味的奶酪，做所有正常的事情。但这些老鼠——尤其是雄鼠——喜爱猫尿。事实上，“喜爱”这个词是远远不够的。一闻到猫尿的味道，它们的杏仁核就会激动，它们的睾丸就会膨胀，仿佛遇到了发情期的雌性。猫尿使它们兴奋。

弓形虫玩弄老鼠的欲望，目的是丰富自己的性生活。在啮齿动物的大脑里，弓形虫可以分成两半，进行无性繁殖，这与大多数微生物的繁殖方法相同。在树懒、人类等物种身上，它们也以这种方式繁殖。但不同于大多数微生物，弓形虫也可以有性行为（不要细问），并进行有性繁殖，但只发生在猫的肠道内。这是一种奇怪而特殊的恋物癖，但事实的确如此。和大多数生物一样，弓形虫渴望性生活，所以不管无性繁殖使基因传递了多少次，它们总是希望回到充满情欲的猫内脏中。尿液是它的机会，通过让老鼠被猫尿吸引，弓形虫可以引诱老鼠接近猫。猫当然很高兴地配合，猛扑过去，这只小老鼠最终到达了弓形虫一直想去的地方——猫的消化道。科学家怀疑，也是出于类似的原因，弓形虫学会了在其他潜在的哺乳动物食物中施展它的魔力，从而确保无论是虎斑猫还是老虎，各种大小的猫科动物能不断地摄取它。

到目前为止，这可能听起来只是个马马虎虎的故事，一个似乎很巧妙但缺乏真实证据的传说。除了一件事，科学家已经发现弓形虫的8 000个基因中有2个有助于制造“多巴胺”（dopamine）。如果你对脑化学有所了解，读到这里你可能已经从椅子上坐起来了。是的，多巴胺这种化学物质有助于激活大脑的奖励回路，让我们充满美好的感觉，这是自然的快感。弓形虫体内有2个基因产生这种强效的、容易上瘾的化学物质，每当被感染的大脑察觉到猫尿，弓形虫就会开始有意或无意地释放多巴胺。因此，弓形虫影响了哺乳动物的行为，多巴胺可能为囤积猫的行为提供了一个合理的生物学基础*。

弓形虫并不是唯一一种能够操纵动物的寄生虫。类似于弓形虫，有一种小蠕虫喜欢在鸟的内脏中游动，但经常会被鸟类的粪便有力地排出体外。因此，被排出的虫子蠕动进蚂蚁的身体，把它们变成樱桃红色，像紫罗兰·鲍加（Violet Beauregarde）[1]一样膨胀起来，从而让其他鸟类相信它们是美味的浆果。木工蚁（Carpenter ant）也成为一种雨林真菌的受害者，这种真菌会把它们变成没有意识的僵尸。首先，这种真菌劫持了蚂蚁的脑袋，把它引导到潮湿的地方，比如树叶的底部。到了这里，僵尸蚂蚁咬

1 电影《查理和巧克力工厂》（*Charlie and the Chocolate Factory*）中的角色，因为吃了一种特殊的口香糖而膨胀成一个圆球。

紧牙关，锁住双颚。真菌使蚂蚁的内脏变成一种含糖的、营养丰富的黏性物质，并从脑中射出一根肉茎，释放孢子来感染更多的蚂蚁。还有所谓的“希律虫”（Herod bug）——沃尔巴克氏体，它会感染黄蜂、蚊子、飞蛾、苍蝇和甲虫。沃尔巴克氏体只能够在雌性昆虫的卵内繁殖，所以就像《圣经》中的希律王，它经常通过释放基因产生的毒素，大量屠杀幼年雄虫（沃尔巴克氏体在某些幸运的昆虫中很仁慈，只会摆弄决定性别的基因，将雄性幼虫变成雌性幼虫，在这种情况下，更好的昵称可能是“特伊西亚斯虫”[1]）。除了令人毛骨悚然的爬虫，一种病毒的实验室改造版本可以将一夫多妻的雄性田鼠（如一位科学家所说，田鼠这种啮齿动物对雌性田鼠的态度就是“一首爱她然后离开她的乡村歌曲”）变成完全忠诚的全职丈夫，只需要将一些重复的DNA“口吃般”注入调节大脑化学物质的基因中。可以说，接触到这种病毒甚至使田鼠变得更加聪明。雄性田鼠不再盲目地与附近徘徊的任何雌性田鼠发生性关系，开始将性行为与某个个体联系起来，这种特性被称为“联想学习”，在以前是无法实现的。

对于人类这样一个珍视自主和智慧的物种，田鼠和弓形虫的案例已经到了令人不安的知识领域。在我们的DNA中发现残余的病毒基因是一回事，承认微生物有可能操纵我们的情绪和内在精神生活是另一回事。而弓形虫的确可以这么做，在与哺乳动物的长期共同进化中，弓形虫窃取了产生多巴胺的基因，这种基因相当成功地影响了动物的行为——既增加了与猫相处的乐趣，又减少了对猫的天然恐惧。也有逸事证据表明，弓形虫能够改变大脑中与猫无关的恐惧信号，并将这些冲动转化为兴奋和狂喜。一些急症室医生报告说，摩托车事故受害者的大脑中通常有异常多的

1　希律王（前74—前4），罗马帝国境内的自治国、希律犹太王国的国王。在《圣经·新约》中，他得知伯利恒诞生了一位君王，于是下令杀死伯利恒及其周围境内的所有2岁以下的男婴。特伊西亚斯（Tiresias），希腊神话中的人物，最开始是男性，后来被变为女性。

弓形虫囊肿。这些人是高速公路上飙车的高手，他们在S路转弯时尽可能地急转弯——拿生命冒险会让他们感到兴奋。而他们的大脑恰好充满了弓形虫。

我们很难与弓形虫科学家争论——弓形虫所揭示的情感生物学以及关于恐惧、吸引力和成瘾的相互联系让他们感觉兴奋，同时他们的研究所暗示的东西让他们毛骨悚然。斯坦福大学一位研究弓形虫的神经科学家说：“在某些方面，这有点可怕。我们认为恐惧是必要而自然的情感。但有些东西不仅可以消除恐惧，而且可以让人喜欢恐惧。吸引力可以被操纵，我们会被我们的死敌吸引。”因此，弓形虫是名副其实的“马基雅维利式微生物”。它不仅能操纵我们，还能让邪恶看上去很美好。

佩顿·劳斯的人生虽然复杂，但很幸福。第一次世界大战期间，他发明了一种用明胶和糖储存红细胞的方法（相当于一种血液果冻），帮助建立了最早的血库。劳斯还研究了另一种鲜为人知但具有传染性的肿瘤——曾经困扰着美国棉尾兔的乳头瘤，从而巩固了他在鸡身上的早期工作。劳斯甚至有幸作为科学杂志的编辑发表了第一篇确定基因和DNA之间联系的研究。

尽管从事了这些研究，但劳斯仍然怀疑遗传学家的想法有些超前了，他拒绝像其他科学家一样热切地把一些点联系起来。例如，在发表基因和DNA联系的论文之前，他让首席科学家删掉一句话，这句话暗示DNA对细胞的重要性和氨基酸一样。事实上，劳斯反对病毒通过注入遗传物质导致癌症的观点，也反对DNA突变导致癌症的观点。他认为病毒通过其他方式促进癌症，可能是通过释放毒素，虽然没有人知道原因，但他努力地接受了如下说法：微生物可以像他的研究所暗示的那样影响动物遗传。

劳斯从未动摇过他的信念，即病毒以某种方式导致肿瘤。当他的同行弄清楚他的传染性鸡癌的复杂细节时，他们开始更加欣赏他早期研究的清晰。但在某些领域，人们还是不太尊重他，劳斯不得不忍受比他年轻得多的女婿[1]在1963年获得诺贝尔医学奖。但在1966年，诺贝尔奖委员会最终为弗朗西斯·佩顿·劳斯颁发了属于他的奖项。劳斯的重要论文和他的诺贝尔奖相隔50年，这是诺贝尔奖历史上最长的一次。但毫无疑问这是一场最令人满意的胜利，尽管他在去世（1970年）前只有4年时间享受这场胜利。在劳斯死后，他本人相信什么或反对什么都不再重要了，年轻的微生物学家渴望探索微生物如何重新编程生命，他们把他奉为偶像，今天的教科书把他的研究作为一个经典案例——在当时已经被宣判死刑，后来被DNA证据平反。

猫十字屋的故事也以一种复杂的方式结束。由于债台高筑，债主们差点没收了赖特夫妇的房子。他们靠爱猫人士的捐赠挺了过来。大约在这时，报纸也开始挖掘赖特的过去，说他并不是无害的动物爱好者，他曾因勒死一名脱衣舞者而被判过失杀人罪（舞者的尸体是在屋顶上被发现的）。即使在度过危机之后，赖特和唐娜仍然每天都在争吵。据一位访客称："两人都没有假期，没有新衣服，没有家具，也没有窗帘。"如果他们晚上起来上厕所，床上的几十只猫就会像变形虫一样膨胀，填满温暖的空间，他们再也回不去被窝。"有时候你觉得这会让你发疯，"唐娜曾经坦白，"我们逃不掉……夏天时我几乎每天都在哭。"唐娜觉得无法再忍受这些小小的屈辱，最终搬了出去。但她后来又陷进去了，无法离开她的猫。每天早晨，她都会回来帮赖特应付难题*。

弓形虫的暴露和感染几乎是确定的，但没有人知道弓形虫在多大程度上（如果有的话）颠覆了赖特和唐娜的生活。但即使他们被感染了，即使神经学家能证明弓形虫有意地操纵了他们，我

1　指艾伦·劳埃德·霍奇金（Alan Lloyd Hodgkin），英国生理学家、生物物理学家。

们也很难指责一个太关心动物的人。从更广的角度来看，囤积者的行为可能对进化有更大的好处——考虑到林恩·马古利斯所说的DNA的混合。人类与弓形虫等微生物的相互作用，肯定在多个阶段影响了人类的进化，这种影响也许是深刻的。逆转录病毒一波又一波地占领了我们的基因组，一些科学家认为，这些逆转录病毒出现在哺乳动物开始繁荣之前，也就是原始灵长目动物出现之前，这并不是巧合。这一发现与最近的另一种理论相吻合，即微生物可以解释达尔文关于新物种起源的长期困惑。物种之间的一条传统分界线是能否进行有性生殖（sexual reproduction）：如果两个种群不能繁殖并产生可存活的后代，那么它们就是不同的物种。生殖隔离（reproductive barrier）通常是机械的（动物不"适合"）或生化的（没有存活的胚胎）。但在一项关于沃尔巴克氏体（希律-特伊西亚斯虫）的实验中，科学家选取了两组在野外无法产生健康胚胎的受感染黄蜂，并给它们注射了抗生素。抗生素杀死了沃尔巴克氏体，并突然允许黄蜂繁殖。只需要沃尔巴克氏体就可以产生生殖隔离。

按照这些方法，一些科学家推测，如果HIV病毒真的达到流行病的程度，消灭了地球上的大多数人，那么一小部分对HIV免疫的人（确实存在这样的人）可能会进化成新的人类物种。这仍然可以归结为生殖隔离。这样的人如果与非免疫种群（我们大多数人）发生性关系，就必然会杀死我们。这种结合生下的孩子也很有可能死于HIV。这种生殖隔离一旦建立，就会缓慢但不可避免地将两个种群分开。更疯狂的是，HIV作为一种逆转录病毒，有一天可能会永久性地将其DNA插入新人类体内，像其他病毒一样加入人类基因组。HIV病毒基因将永远复制在我们的后代身上，他们可能对它曾经造成的破坏一无所知。

当然，说微生物渗透到我们的DNA中，可能只是以物种为中心的偏见。一些科学家指出，病毒有一种俳句般的特质，即浓缩了宿主所缺乏的遗传物质。还有一些科学家认为，数十亿年前病毒首先（从RNA中）创造了DNA，他们认为，今天的大多数新基因仍然是由病毒创造。事实上，在人类身上发现博尔纳病毒DNA的科学家认为，并不是博尔纳病毒迫使DNA进入灵长目动物体内，而是我们的染色体偷窃了这种DNA。当我们的移动DNA开始游动时，它经常会抓住其他的DNA片段，拖着它们去自己要去的地方。博尔纳病毒只在细胞核（DNA所在的地方）中复制，很有可能移动DNA在很久以前劫持了博尔纳病毒，绑架了它的DNA，认识到了它的作用，于是把它留在身边。沿着这些思路，我指责弓形虫从更复杂的哺乳动物宿主那里窃取了多巴胺基因。历史证据表明确实如此。但弓形虫也主要存在于细胞核内，从理论上讲，我们很有可能从它那里偷窃了这种基因。

很难说哪一种说法更让我们不高兴：微生物用计谋打败了我们的防御，完全偶然地插入到哺乳动物进化所需的奇特基因工具；或者哺乳动物不得不勒索小细菌，窃取它们的基因。在某些情况下，确实是这些进步和飞跃帮助我们成为人类。病毒可能创造了哺乳动物的胎盘，这是母亲和胎儿之间的联结，它使我们获得有生命的孩子，并使我们能养育幼儿。更重要的是，除了产生多巴胺，弓形虫还可以增加或减少人类神经元中数百个基因的活动，改变大脑的工作方式。博尔纳病毒也在两耳之间生活和工作，一些科学家认为，它可能是DNA多样性的来源——大脑的形成和运行依赖于这种多样性。这种多样性是进化的原材料，而在人与人之间传递像博尔纳病毒这样的微生物——可能是通过性行为，很可能增加了某人获得有益DNA的机会。事实上，大多数起促进作用的微生物可能是通过性传播的。这意味着，如果微生物在推动进化方面像一些科学家所说的那么重要，在某种程度上人类的天才可能得益于性传播疾病（STD）。我们的确是猿的后裔。

病毒学家路易斯·比利亚雷亚尔（Luis Villarreal）指出（他的想法也适用于其他微生物）：“我们无法感知病毒，尤其是沉默的病毒，这制约了我们理解它们在所有生命中扮演的角色的能力。只有在基因组学时代的今天，我们才能更清楚地看到所有生命基因组中无处不在的足迹。”因此，也许我们最终能看到，猫囤积者并不疯狂，或者至少不只是疯狂。当你把动物和微生物的DNA混合在一起，所发生的事情是一个迷人而尚未展开的故事的一部分。

第八章
爱情与返祖：
是什么基因造就了哺乳动物?

在东京及周边地区，每年有成千上万的婴儿出生，因此大多数都不太引人注意。2005年12月，一个名叫真由美（Mayumi）的女人在怀孕40周零5天后悄悄生下了一个名叫惠美子（Emiko）的女婴（为了保护隐私，我改了这家人的名字）。真由美28岁，在整个怀孕期间，她的血液检查和声波检查都很正常。分娩以及之后的事情都是老生常谈，当然，这对夫妇绝不会用“老生常谈”形容自己的第一个孩子。当妇产科医师清理惠美子嘴巴中的黏液、哄她哭出第一声的时候，真由美和她在加油站工作的丈夫秀夫（Hideo）一定感受到了所有正常的焦虑。护士给惠美子抽血做例行检查，一切都恢复正常。她们剪断了惠美子的脐带——连接母亲胎盘的生命线，脐带最终变干，变黑的一小部分以正常的方式脱落，留下一个肚脐。几天后，秀夫和真由美抱着惠美子离开了医院，这家医院位于千叶，一个与东京隔湾相望的郊区。一切都完全正常。

产后36天，真由美开始阴道出血。许多妇女会在产后阴道出血，但3天后，真由美也发了严重的高烧。因为要照顾刚出生的惠美子，夫妇俩在家里咬牙坚持了几天。但不到一周，出血就变得无法控制，一家人又回到医院。由于伤口不会凝结，医生怀疑真由美的血液有问题。他们要求做一系列的血液检查，然后等待。

情况并不乐观。在一种名为ALL（急性淋巴细胞白血病）的恶性血癌检测中，真由美检测的结果是阳性。虽然大多数癌症起源于有故障的DNA——细胞删除了或错误地复制了A、C、G或T，然后转而攻击身体，但真由美的癌症起源更复杂。她的DNA经历了所谓的“费城易位”（以1960年它被发现时的所在地命名）。费城易位发生在两条非双胞胎染色体错误地交叉并互换DNA时。不同于任何物种都可能出现的“打印错误”突变，这种错误往往针对具有特定遗传特征的高等动物。

在高等动物的所有DNA中，产生蛋白质的DNA（基因）实际上只占很小一部分，大约只有1%。摩尔根的“果蝇小子”认为，基因在染色体上紧挨着彼此，就像阿拉斯加的阿留申群岛。但在现实中，基因是珍贵而稀少的，像密克罗尼西亚群岛一样散落在广阔的染色体太平洋上。

那么额外的DNA有什么用？长期以来，科学家一直认为它们没有任何作用，并将其斥为“垃圾DNA”。从那时起，它们就一直被这个名字所困扰。所谓的“垃圾DNA”实际上包含了成千上万的关键片段，这些片段可以打开和关闭基因，或者以其他方式调控基因——“垃圾DNA”管理着基因。举个例子，黑猩猩等灵长目动物的阴茎上长着指甲般坚硬的短凸起（被称为“刺”）。人类没有这种刺，因为在过去的几百万年里，我们丢失了调控“垃圾DNA”的6万个碱基，这些DNA会诱使某些基因形成刺（我们仍然拥有这些基因）。这种丢失减少了男性在性交中的感觉，从而延长了交配时间。科学家怀疑，这有助于人类的配对结合，从而保持一夫一妻制。其他的“垃圾DNA”可以对抗癌症，或者维持我们活下去。

科学家甚至惊讶地发现，垃圾DNA——用现在的话说，“非编码DNA”（noncoding DNA）——会破坏基因本身。细胞死记硬背地将DNA转录成RNA，不会省略任何字母。但完整的RNA手稿到手后，细胞便眯起眼睛，舔舔红色铅笔，开始大刀阔斧地削减，就像戈登·利什对雷蒙德·卡佛做的事情[1]。这种编辑主要包括切除不需要的DNA，将剩余的片段拼接在一起，从而制造真正的信使RNA。（令人困惑的是，切掉的部分被称为“内含子”，留下的部分被称为“外显子”。把这个问题留给科学家吧……）例如，同时具有外显子（大写字母）和内含子（小写字母）的原始RNA可能是abcdefGHijklmnOpqrSTuvwxyz，编辑到外显子就成了：GHOST。

昆虫、蠕虫等低等动物只含有少量的短内含子，如果内含子持续时间过长或数量过多，它们的细胞就会混淆，无法把某些东西连贯在一起。在这方面，哺乳动物的细胞表现出更强的天赋，我们可以一页一页地筛选不必要的内含子，永远不会丢失外显子的内容。但这种天赋也有缺点，首先，哺乳动物的RNA编辑设备必须工作很长时间：平均每个人类基因有8个内含子，平均每个内含子有3 500个碱基——比它们周围的外显子长30倍。肌巨蛋白（titin）是人类最大的蛋白质，它的基因包含178个片段，总计8万个碱基，所有这些都必须精确地拼接在一起。还有一种更荒唐的基因——肌萎缩蛋白（dystrophin），人类DNA中的杰克逊维尔基因[2]，在220万个内含子片段中包含14 000个编码DNA的碱基。光是转录就需要16个小时。这些持续的拼接浪费了不可思议的能量，任何失误都可能破坏重要的蛋白质。在一种遗传疾病中，人类皮肤细胞的不当拼接会抹去指纹的沟槽和螺纹，使指尖彻底磨秃（科学家把这种情况戏称为“移民延迟症”，因为这种突变

1 雷蒙德·卡佛（Raymond Carver），美国短篇小说家，其作品以风格简练著称，代表作有《当我们谈论爱情时我们在谈论什么》。戈登·利什（Gordon Lish），美国作家、文学编辑，他编辑了雷蒙德·卡佛的作品。

2 杰克逊维尔，美国本土面积最大的城市，也是美国东南部人口最多的城市。

在过境时会遇到很多麻烦)。其他的拼接中断更为严重，肌萎缩蛋白的错误会导致肌肉萎缩症。

动物忍受着这种浪费和危险，因为内含子让我们的细胞功能广泛。特定的细胞可以偶尔跳过外显子，或者保留内含子的一部分，或者以不同的方式编辑相同的RNA。因此，内含子和外显子给了细胞实验的自由：它们可以在不同的时间产生不同的RNA，或者为体内不同的环境定制蛋白质*。仅仅因为这样，哺乳动物学会了容忍大量的长内含子。

但真由美的例子表明，耐受性会适得其反。长内含子为非双胞胎染色体提供了纠缠的场所，因为不需要担心外显子被破坏。费城易位发生在两个内含子上——分别位于9号染色体和22号染色体，这两个内含子特别长，增加了这些片段接触的概率。起初，人类有耐受性的细胞认为这种易位没什么大不了的，因为它“只是”在处理即将被编辑的内含子。这是个大问题，真由美的细胞融合了两个原本不应该融合的基因，这些基因串联起来，形成了巨大的杂合蛋白，它不能很好地完成任意一个基因的工作，结果就是白血病。

医生开始给真由美化疗，但他们发现癌症的时间太晚了，她病得很重。更糟糕的是，随着真由美的病情恶化，他们开始思考：惠美子怎么办？ ALL是一种扩散很快的癌症，但也没有那么快。可以肯定，真由美在怀孕的时候就患了病。那么惠美子是否已经从她妈妈那里“感染”了癌症？癌症在孕妇中并不罕见，每一千次怀孕就会发生一次。但没有医生见过患癌症的胎儿：胎盘——连接母亲和孩子的器官——应该能阻止任何此类入侵，因为除了给胎儿提供营养和清除废物，胎盘还是胎儿免疫系统的一部分，可以阻止微生物和流氓细胞。

不过，胎盘并不是万无一失的——医生建议孕妇不要接触猫砂，因为弓形虫偶尔会穿过胎盘，破坏胎儿的脑。在做了一些研究并咨询了一些专家之后，医生意识到，在极少数情况下，母亲和胎儿同时患上癌症，已知最早的病例发生在19世纪60年代，已经出现了几十次。然而，没有人能**证明**这些癌症是传染的，因为母亲、胎儿和胎盘非常紧密地联系在一起，因果关系也纠缠在一起。在这些病例中，也许是胎儿将癌症传给了母亲。也许她们都接触过未知的致癌物。也许这只是一个令人恐惧的巧合——关于癌症的两种强劲的遗传预先倾向性（genetic predisposition）同时爆发。但在2006年，千叶的医生拥有了上一代人没有的工具：基因测序。随着真由美-惠美子病例的发展，这些医生第一次使用基因测序来确定母亲是否有可能将癌症传给胎儿。更重要的是，他们的"侦探"工作突出了哺乳动物DNA的一些独特功能和机制，这些遗传特征可以作为跳板，来探索哺乳动物基因的特殊性。

当然，千叶的医生并没有想过他们的工作会走得这么远。他们最关心的是治疗真由美和监视惠美子。令他们欣慰的是，惠美子看起来很好。的确，她不知道是什么夺走了她的母亲，而且化疗期间停止了母乳喂养——母乳喂养对哺乳动物的母亲和孩子都非常重要。所以她当然感觉很苦恼。但除此之外，惠美子经历了她成长和发育的所有重要事件，并且通过了每一次体检。她的一切似乎又恢复了正常。

这么说可能会让准妈妈感到害怕，但有很清楚的证据表明，胎儿就是寄生物。怀孕后，微小的胚胎侵入宿主（母亲），使自己着床。它继续操纵她的激素，把食物转移到自己身上。它会让母亲生病，使她的免疫系统无法察觉自己，否则它会被免疫系统杀死。这些都是寄生物玩的游戏。我们甚至还没有谈到胎盘。

在动物界，胎盘实际上是哺乳动物最典型的性状之一*。在很久以前远离人类谱系的一些奇怪的哺乳动物（比如鸭嘴兽）会像鱼类、爬行动物、鸟类、昆虫等几乎所有其他生物一样下蛋[1]。哺乳动物大约有5 700种，有胎盘的超过5 300种，包括最广泛的和最成功的哺乳动物，比如蝙蝠、啮齿动物和人类。有胎盘的哺乳动物已经从最初不起眼的地方扩展到海洋和天空，以及从热带到两极的所有生态位，这表明胎盘给了它们（或者说给了我们）巨大的生存动力。

胎盘可以让哺乳动物母亲在体内孕育活着的、正在成长的孩子，这可能是最大的好处。因此，她可以让孩子在子宫里保持温暖，并和她一起逃离危险。水中产卵或坐巢孵卵的生物不具备这种优势。活的胎儿也有更长的时间形成和发育像大脑这样的耗能器官，胎盘排出身体废物的能力也有助于大脑发育，因为胎儿不会在毒素中腐烂。更重要的是，由于哺乳动物母亲在胎儿发育过程中投入了巨大的精力——更不必说她因胎盘而感受到的亲密联系，哺乳动物母亲有动力养育和照看她的孩子，有时持续好多年（或者至少她觉得有必要唠叨好多年）。很少有动物会投入这么多的时间，哺乳动物的孩子通过与母亲建立异常牢固的关系来回报母亲。从某种意义上说，胎盘使哺乳动物成为有爱心的生物。

胎盘很可能是从我们的老朋友逆转录病毒进化而来的，这让人更加毛骨悚然。但从生物学的角度来看，这种联系是有道理的。紧紧抓住细胞恰好是病毒的一种天赋：在将遗传物质注入细胞之前，它们先将自己的“外壳”（它们的表皮）融合到细胞上。当一团胚胎细胞游进子宫并固定在那里时，胚胎也会利用特殊的融合蛋白将自身的一部分与子宫细胞融合。灵长目动物、老鼠和其他哺乳动物用来制造融合蛋白的DNA，似乎也抄袭了逆转录病毒

1　绝大多数脊椎动物和无脊椎动物都是卵生动物，只有哺乳动物是胎生动物。而鸭嘴兽是非常罕见的卵生哺乳动物。

用于附着和融合包膜的基因。更重要的是，胎盘哺乳动物的子宫极大地依赖其他类似病毒的DNA完成自己的工作，它使用特殊的跳跃基因“mer20”来控制子宫细胞的1 500个基因的开关。有了这两个器官，我们似乎再一次从寄生物那里借来了一些有用的遗传物质，并将其适用于我们自己的目的。作为奖励，胎盘中的病毒基因甚至提供了额外的免疫力，因为逆转录病毒蛋白阻止了其他微生物缠绕胎盘（要么警告它们，要么战胜它们）。

作为免疫功能的另一部分，胎盘过滤掉任何试图入侵胎儿的细胞，包括癌细胞。不幸的是，胎盘的其他特点使它对癌症很有吸引力。胎盘分泌生长激素，促进胎儿细胞的迅速分裂，而一些癌细胞也依靠这些生长激素。此外，胎盘会吸收大量的血液，并为胎儿吸取营养。这意味着白血病等血癌可以潜伏在胎盘内并发展壮大。基因决定了癌症的转移，比如皮肤癌黑色素瘤（melanoma），它们在体内游动时进入血液，而且它们发现胎盘十分好客。

事实上，在母亲和胎儿同时患的癌症中，黑色素瘤是最常见的。有记录的第一例同时发生的癌症出现在1866年的德国，涉及一种漫游的黑色素瘤，它随机地在母亲的肝脏和孩子的膝盖上生根。9天之内，两个人都死了。另一个可怕的案例发生在一位28岁的费城女性身上，她被医生称为“R.McC”。一切的开端是她在1960年4月被严重晒伤。不久之后，她的肩胛骨之间长出了一颗半英寸的痣，一碰它就会流血。医生摘除了这颗痣，之后没有人再提起，直到1963年5月McC女士已经怀孕几周，在一次检查中，医生注意到她的腹部皮肤下有一个结节。到了8月，结节变大的速度甚至比她的肚子还快，而且还出现了其他结节。第二年1月，病变已经扩散到四肢和面部，医生为她做了剖腹产，男婴看起来很好，足足有7磅13盎司。但母亲的腹部有几十个肿瘤，其中一些是黑色的。不出所料，分娩耗尽了她仅有的一点力气。在一个小时内，她的脉搏下降到每分钟36次，尽管医生救醒了她，她还是在几周内死亡。

McC男孩呢？最开始是有希望的。尽管癌症扩散，但医生没有在McC女士的子宫或胎盘（她与儿子的接触点）中发现肿瘤。虽然他的身体非常虚弱，但仔细检查每一个缝隙和凹坑，没有发现可疑的痣，不过医生无法检查身体内部。11天后，新生儿的皮肤上开始长出微小的深蓝色斑点。从那以后，情况迅速恶化。肿瘤开始扩散和繁殖，7周内就杀死了他。

真由美患的不是黑色素瘤，而是白血病，但除此之外，她的家人在40年后的千叶重演了McC的悲剧。在医院里，真由美的病情一天比一天恶化，3周的化疗削弱了她的免疫系统。她最终感染了细菌，患上了脑炎。她的身体开始抽搐和痉挛——这是大脑恐慌和关闭的结果，她的心脏和肺也开始颤抖。尽管有重症监护，她还是在感染后2天内死亡。

更糟糕的是，2006年10月，在埋葬妻子9个月后，秀夫不得不和惠美子一起回到医院。这个曾经活泼的女孩肺部有积液，更麻烦的是，她的右脸颊和下巴上有一个刺痛的红热肿块。在核磁共振成像（MRI）中，这个早产儿的下颌看起来很大——和她的头一样大（试着尽量张大你的脸颊，它也不会接近惠美子的大小）。根据在脸颊上的位置，千叶的医生诊断为肉瘤，结缔组织的癌症。但由于他们还记得真由美的情况，所以他们咨询了东京和英国的专家，决定筛查肿瘤DNA，看看能发现什么。

他们找到了费城易位，而且不是一般的费城易位。交换同样发生在两个很长的内含子上，一条染色体有68 000个碱基，另一条染色体有200 000个碱基（本章大约有30 000个字母[1]）。染色体

1　指本书英文版第八章的全部字母数。

有成千上万个不同的点，它的两臂可以在任意一点交换。但真由美和惠美子的癌症中的DNA在同一个位点的同一字母处交换。这不是偶然。尽管长在惠美子的脸颊上，但癌症基本上是一样的。

癌症是谁传给谁的？以前的科学家从未解开过这个谜团，即便McC病例也是模棱两可的，因为致命的肿瘤出现在怀孕之后。医生取出惠美子出生时的血点采集卡，确定癌症在那时就已经存在了。进一步的基因检测显示，惠美子的正常（非肿瘤）细胞没有出现费城易位。因此，惠美子没有遗传任何对癌症的预先倾向性，它是在怀孕和分娩之间的某个时候突然出现的。更重要的是，和预期一样，惠美子的正常细胞显示了她母亲和父亲的DNA。但她的脸颊肿瘤细胞不含秀夫的DNA，它们完全是真由美的DNA。这无可争议地证明，是真由美把癌症传给了惠美子。

然而，科学家可能有的胜利的感觉完全被压制了。就像医学研究中经常发生的那样，最有趣的病例来自最可怕的痛苦。在历史上几乎每一个胎儿和母亲同时患癌症的案例中，双方都很快死于癌症，通常是在一年之内。真由美已经去世了，当医生开始给11个月大的惠美子进行化疗时，他们肯定感到这些渺茫的希望压在他们身上。

负责这个病例的遗传学家感受到了不同的困扰。在这里，癌症传播的本质是将细胞从一个人移植到另一个人。如果惠美子从她母亲那里得到了器官，或者从她的脸颊上移植了组织，她的身体会像排斥异物一样排斥它。然而，癌细胞既没有触发胎盘的警报，也没有激怒惠美子的免疫系统，就已经扎根了。怎么做到的？科学家最终在远离费城易位的一段DNA中找到了答案，这区域被称为MHC。

林奈时代的生物学家列举了使哺乳动物成为哺乳动物的所有

性状，把这当成一个好玩的练习。首先从哺乳说起。“mammal”（哺乳动物）这个词来自拉丁语中的*mamma*，意思是乳房。除了提供营养，母乳还激活了尚未断奶的婴儿体内的数十种基因，这些基因主要位于肠道内，但也有可能在大脑等部位。我无意给准妈妈增加焦虑，但人工配方奶粉，无论在碳水化合物、脂肪、蛋白质、维生素方面多么像我所知道的味道，似乎都不能以同样的方式激发婴儿的DNA。

哺乳动物的其他显著性状包括我们的头发（甚至连鲸鱼和海豚都有遮秃发型），我们独特的内耳和下巴结构，以及我们在吞咽之前先咀嚼食物的奇怪习惯（爬行动物没有这种习惯）。但在微观层面上，寻找哺乳动物起源的一个地点是MHC，即“主要组织相容性复合体”。几乎所有的脊椎动物都有MHC，这是一组帮助免疫系统的基因。但MHC对哺乳动物尤为重要。它是人类基因中最丰富的DNA片段之一，100多个基因挤在一个小区域里。就像内含子/外显子编辑设备，我们比其他生物拥有更复杂、更广泛的MHC*。在这100个基因中，有些在人类身上的变种超过1 000个，提供了几乎无限的遗传组合。近亲的MHC也有很大的差异，而在随机人群中，MHC的差异比其他大多数DNA片段高100倍。科学家有时会说，人类的基因有99%以上是相同的。但MHC另当别论。

MHC蛋白主要做两件事。首先，其中一些MHC蛋白从细胞内随机抽取分子样本，并将其显示在细胞表面。于是，其他细胞（尤其是“刽子手”免疫细胞）知道这个细胞里面发生了什么。如果“刽子手”看到MHC只是组装了正常分子，就会忽略该细胞。如果它看到异常物质——细菌碎片、癌症蛋白，或有其他渎职迹象，就会发动攻击。在这里，MHC的多样性帮助了哺乳动物，因为不同的MHC蛋白会对不同的危险发出警报，所以哺乳动物的

MHC越多样，它能对抗的东西就越多。重要的是，不同于其他性状，MHC基因不会相互干扰。孟德尔发现了最早的显性性状，即某些版本的基因“胜过”其他版本。但MHC的所有基因都是独立工作的，没有哪个基因会遮盖其他基因。它们合作，它们共显性[1]。

MHC还有另一个更具哲学意义的功能：使我们的身体能区分自我和非我。随着蛋白质碎片的增多，MHC基因会使每个细胞表面长出细小的毛发，因为每个生物都有独特的MHC基因组合，这种细胞毛发的颜色和卷曲也有独特的排列方式。身体内的非我入侵者（比如动物或他人的细胞）都有自己的MHC基因，并长出独特的毛发。我们的免疫系统非常精确，它可以识别出不同的毛发，并组织军队杀死入侵者，即使这些细胞并没有显露出疾病或寄生物的迹象。

杀死入侵者通常是一件好事。但MHC的警惕性会带来一个坏处，那就是我们的身体会排斥移植器官，除非接受者服用药物来抑制他们的免疫系统。有时候，即使这样也行不通。移植动物器官可以缓解世界器官捐献者的长期短缺，但动物的MHC（相对于我们）太奇怪了，我们的身体会立即排斥它们。我们甚至会破坏移植的动物器官周围的组织和血管，就像撤退的士兵焚烧庄稼，使敌人得不到补给。通过完全瘫痪免疫系统，医生曾经用狒狒的心脏和肝脏让病人存活了几周，但到目前为止，胜利总是属于MHC。

出于类似的原因，MHC使哺乳动物的进化变得困难。按理说，哺乳动物母亲应该把体内的胎儿当成需要攻击的外来生长物，因为胎儿的DNA（MHC等）有一半不属于她。幸运的是，胎盘通过限制与胎儿的接触来调节这场冲突。血液聚集在胎盘中，但实际上只有营养物质，并没有血液流经胎儿。因此，惠美子这样的婴

1　共显性是指在杂交后，双亲的性状同时表现在子代个体身上。

儿对真由美的免疫细胞来说是完全隐形的，真由美的细胞也永远不会进入惠美子体内。即使一些细胞从胎盘穿过，惠美子自身的免疫系统也会识别出外来MHC，并将其杀死。

但科学家仔细检查真由美的癌变血细胞的MHC，发现了一种几乎令人钦佩的、近乎邪恶的聪明。人类的MHC位于6号染色体的短臂上，科学家注意到，在真由美的癌细胞中，该短臂甚至比它应有的长度还要短，因为细胞已经删除了MHC。某种未知的突变直接把它从基因中抹除。因此，它们在外部功能上是不可见的，胎盘和惠美子的免疫细胞都无法对它们进行分类和识别。她没有办法仔细检查它们是不是异物，更不必说它们是否患有癌症。

总的来说，真由美的癌症之所以会入侵，科学家可以找到两个原因：费城易位，使它们致命；MHC突变，使它们隐形，侵入惠美子的脸颊。这两件事发生的概率都很低，它们在一个恰好怀孕的女人身上，同时发生在同一个细胞里的概率非常非常低，但并不为零。事实上，科学家现在怀疑，在历史上的大多数母亲将癌症传给胎儿的案例中，有类似的东西使MHC丧失或受损。

如果沿着这条线索走得足够远，MHC还可以帮助解释秀夫、真由美和惠美子故事的另一面，追溯到我们作为哺乳动物的最早时期。发育中的胎儿必须在每个细胞内指挥一个完整的基因管弦乐队，鼓励一些DNA演奏得更响亮，同时让其他部分不要发出声音。在哺乳动物的怀孕早期，最活跃的基因是来自我们产卵的蜥蜴先祖。翻阅一本生物学教科书，看看鸟类、蜥蜴、鱼类和人类等动物的胚胎在早期生命中多么相似，这种经历会让人谦卑。我们人类甚至有原始的鳃裂和尾巴，这是真正的返祖。

几周后，胎儿会关闭爬行动物的基因，激活哺乳动物特有的一组基因。很快，胎儿开始长得像你想象中的女儿。然而即使在这个阶段，如果正确的基因被消音或调整，返祖现象（遗传返祖）就会出现。有些人生来就有额外的乳头*，就像农场里的母猪。这些额外的乳头大部分都穿过“乳线”,垂直向下延伸至躯干，但它们也可以出现在远至脚底的地方。其他的返祖基因会让人们浑身长毛，包括脸颊和额头上。科学家甚至可以根据毛发的粗糙程度、颜色和其他特性来区分“狗脸”和“猴脸”（希望你原谅这些贬义）。如果5号染色体的末端缺失了一个片段，婴儿就会患上“猫叫综合征”，这个名字是因为他们会发出猫的嚎叫。有些孩子生来就有尾巴，这些尾巴通常位于臀部上方，有肌肉和神经，长5英寸，粗1英寸。有时尾巴的出现是隐性遗传疾病的副作用，会导致广泛的解剖问题，但对于其他方面正常的儿童，特殊情况下也会出现尾巴。儿科医生报告说，这些男孩和女孩可以把尾巴卷起来——像大象的鼻子，当他们咳嗽或打喷嚏的时候，尾巴会不自觉地收缩*。再说一遍，所有胎儿在6周大的时候都有尾巴，但通常在8周后，随着尾细胞死亡，身体吸收了多余的组织，尾巴就会缩回。尾巴可能是自发突变的结果，但有些长尾巴的孩子确实有长尾巴的亲戚。大多数人在出生后就切除了这种无害的附肢，但有些人直到成年才会这么做。

我们所有人体内都有返祖现象，只是等待相应的遗传信号来唤醒它们。事实上，有一种遗传返祖是我们无法逃脱的。受孕后大约40天，人类胎儿的鼻腔会发育出一根长约0.01英寸、两侧有一条狭缝的管子。这种早期结构是犁鼻器（vomeronasal organ，VNO），在哺乳动物中很常见，哺乳动物用它感受周围的世界。它就像辅助鼻子，只不过它嗅的是信息素，而不是任何知觉生物都能嗅出的东西（烟、腐烂的食物）。信息素是一种隐晦的气味，有点类似于激素，但激素给身体内部下达指令，而信息素给同物种的其他成员发出指令（至少是眨眼和意味深长的一瞥）。

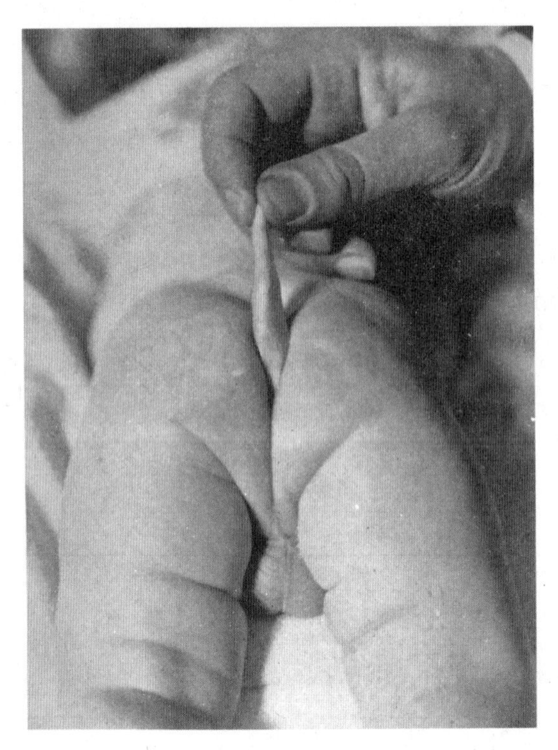

一个健康强壮的男婴出生时长着尾巴，这是我们灵长目动物的遗传返祖（简·邦德森，《医学奇珍柜》，经许可转载）

信息素有助于引导社会互动，特别是亲密接触，所以关闭某些哺乳动物的VNO会产生尴尬的后果。2007年，哈佛大学的科学家对一些雌性小鼠进行了基因重组，使它们的VNO失效。当这些小鼠单独在一起的时候，它们表现正常，没有什么不同。但如果让它们接触正常的雌鼠，这些修改过的小鼠对待正常雌鼠的方式就像罗马人对待萨宾妇女[1]。它们突然袭击，骑上年轻的雌鼠，虽然没有必要的设备，但它们开始挺进臀部。改造的雌鼠甚至像雄鼠一样呻吟，发出超声波的尖叫，在此之前，这种声音只出现在雄鼠高潮的时候。

1 萨宾人是古罗马文明的创立者之一，罗马最早的300名元老中有1/3是萨宾人。但后来罗马人与萨宾人频繁爆发冲突，相传有一次罗马人劫掠了大批萨宾妇女为妻。

相比于其他哺乳动物，人类对气味的依赖较少。在进化过程中，我们已经丢失或关闭了600个常见的哺乳动物嗅觉基因。更令人惊讶的是，我们的基因仍能构建VNO。科学家甚至发现了胎儿从VNO到大脑的神经，并看到这些神经来回发送信号。但出于未知原因，尽管经历了创造器官和连接器官的麻烦，我们的身体忽视了这种第六感。16周后，它开始皱缩。到了成年期，它已经收缩到大多数科学家都怀疑人类是否有VNO，更不必说功能性VNO了。

关于人类VNO的争论演变成了一场更宏大但更轻佻的历史争论，争论的焦点是气味、性和行为之间的假定联系。19世纪末，西格蒙德·弗洛伊德（Sigmund Freud）的一位更疯狂的朋友——威廉·弗里斯（Wilhelm Fliess）博士，认为鼻子是人体最有力的性器官。他的“鼻反射性神经症理论”是一种不科学的杂谈，包括了命理学、关于自慰和月经的逸事、鼻子内假设的“生殖器点”地图。他没能真正解释关于人类性行为的任何东西，但这并没有降低弗里斯的地位。相反，他的工作影响了弗洛伊德，弗洛伊德允许弗里斯为他的病人（有人推测还包括弗洛伊德本人）治疗沉溺于手淫的行为。弗里斯的观点最终消亡了，但性学的伪科学从未消亡。近几十年来，广告推销员一直在销售富含信息素的香水和古龙水，据说这种气味能吸引异性（别抱太大希望）。1994年，美国军方的一位科学家向空军申请750万美元用于开发一种基于信息素的“同性恋炸弹”。他的申请书将这种武器描述为“令人反感但完全不致命”的战争形式。信息素会喷洒在敌军（主要是男性）身上，这种气味会以某种方式——很明显细节粗略的，至少在科学家的幻想之外，让他们胡思乱想，以至于放下武器，制造欢乐而非制造战争。我方的士兵戴着防毒面具，只需要把他们包围起来*。

抛开香水和同性恋炸弹不谈，一些合法的科学研究已经揭示了信息素可以影响人类的行为。40年前，科学家确定信息素会使同居女性的月经周期趋近于同一日期（这不是什么都市传说）。虽然我们可能会拒绝将人类的爱情简化为化学物质的相互作用，但有证据表明，原始的人类欲望——或者更严肃地说，吸引力——有很强的嗅觉成分。在从未发展出接吻习俗的社会中，潜在的恋人经常相互嗅闻而不是接吻，经典的人类学书籍包括查尔斯·达尔文本人都曾经对此表示惊叹。最近，瑞典医生做了一些实验，与哈佛大学关于小鼠的戏剧性研究相呼应。医生让异性恋女性、异性恋男性和同性恋男性接触男性汗液中的一种信息素。脑部扫描显示，异性恋女性和同性恋男性显示出轻微的兴奋迹象，但异性恋男性不会。明显的后续实验表明，女性尿液中的信息素可以激起异性恋男性和同性恋女性的性欲，但不会影响异性恋女性。似乎性取向不同，大脑对两性气味的反应也不同。这并不能证明人类有正常运作的VNO，但它确实表明我们保留了一些检测信息素的能力，也许是通过遗传将其职责转移到正常的鼻子上。

也许气味可以影响人类性唤起的最直接证据来自MHC——我们最终回到了这里。不管你喜不喜欢，每次你抬起手臂，你的身体就会为你的MHC做广告。人类的腋窝有高浓度的汗腺，信息素与分泌的水、盐、油混合在一起，它们确切地说明了此人拥有哪些MHC基因来保护他们免受疾病的侵袭。这些MHC广告会飘进你的鼻子，鼻细胞可以判断出你和他/她的MHC差别有多大。这对于识别伴侣很重要，因为你可以预估你们孩子可能的健康状况。记住，MHC基因不会相互干扰——它们共显性。所以如果爸爸和妈妈有不同的MHC，宝宝就会遗传他们的联合抗病力。基因抗病力越强，宝宝就越健康。

这些信息不知不觉地流入我们的大脑，当我们突然发现一个陌生人莫名其妙地性感时，这些信息就会自己显现出来。没有测试是不可能确定的，但当这种情况发生时，有极大的可能性是你和他/她的MHC有明显不同。在多项研究中，当女性嗅一件她们从未见过或遇到过的男性的睡衣时，她们会认为MHC（相比于她们自己）更狂野的男性是最性感的。的确，其他研究表明，在基因多样性已经很高的地方，比如非洲的部分地区，拥有截然不同的MHC不会增加吸引力。但美国犹他州的研究表明，MHC和吸引力之间的联系似乎在基因更同质的地方成立。这一发现也许可以解释为什么兄弟姐妹乱伦的想法令人反感——因为他们的MHC比平均水平更相似。

再说一次，把人类的爱情简化成化学物质是没有意义的，事情远比这复杂。但我们与其他哺乳动物的距离并没有想象的那么遥远。化学物质确实能激发和促进爱情，其中最有效的是为MHC做广告的信息素。如果两个人来自基因同质的地区，比如秀夫和真由美，他们走到一起，坠入爱河，并决定要一个孩子，那么我们就可以从生物学角度解释这些事情，他们的MHC可能与此有关。让人更加痛心的是，正是相同MHC的消失导致了几乎杀死惠美子的癌症。

尽管自1866年以来医学取得了巨大进步，但同时患有癌症的母亲和胎儿的存活率仍然极低。但不同于她的母亲，惠美子在治疗中反应良好，部分原因是医生可以根据她的肿瘤DNA调整化疗方案。大多数患这种癌症的孩子要做极其痛苦的骨髓移植，而惠美子甚至不需要。直到今天（上天保佑）惠美子还活着，差不多18岁了，住在千叶。

我们不认为癌症是一种传染病。然而，双胞胎在子宫内就会将癌症传给对方，移植的器官可以将癌症传给器官接受者。尽管有胎盘的防御，但母亲确实可以将癌症传给未出世的孩子。尽管如此，惠美子的例子证明，即使在胎儿时期患晚期癌症也不一定致命。像她这样的病例拓展了我们对MHC在癌症中的作用的认识，并证明胎盘比大多数科学家想象的更具有渗透性。一位与惠美子一家合作过的遗传学家说：“我倾向于认为，也许总是有一定数量的细胞通过（胎盘）。你可以从非常奇怪的医学案例中了解很多。”

事实上，其他科学家已经竭力地确定，我们大多数人（即使不是所有人）都有成千上万个来自母亲的秘密细胞，它们从胎儿时期就“偷渡”过来，潜入了我们的重要器官。可以肯定，每个母亲体内都有几个偷藏的来自孩子的细胞。这些发现为生物学开辟了迷人的新领域，一位科学家对此感到不安：“如果大脑不完全属于我们自己，那么是什么构成了我们的心理自我？”我个人认为，这些发现表明，即使母亲或孩子死亡，其中一方的细胞也可以在另一方体内存活。母子关系的这一个方面，也使哺乳动物变得特殊。

第九章

猩猩人和其他几乎发生的事：

人类与猴子何时分离，为什么？

天知道人类的进化并不止于毛皮、乳腺和胎盘。我们也是灵长目动物，尽管在6 000万年前这并不是值得夸耀的事情。最早的灵长目动物可能体重不足1磅，寿命不到6年。它们可能生活在树上，用蹦跳代替走路，只能捕食昆虫，夜晚才从茅屋里爬出来。但这些胆小的午夜食虫者非常幸运，并且不断进化。数千万年后，非洲出现了一些聪明机敏的、对生拇指的、拍打胸脯的灵长目动物，其中一种灵长目动物用双脚站立起来，开始在草原上行进。科学家深入研究了这一过程，从中寻找关于人类本质的线索。《国家地理》(*National Geographic*)杂志上画的人类指关节离地，体毛脱落，突出的下巴消失——回顾整个画面，我们不禁觉得人类的出现有点得意。

然而，尽管人类的直立确实是宝贵的，但我们的DNA却在我们耳边低语"勿忘你终有一死"，就像罗马时代那位跟随凯旋将军的奴隶[1]。事实上，从类人猿祖先到现代人类的转变，比我们想象的要艰难得多。刻在我们基因上的证据表明，人类谱系曾多次濒临灭绝，大自然几乎像消灭乳齿象和渡渡鸟一样消灭我们，根本不关心我们的宏伟计划。我们的DNA序列如此接近于所谓的低等灵长目动物，这让我们倍感羞辱，这种相似性与我们生来就有

1 据说，在恺撒的凯旋仪式上，有一个奴隶站在恺撒身边，不断地提醒他："恺撒，勿忘你终有一死。"

的优越感相冲突，即认为自己比其他生物更高级。

对于这种与生俱来的感觉，一个强有力的证据是，我们很讨厌混合人类组织与其他生物组织的想法。但纵观历史，严肃的科学家一直试图制造“人兽嵌合体”，最近的一次是通过在人类DNA中掺入杂质。这一领域的五级警报可能发生在20世纪20年代，当时俄罗斯生物学家伊里亚·伊万诺维奇·伊万诺夫（Ilya Ivanovich Ivanov）试图在一些令人毛骨悚然的实验中混合人类基因和黑猩猩基因。

伊万诺夫的科学生涯开始于1900年前后，与生理学家伊万·巴甫洛夫（Ivan Pavlov，设计了流口水的狗的实验）共事，后来他成了农场授精（特别是马的授精）的世界级专家。他为这项工作制作了仪器：用来吸收精液的特殊海绵，将精液输送到母马体内的橡胶导管。他在国家种马部工作了10年，这是一个为罗曼诺夫王朝提供漂亮马匹的官方部门。考虑到这些政治优先项，不难想象为什么罗曼诺夫王朝在1917年被推翻。当布尔什维克接管并建立苏联时，伊万诺夫发现自己失业了。

当时大多数人认为人工授精是可耻的，是对自然交配的腐蚀，这对于伊万诺夫的前途一点帮助都没有。即便是支持这项技术的人，也为了保持自然性交的“气场”而付出了荒谬的努力。一位著名的医生守在一对不孕夫妇的房间外，通过钥匙孔听他们做爱，然后拿着一管精子冲进去，把丈夫推到一边，把精子喷到妻子身体里。所有这些都是为了欺骗她的卵细胞，使其认为授精发生在性交过程中。梵蒂冈在1897年禁止天主教徒进行人工授精，同样地，俄罗斯东正教会谴责伊万诺夫这种从事该技术的人。

但宗教上的恩怨最终改善了伊万诺夫的事业。即使深陷于农场之中，伊万诺夫总是从更宏大的角度看待自己的工作——通过混合不同物种的胚胎，不仅可以培育出更优质的奶牛和山羊，还可以探索达尔文和孟德尔的基础生物学理论。毕竟，他的海绵和导管消除了这项工作的主要障碍，可以诱使随机的动物结合。1910年以来，伊万诺夫一直在仔细考虑达尔文进化论的终极考验——猩猩人[1]（在咨询了果蝇科学家赫尔曼·马勒之后）。他最终在20世纪20年代初鼓起勇气申请了一笔研究经费。

伊万诺夫向掌管苏联科研经费的教育人民委员[2]提出申请。1925年9月，也就是美国斯科普斯案[3]之后几个月，苏联政府给了伊万诺夫1万美元（相当于今天的13万美元）启动研究。

伊万诺夫有充分的科学依据认为这项工作能够成功。科学家当时就知道，人类和灵长目动物的血液具有惊人的相似性。更令人兴奋的是，一位出生于俄罗斯的同事谢尔盖·沃罗诺夫（Serge Voronoff）正在完成一系列轰动的、据说已经成功的实验：通过移植灵长目动物的腺体和睾丸来恢复老年男人的阳刚之气（有传言说爱尔兰诗人威廉·巴特勒·叶芝也做过这种手术，其实并没有，但人们还是相信了谣言，这说明叶芝有很多问题）。沃罗诺夫的移植似乎表明，至少在生理上，低等灵长目动物和人类几乎没有什么区别。

伊万诺夫还知道，完全不同的物种可以共同繁殖。他本人就把羚羊和牛、豚鼠和兔子、斑马和驴混合在一起。除了逗笑沙皇和他的仆从（很重要），这项工作还证明，即使在数百万年前就已经分道扬镳的动物谱系仍然可以生育后代。后来其他科学家的实验提供了更多的证据。狮子和老虎，绵羊和山羊，海豚和虎

1　原文是humanzee，这个词通常是指人类男性和雌性黑猩猩的后代（人类女性和雄性黑猩猩的后代被称为“Chuman”，这两个词都是“human”和“chimpanzee”的混成词）。但本书中没有具体区分。

2　苏联成立时的各个职能部门都被称为“人民委员会”，比如农业人民委员会、教育人民委员会、司法人民委员会等，其负责人被称为“人民委员”。这两个称呼在1946年改为“部”和“部长”。

3　1925年3月23日，美国田纳西州颁布法令，禁止在课堂上讲授进化论；田纳西州的教师约翰·托马斯·斯科普斯（John Thomas Scopes）故意违反了这条法律，并因此受审。该案件被称为“斯科普斯案”或“猴子审判”。最终结果是，斯科普斯被判为有罪，并被罚款100美元。

鲸——你的几乎所有幻想，科学家都在某个地方实现了。的确，其中一些杂交种（hybrid）过去或者现在都没有生育能力，是遗传的死胡同。但只是其中一些：生物学家在野外发现了许多匪夷所思的结合，在300多种自然“远系繁殖”的哺乳动物中，有整整三分之一能生育出可育的后代。伊万诺夫狂热地相信杂交育种（crossbreeding），他的猩猩人实验似乎变得可行了。

无论猩猩人多么令人讨厌或者难以置信，今天的科学家也不知道它们是否有可能存在。在实验室里，人类精子可以穿透一些灵长目动物卵子的外层，这是受精的第一步。而且从宏观尺度来看，人类和黑猩猩的染色体非常相似。糟糕的是，人类DNA和黑猩猩DNA甚至喜欢彼此的陪伴。如果你制备含有这两种DNA的溶液，将其加热，直到双链解开，那么当温度降低时，人类DNA就可以与黑猩猩DNA结合，并重新“拉上拉链”。它们太相似了*。

更重要的是，一些灵长目遗传学家认为，在分离成一个独立的物种**之后**很久，我们的祖先仍在与黑猩猩繁殖。根据有争议但持续存在的理论，我们与黑猩猩交配的时间比大多数人想象的要长久得多，长达100万年。如果这是真的，我们与黑猩猩谱系的最终分离就是复杂而混乱的“感情破裂”，但并非不可避免。如果事情朝着另一个方向发展，我们的性倾向很可能会抹除人类的谱系。

理论是这样的。700万年前，一些未知的事件（也许是地震开辟了一道裂谷；也许半个族群在某天下午找食物迷了路；也许爆发了一场痛苦的黄油大战[1]）使一小群灵长目动物分离。随着每一代的分离，这两群独立的黑猩猩-人类祖先会积累突变，使它

1 出自美国著名儿童作家苏斯博士（Dr. Seuss）的绘本《黄油大战》（*The Butter Battle Book*）。这本书讲述了相邻的两个部落之间不停地打仗，原因是吃面包的时候一个部落把黄油涂在面包的正面，另一个部落把黄油涂在面包的反面。终于有一天他们意识到这其实是一样的。

一只现代斑驴（zonkey）——斑马和驴的杂交。伊里亚·伊万诺夫在探索猩猩人之前，已经创造了斑驴（他称之为“zeedonk”）等遗传杂交种（Tracy N. Brandon）

们各自具有独特的性状。到目前为止，这是标准生物学的范畴。然而不同寻常的是，想象这两个群体在一段时间后重聚。同样，原因也无法猜测，也许一次冰期摧毁了它们的大部分栖息地，使它们聚集在小型林地庇护所。无论如何，我们不需要为接下来发生的事情提出任何古怪的色情动机。如果孤独或者人少，当两个群体重聚的时候，原人（protohuman）会急切地欢迎对方回到自己的床上（打个比方），尽管他们在100万年前就已经抛弃了原黑猩猩（protochimp）的舒适生活。100万年看起来像是永远，但原人和原黑猩猩的基因差异不像今天许多杂交物种那么明显。因此，随着这种杂交有可能产生了一些灵长目“骡子”[1]，但它们也可能产生了可育的杂交后代。

这就是原人的危险所在。科学家至少知道一个灵长目案例：两个长期分离的物种再次开始交配，并重新融合为一个物种——猕猴，消除了它们之间的所有特殊差异。人类与黑猩猩的杂交并不是周末风流或调情，它很漫长，也很复杂。如果我们的祖先说“管他呢”，与原黑猩猩一起永久定居下来，人类的独特基因便会同样地淹没在普通基因库中。这不是什么优生学，我们会把自己变得完全不存在。

当然，这一切都是假设黑猩猩和人类在最初分离后确实重新结合在了一起。那么这项指控的证据是什么呢？其中大部分存在于我们的性染色体，尤其是X染色体中。但这只是一个微妙的例子。

当雌性杂交种出现不育问题，这种缺陷通常是因为它们得到了一条人类X染色体、一条黑猩猩X染色体。无论出于何种原因，错配的繁殖不会进行得那么顺利。错配的性染色体对雄性的打击更大：雄性的一条X染色体和一条Y染色体来自不同的物种，这使它几乎永远无法让雌性受孕。但雌性不育对群体生存的威胁更大。少量有生育能力的雄性就可以使大量的雌性怀孕，但如果雌性的生育能力较低，有生育能力的雄性再多也无济于事，因为雌性生孩子的速度只能那么慢。

自然的解决方案是种族灭绝，其实也就是基因灭绝：大自然通过消除一个物种的X染色体来消除异种间所有潜在的错配。消除哪一个并不重要，重要的是必须消除一个。这是一场名副其实的消耗战。根据杂交的原黑猩猩和原人的数量，根据第一代杂交种与谁繁殖，根据它们的出生率和死亡率差异——取决于所有这

1　骡子是马和驴的杂交种，没有生育能力。

些条件，在最初的基因库中某个物种的X染色体可能数量较多。在后来的几代中，拥有数量优势的X染色体会缓慢地扼杀另一个物种，因为拥有类似X染色体的个体都会与混血个体杂交。

注意，没有相应的压力消除常染色体[1]。常染色体并不介意与其他物种的染色体配对（或者说，即使它们介意，它们的争吵也可能不会影响生育，这对于DNA很重要）。因此，杂交种及其后代可能充满了错配的常染色体，并安然无恙地活了下来。

2006年，科学家意识到，性染色体和常染色体之间的这种差异，可能解释了人类DNA的一个有趣特征。在最初的谱系分离之后，原黑猩猩和原人应该走上不同的道路，并在每条染色体上积累了不同的突变，它们差不多的确如此。但科学家通过观察今天的黑猩猩和人类，发现它们的X染色体比其他染色体更相似。似乎X染色体上的DNA时钟被重置了，它仍然保留了“少女”时的样子。

我们有时会听到这样的统计数字：人类的DNA编码区与黑猩猩的相似性达99%，但这只是一个平均值，是总体的衡量。它掩盖了一个事实：人类和黑猩猩的染色体——伊万诺夫研究的关键染色体——在整个谱系中看起来更加相似。解释这种相似性的简单方法是杂交和消耗战，消耗战会消除一种DNA。事实上，这就是为什么科学家最开始会提出原人和原黑猩猩交配的理论。他们承认这听起来有点疯狂，但除此之外，他们无法解释为什么相较于常染色体，人类和黑猩猩的X染色体多样性更小。

然而（考虑到两性之争），对于人类和黑猩猩的杂交，关于Y染色体的研究可能与关于X染色体的证据相矛盾。同样，科学家一度相信，如果Y染色体继续脱落基因，它总有一天会消失——Y染色体在过去的3亿年里经历了巨大的萎缩，如今只剩下一条

1 性染色体之外的所有染色体都是常染色体（非性染色体）。

染色体“烟蒂”，这被认为是进化的残迹。但事实上，即使在人类发誓放弃黑猩猩（反之亦然）的几百万年里，Y染色体也在迅速进化。Y染色体含有制造精子的基因，而在纵欲的物种中，精子的产生是一个竞争激烈的领域。许多原男士（protogent）会与每一位原女士（protolady）发生性关系，所以一位男士的精子必须在她的阴道内与另一位男士的精子搏斗（有点恶心，但事实如此）。一种确保优势的进化策略是每次射精时产生大量精子。这当然需要复制和粘贴大量的DNA，因为每个精子都需要自己的遗传载荷。复制的次数越多，发生的突变就越多。这是一场数字游戏。

然而，由于我们的生殖生物学，这些不可避免的复制错误对X染色体造成的困扰要小于其他染色体。和制造精子一样，制造卵子也需要复制和粘贴大量的DNA。女性的所有染色体数量都是相等的：两条1号染色体，两条2号染色体，以此类推，还有两条X染色体。因此，在产生卵子的过程中，每条染色体（包括X染色体）复制的频率是一样的。从1号染色体到22号染色体，男性也有两个副本，但男性没有两条X染色体，而是一条X染色体和一条Y染色体。在产生精子的过程中，X染色体比其他染色体更少被复制。因为更少被复制，所以获得的突变也更少。由于Y染色体加剧的精子竞争，当男性开始大量产生精子时，X染色体和其他染色体之间的突变差距会进一步扩大。因此，一些生物学家认为，黑猩猩和人类的X染色体似乎缺乏突变，这可能并不涉及复杂的不正当性史，它可能源于基本生物学，因为X染色体的突变应该总是较少*。

不管谁是对的，沿着这些思路进行的研究已经打破了一种旧观点——Y染色体是哺乳动物基因组的不匹配。它变短的方式非常复杂，但对于人类，很难说修正后的历史是否会变得更好。由于雄性黑猩猩与不同的伴侣有更多的性行为，它们形成有活力精子的压力比人类高得多。因此，进化彻底地改造了黑猩猩的Y染色体。事实上，改造太过彻底，以至于黑猩猩在身体进化上远远超越了人类男性——大多数男人可能不愿意相信。黑猩猩的精子更强壮、更聪明、方向感更好。相比之下，人类的Y染色体看起来有些退化了。

但这就是你的DNA，真羞耻啊。一位Y染色体专家评论："当我们测序黑猩猩的基因组时，以为能找到人类会说话和写诗的原因，但最显著的差异之一是精子的产生。"

从DNA的角度谈论伊万诺夫的实验有点不合时宜。但那个时代的科学家确实知道，染色体可以将遗传信息代代相传，而且来自母亲和父亲的染色体必须相容——特别是数量上相容。基于大量的证据，伊万诺夫认为黑猩猩和人类在生物学上有足够的相似之处，可以推进实验。

获得经费之后，通过巴黎一位同事的安排，伊万诺夫在法属几内亚（今天的几内亚）殖民地的灵长目动物研究站工作。研究站的环境非常恶劣：黑猩猩的笼子暴露在风吹日晒中，当地的偷猎者抓捕了700只黑猩猩，其中一半死于疾病或疏忽。然而，伊万诺夫征募了他的儿子（另一位"三伊先生"：伊里亚·伊里奇·伊万诺夫），开始在俄罗斯、非洲和巴黎之间来回航行数千海里。1926年11月，伊万诺夫一家终于抵达了闷热的几内亚，准备开始实验。

被抓来的黑猩猩还没有发育成熟，太年轻而无法受孕，几个月来伊万诺夫每天都要花时间偷偷检查它们的阴毛，看看是否有经血。与此同时，在1927年的情人节之前，不断有新的黑猩猩被关进来。伊万诺夫不得不对自己的工作保密，以免几内亚人提出愤怒的问题——基于当地关于杂交怪物的神话，几内亚人对人类和灵长目动物交配有着强烈的禁忌。终于在2月28日，两只名叫“芭贝特”和“西维特”的黑猩猩来了月经。第二天早晨8点，伊万诺夫和儿子拜访了当地一位匿名的捐赠者，然后拿着一管精子走近了它们的笼子。他们还配备两把勃朗宁手枪：小伊万诺夫几天前被咬伤住院过。伊万诺夫父子最终没有用到勃朗宁手枪，但这只是因为他们或多或少地强暴了两只黑猩猩——用网固定住了芭贝特和西维特。两只处女黑猩猩不停地挣扎，伊万诺夫只成功地把注射器塞入它们的阴道，而不是最佳地点子宫。果然，实验失败了，芭贝特和西维特几周后又来了月经。在接下来的几个月，许多幼年黑猩猩死于痢疾，伊万诺夫在那年春天成功地让一只被麻醉的雌性黑猩猩受孕，但这次尝试也失败了。这意味着伊万诺夫没有活着的猩猩人可以带回苏联，以赢得更多经费。

也许是担心教育人民委员可能不给他第二次机会，伊万诺夫开始追求新的项目和新的研究方向，有些是秘密进行的。在前往非洲之前，他曾协助在苏呼米建立苏联第一个灵长目动物研究站，苏呼米位于今天的格鲁吉亚，是苏联少有的亚热带地区，该研究站交通便利。伊万诺夫还追求了一位富有但古怪的古巴名媛罗莎莉亚·阿布雷乌（Rosalià Abreu），她在哈瓦那的庄园里经营着一家私人灵长目动物保护区，部分是因为她相信黑猩猩有特异功能，应该受到保护。阿布雷乌最初同意为伊万诺夫的实验提供笼舍，但后来又撤回了提议，因为她担心报纸会报道此事。她的担心是对的。伊万诺夫的一些美国支持者向美国无神论促进会寻求资金支持，《纽约时报》（*New York Times*）听说了这件事，开始大肆宣扬这个想法。《纽约时报》的这篇报道*使三K党[1]发出恐吓信，警告伊万诺夫不要在大西洋彼岸做他的魔鬼工作，因为这是

1 奉行白人至上主义和基督教恐怖主义的美国民间团体，也是美国宗族主义的代表性组织。历史上有3个不同时期的三K党，这里指的是第二个。

“造物主所憎恶的”。

与此同时，伊万诺夫发现，要使一大群黑猩猩保持健康和安全，不仅昂贵，而且烦人，所以他制订了一个彻底改变实验方案的计划。在灵长目动物社会中，雌性繁殖后代的速度很慢，而一个有男子气概的雄性，能以较小的代价广泛地散播它的精子。因此，伊万诺夫决定用黑猩猩的精子使人类女性怀孕，而不是用人类精子使多只雌性黑猩猩受孕。就这么简单。

为此，伊万诺夫偷偷联系了刚果的一位殖民地医生，请求医生允许他为病人人工授精。医生问病人怎么可能同意，伊万诺夫说他们不会告诉病人。医生同意了。伊万诺夫立刻从法属几内亚前往刚果，那里的一切似乎都准备就绪了。但就在最后一秒，地方长官介入了，他禁止伊万诺夫在医院里做实验：必须在室外做。伊万诺夫对这种介入感到生气，他拒绝了，他说不卫生的条件会影响他的工作和病人的安全，但长官坚持自己的意见。伊万诺夫在日记中称这次惨败是“可怕的打击”。

直到在非洲的最后一天，伊万诺夫都在寻找线索，看看有没有做人工授精的妇女，但一无所获。因此，他最终在1927年7月离开法属几内亚，并决定不再来这么遥远的地方。他把自己的工作转移到苏呼米新开的苏联灵长目动物研究站。他还通过寻找一个可靠的雄性“种马”来避开雌猩猩妻妾的麻烦，并劝说苏联女性与它生育后代。

和他担心的一样，伊万诺夫在为修改后的实验寻求资金方面遇到了麻烦，但生物学家协会为他付了钱。不过，伊万诺夫还没有开始实验，苏呼米的大多数灵长目动物都生病了，并在那年冬天死亡（按照苏联的标准，苏呼米是温暖舒适的，但对于非洲的灵长目动物，苏呼米仍然属于北方）。幸运的是，唯一渡过难关的灵长目动物是雄性——26岁的红毛猩猩，泰山。伊万诺夫现在只需要招募人类。但是，官员告诉伊万诺夫，他不能为代孕母亲提供金钱，她们必须自愿接受比金钱更虚幻的奖励。尽管如此，到1928年春天，伊万诺夫还是有了自己的目标。

我们只知道她的名字是G。她是苗条的还是肥胖的，是长雀斑的还是白皙的，是夫人还是女佣，我们不得而知。只能看到她写给伊万诺夫的一封令人心碎的简信："亲爱的教授，我的私人生活千疮百孔，我看不到自己存在的意义……但是，当我认为我可以为科学做点贡献的时候，才有足够的勇气与您联系。求求您，请不要拒绝我。"

伊万诺夫向她保证，他不会拒绝。他安排G来到苏呼米，准备为她人工授精，但这时泰山死于脑出血，没有人有时间取它的精子。实验又一次停滞了。

这一次是永久停滞。伊万诺夫还没有来得及抓捕另一只猿猴，就被流放到哈萨克斯坦。伊万诺夫已经60多岁了，他和他的灵长目动物一样被关进了监狱，他的身体变得越来越虚弱。1932年，关于他的虚假指控被平反，但在即将出狱的前一天，他像泰山一样脑出血。没过几天，他就跟随泰山，进入了天堂里的巨大的灵长目动物研究站。

伊万诺夫死后，他的科学议程也随之瓦解。很少有科学家具备为灵长目动物授精的技术，但公平地说，当伊万诺夫透露他的秘密企图——用黑猩猩精子使刚果的住院女性怀孕——时，即便是铁石心肠的政治局官员也会呕吐。因此，自20世纪20年代以来，科学家几乎没有研究过人类和灵长目动物的杂交。这意味着伊万诺夫的最迫切问题仍然悬而未决：G能与泰山那样的野兽生下一个孩子吗？

在某种程度上，是有可能的。1997年，纽约的一名生物学家为一种混合人类和黑猩猩的胚胎细胞及其在代孕母亲体内孕育的

在试图让人类和灵长目动物杂交方面，苏联生物学家伊里亚·伊万诺维奇·伊万诺夫是走得最远的科学家（俄罗斯科学院，自然科学与技术历史研究所）

方法申请了专利。这位生物学家认为该项目在技术上是可行的，尽管他本人从来没有打算制造一个猩猩人，他只是想要阻止某些坏人先获得专利（2005年，专利局驳回了这一申请，其中一个原因是，为半个人申请专利可能违反了宪法第13修正案禁止奴役和拥有另一个人的规定）。然而，该方法不需要实际的杂交——不需要混合两个物种的DNA。这是因为黑猩猩和人类的胚胎细胞只在受精后才会接触，所以身体里的每一个细胞都保留了完全的黑猩猩本性或完全的人类本性。这种生物应该是嵌合体，而非杂交体。

如今，科学家可以很容易地把人类DNA拼接到黑猩猩胚胎中

（反之亦然），但这只是生物学上的微调。真正的杂交需要传统的精子和卵子的对半混合，今天几乎所有受人尊敬的科学家都认为人类与黑猩猩之间的受精结合是不可能的。首先，形成受精卵的分子以及使受精卵分裂的分子在每个物种中都是独特的。而且，即使真的形成了可存活的猩猩人受精卵，人类和黑猩猩的调控DNA也非常不同。因此，让所有的DNA合作，同步打开和关闭基因，制造正确的皮肤细胞、肝脏细胞，尤其是脑细胞，将是一项艰巨的工作。

怀疑人类和黑猩猩无法生育后代，另一个原因是这两个物种的染色体数量不同，这个事实是在伊万诺夫时代之后才发现的。在20世纪的大部分时间里，获得准确的染色体计数是一件非常非常麻烦的事。除了细胞分裂前的短暂时刻——形成紧凑染色体的时候，DNA在细胞核内保持着相当纠缠的状态。染色体还有一个坏习惯，那就是在细胞死亡后融为一体，这使计数更加困难。因此最容易计数的是经常分裂的、刚刚死亡的细胞样本，比如雄性生殖腺内制造精子的细胞。即使在20世纪初，找到新鲜的猴子睾丸也并不困难（天知道他们那时杀死了多少猴子），生物学家确定，人类的灵长目近亲，比如黑猩猩、红毛猩猩和大猩猩，都有48条染色体。但挥之不去的禁忌使科学家很难获得人类睾丸。那时的人们还不会把尸体捐献给科学研究，一些绝望的生物学家——就像文艺复兴时期的那些盗墓的解剖学家——潜伏在镇上的绞刑架附近，摘取死刑犯的睾丸。除此之外，没有其他获得新鲜样本的方法。

考虑到环境艰难，对人类染色体数量的研究仍然很粗略，猜测的数字从16到50多不等。尽管已经计数了很多其他物种的染色体，一些欧洲科学家仍然基于种族理论而宣称，亚洲人、黑人和白人的染色体数量明显不同（没有必要猜测他们认为谁的染色体最多）。1923年，得克萨斯州生物学家费洛普勒·皮特——后来在果蝇身上发现了巨大的唾液腺染色体——用一项决定性的研究最终推翻了染色体数量不一的理论（皮特并没有依赖刑事司法系统获得原材料，而是多亏了他以前的一个学生在精神病院工作，可以接触到刚被阉割的囚犯）。但即使在最好的显微镜玻璃片上，皮特也只能看到人类细胞有46条或48条染色体，他一圈又一圈地从每个角度数了一遍又一遍，最终仍然无法确定。也许是担心不确定的结论会导致他的论文被拒绝，皮特承认了自己的困惑，深吸了一口气，然后猜了一个——猜错了。他说人类有48条染色体，这就成了标准数字。

30年后，更好的显微镜诞生了（加上对人体组织的限制放宽了），科学家纠正了这个尴尬的错误。到1955年，他们知道人类有46条染色体。但和经常发生的情况一样，揭开一个谜团就会产生另一个谜团：现在科学家必须弄清楚，人类为什么少了2条染色体?

出人意料的是，他们认为导致这个过程的原因类似于“费城易位”。大约100万年前，在某个命中注定的男人或女人身上，人类的12号染色体和13号染色体（现在仍然是许多灵长目动物的12号染色体和13号染色体）的尖端缠绕在一起，试图交换物质。但这两条染色体没有彻底分开，而是卡住了。它们的末端融合在一起，就像一条皮带扣在另一条皮带上。这种结合最终成为人类的2号染色体。

像这样的融合其实并不罕见——每一千名新生儿就会发生一次，而且大多数尖端融合都不会被注意到，因为它们不会影响任何人的健康（染色体的尖端通常没有基因，所以没有任何东西被破坏）。但是请注意，一次融合并不能解释染色体从48条减少到46条。一次融合会使人的染色体变成47条，而同一个细胞内几乎不可能发生两次完全相同的融合。即使下降到47条，这个人仍然需要把自己的基因传递下去，这将是严峻的障碍。

科学家终于弄清楚了原因。让我们回到100万年前，当时大多数原人都有48条染色体，而我们假设一个叫“盖伊”的人有47条染色体。再说一次，一条染色体的尖端融合并不会影响盖伊的日常健康。但奇数条染色体会严重削弱他的精子活力，原因很简单（如果你更愿意设想一位女性，那么同样的论点也适用于她的卵子）。假设融合之后，盖伊有一条正常的12号染色体，一条正常的13号染色体，还有一条12–13杂交染色体。在产生精子的过程中，他的身体必须将这三条染色体分裂成两个细胞；如果你计算一下，会发现只有几种可能的方式。{12}和{13,12–13}，或者{13}和{12，12–13}，或者{12，13}和{12–13}。前四种精子要么缺一条染色体，要么多一条复制品，这对于胚胎来说相当于毒药。后两种精子的DNA与正常孩子的DNA数量相当，但只有在第六种情况下，盖伊才会遗传融合的染色体。总之，因为这个奇数，盖伊的孩子有2/3死在子宫里，只有1/6继承了融合染色体。但是任何具备融合染色体的孩子（名叫“朱尼尔”），在试图生育时都会面临同样可怕的概率。这不是传播融合染色体的好方法，强调一下，仍然有47条染色体，而不是46条。

盖伊需要一个拥有相同融合染色体的女人（名叫“多尔”）。两个具有相同融合染色体的人相遇并生下孩子，这个概率微乎其微。的确如此，除非是在近亲繁殖的家族。亲人之间有足够多的共同基因，如果一个人有融合染色体，那么他的表亲或半同胞[1]具有相同融合染色体的可能性便不为零。更重要的是，尽管盖伊和多尔生下健康孩子的概率仍然很低，但基因轮盘赌每转36次（因为1/6 × 1/6=1/36），孩子就有可能继承两条融合染色体，导致他

1 半同胞（half sibling）是指同父异母或同母异父的兄弟姐妹。

有46条染色体。这样做的好处是，朱尼尔和他的46条染色体将更容易生育孩子。记住，融合本身并不会关闭或破坏染色体的DNA，世界上很多健康的人都有融合染色体。只有生育会变得麻烦，原因是染色体融合导致胚胎中的DNA过剩或缺失，但朱尼尔的染色体为偶数条，他的精子细胞不会有任何错乱，每个精子细胞都有正确数量的DNA，只是包装不一样。因此，他的所有孩子都会很健康。如果他的孩子开始有自己的孩子——尤其是与46条或47条染色体的其他亲戚，融合染色体就会开始传播。

科学家也知道，这种情况不仅仅是假设。2010年，一名医生发现了一个有近亲通婚史的家族。在家系图的各种重叠分支上，他发现了一个有44条染色体的男性。这个家族的14号染色体和15号染色体融合了，而且就像盖伊和多尔的例子，他们曾经有过流产的残酷记录。但在这些悲剧中，却出现了一个非常健康的男人，他少了2条染色体，从100万年前我们的祖先开始朝着46条染色体发展以来，这是已知的第一例稳定减少*。

在某种意义上，费洛普勒·皮特是正确的：在我们的灵长目动物历史中，人类的染色体数量确实在大多数时候与许多灵长目动物相同。如果没有这种转向，伊万诺夫梦寐以求的杂交种是很有可能的。拥有不同数量的染色体并不必然会阻止生育，马有64条染色体，而驴只有62条。但同样，当染色体数量不一致时，分子的齿轮和轮齿就不会平滑地转动。事实上，皮特在1923年发表了他的研究——早于伊万诺夫的实验。如果皮特猜的是46条，那可能会严重打击伊万诺夫的希望。

事实上，在人类进化的大部分时间里，我们可能和伊万诺夫的灵长目动物一样挑剔且脆弱：寒流、栖息地丧失和自然灾害似乎一次又一次地使人类种群数量锐减。这并不是遥远的历史，我们仍然在应对它的后果。请注意，我们解释了人类基因的一个谜团——近亲通婚的家族如何丢掉了2条染色体，却又提出了另一个谜团——新的DNA如何变成所有人类的标准DNA。事情可能是这样的：古代的12-13染色体融合创造了巧妙的新基因，给家族带来了生存优势。但也可能不是，一个更合理的解释是，我们遭遇了遗传瓶颈，某种东西消灭了地球上的所有人，只剩下几个部落，那些愚蠢但幸运的幸存者已经将基因广泛地传播。有些物种被困在瓶颈中，永远无法逃脱，比如尼安德特人。人类DNA上的伤疤表明，我们曾经勉强通过了一些非常狭窄的瓶颈，差一点就和浓眉的同胞一样进入了达尔文的垃圾箱。

第三部分

基因与天才

人类如何变得太人类

第十章

鲜红的A、C、G、T：

为什么人类几乎灭绝？

金色面糊里的脆老鼠，美洲豹的排骨，犀牛肉饼，大象鼻子，早餐要吃的鳄鱼，切片的鼠海豚脑袋，马的舌头，袋鼠火腿。

是的，威廉·布克兰（William Buckland）的家庭生活有点不正常。在他牛津的家中，一些访客印象最深的是，前门走廊像地下墓穴一样摆着咧嘴笑的怪物头骨化石。其他人还记得那些来回转悠的猴子，或者戴着学位帽、穿着学位服的宠物熊，以及在餐桌下咬人脚趾的豚鼠（至少在某天下午家里的鬣狗压扁它之前）。19世纪的博物学家同行还记得布克兰关于爬行动物性行为的粗俗讲座（年轻的查尔斯·达尔文认为他是个小丑，《伦敦时报》则认为布克兰需要“在女士面前”注意形象）。没有一个牛津人会忘记他在草坪上的行为艺术：用蝙蝠粪便在草坪上写“G-U-A-N-O”[1]，目的是宣传它可以作为肥料。整个夏天，这个词都闪耀着绿色。

但大多数人记得威廉·布克兰是因为他的饮食习惯。作为圣经地质学家，布克兰非常重视挪亚方舟的故事[2]，他几乎把挪亚方舟里的动物吃了个遍，并把这种习惯称为“食肉性”（zoophagy）。他可以吞下任何野兽的任何肉或液体，无论是血液、皮肤、软骨

1 海鸟粪（Guano），原意是指海鸟、蝙蝠或海豹的排泄物与动植物残体混合而成的一种细颗粒混合物，可以作为高效的肥料。

2 在《圣经·创世记》中，上帝发现世间有很多邪恶的行为，于是计划用洪水消灭恶人。但他也发现，人类中有一个叫挪亚的好人，于是他把洪水的消息透露给挪亚，指示他建造一座方舟。当洪水来临时，挪亚把自己的家人带上方舟，同时还有各种动物。

威廉·布克兰几乎吃遍了动物界（Antoine Claudet）

还是更糟糕的东西。有一次他参观一座教堂，当地的一位牧师正在炫耀每天夜晚从房椽上滴下来的神奇的“殉道者之血”，这时布克兰伏在石头地板上，用舌头舔舐血迹，把牧师吓了一跳。他一边舔，一边说：“这是蝙蝠尿。”总之，布克兰几乎吃得下任何动物，他曾经自言自语地说：“最令我作呕的是鼹鼠的味道，直到我尝了一只丽蝇。”*

也许布克兰偶然发现了自己的“食肉性”：他在欧洲的某个偏远地方收集化石，那里没有食物可供选择。也许它源自一个轻率的计划：他挖掘出了灭绝动物的骨头，想要进入它们的思想。但主要的原因可能是，他喜欢吃烧烤，而且一直保持着这种过度食肉的习惯，直到晚年。但在某种意义上，最神奇的不是布克兰饮食的多样性，而是布克兰的肠道、动脉和心脏能消化这么多肉，几十年的时间都没有硬化成19世纪的人体标本。我们的灵长目表亲不可能在相同的饮食中活下去，甚至不可能接近这一水平。

猴子和类人猿的臼齿和胃适合吃浆果，它们在野外主要吃素食。一些灵长目动物，比如黑猩猩，平均每天要吃几盎司的蚂蚁或其他动物，它们还喜欢时不时吃一些“手无寸铁的”小型哺乳动物。但对于大多数猴子和类人猿，高脂肪、高胆固醇的饮食会破坏它们的内脏。相比于现代人类，它们的身体会以极快的速度恶化。经常吃肉（和乳制品）的圈养灵长目动物，到头来往往会在笼子里气喘吁吁，胆固醇高达300，动脉上沾满了脂肪。我们的原人祖先当然也吃肉，他们在成堆的大型哺乳动物骨头旁边留下了大量的石刀，这并不是巧合。但在漫长的岁月里，早期人类因为爱吃肉而遭受的痛苦可能并不比猴子少——旧石器时代的“猫王”在草原上游荡。

所以，从那时到现在，从古代非洲不会说话的“笨蛋”到牛津的威廉·布克兰，是什么发生了变化？是我们的DNA。自从我们与黑猩猩分离以来，人类的*apoE*基因（载脂蛋白E基因）发生了两次突变，给了我们不同的版本。总的来说，它是人类“食肉基因”最有力的候选者（尽管不是唯一的候选者）。第一个突变加强了白细胞的性能，白细胞的作用是攻击微生物，比如残留在生肉里的致命微生物。它还可以防止慢性炎症，即微生物感染一直未完全清除而引发的附带组织损伤。不幸的是，*apoE*基因可能会拿我们的长期健康换取短期利益：我们可以吃更多的肉，但它使我们的动脉看起来像起酥油罐头的内部。对我们来说幸运的是，22万年前发生了第二次突变，它有助于分解讨厌的脂肪和胆固醇，防止我们过早衰老。更重要的是，通过清除身体中的食物毒素，它使细胞更健康，使骨骼更致密，在中年时更不易折断，进一步防止过早死亡。因此，尽管早期人类的饮食是真正的罗马狂欢宴，但*apoE*等基因帮助他们多活了一倍的时间。

不过，在庆幸人类得到了比猴子更好的*apoE*基因之前，有几点需要说明。首先，有砍痕的骨头和其他考古证据表明，在抗胆固醇的*apoE*基因出现之前，也就是至少250万年前，人类就已经开始吃肉了。因此，在数百万年的时间里，我们要么太迟钝，没有将吃肉和提前退休联系起来；要么太可怜，不吃肉就无法获得足够的能量；要么太放纵，无力拒绝明知会致命的食物。更令人不快的，是早期*apoE*突变的杀菌性质所蕴含的意义。考古学家发现了40万年前的锋利木矛，所以当时的一些穴居人已经往家里带培根了。但在那之前呢？缺乏适当的武器，以及*apoE*基因对抗微生物——微生物生长在不新鲜的腐肉上，暗示着原人吃动物的尸体和腐烂的剩菜。最好的情况是，我们等着其他动物杀死猎物，然后我们吓跑捕食者、偷走猎物——这很难说是英勇的伟业。（但至少我们还有同类。一段时间以来，科学家一直在为霸王龙争论不休：是白垩纪的头号杀手，还是可恶的抢食者？）

DNA再一次让我们感到羞辱和困惑。DNA研究改变了我们对古代自我的认知：填补了一些叙事中被遗忘的细节，推翻了另一些叙事中被坚持的谬见，但总是揭示了原始人类的历史有多么令人担忧。*apoE*基因只是众多案例中的一个。

要了解DNA可以在多大程度上补充、注释或重写古代史，我们可以回顾一下学者们最开始挖掘和研究人类遗骸的那些日子，这是考古学和古生物学的开端。这些科学家一开始对人类起源充满了信心，然后被令人不安的发现弄得惊慌失措，直到最近才逐渐清晰（尽管还没有完全弄清楚），这主要归功于遗传学。

除了非自然的情况，比如荷兰水手屠杀渡渡鸟，在1800年之前，几乎没有科学家相信物种会灭绝。它们本来就是这样被创造出来的。但1796年，法国博物学家让-利奥波德-尼古拉斯-弗雷德里克·居维叶（Jean-Léopold-Nicolas-Frédéric Cuvier）推翻了这一观点。居维叶是个令人敬畏的人，他一半是达尔文，一半是马基雅维利。他后来与拿破仑交好，乘着这位小独裁者的蓝色燕尾服登上了欧洲科学权力的巅峰。在生命的尽头，他成了居维叶男爵。但在他的一生中，居维叶男爵证明了自己是有史以来最伟大的博物学家（他的权力是应得的），他创建了一个权威的案例，即物种可能会灭绝。他的第一条线索是在巴黎附近的一个采石场出土的古代厚皮动物，它没有活着的后裔。更了不起的是，居维叶推翻了关于"*Homo diluvii testis*"骨架的古老传说。这些骨头是几年前在欧洲出土的，看起来像四肢发育不良的畸形人。民间传说认为，"他"是上帝用洪水消灭的淫荡堕落的恶人之一。更加审慎的居维叶准确地辨认出了那具骨架：一种很久以前就从地球上消失了的巨型蝾螈[1]。

然而，并非所有人都相信居维叶的"物种无常"的观点。热情的业余博物学家（兼美国总统）托马斯·杰斐逊（Thomas Jefferson）命令刘易斯和克拉克[2]在路易斯安那州境内密切关注巨型树懒和乳齿象。这两种生物的化石以前都在北美洲发现过，吸引了大批人去挖掘地点（查尔斯·威尔逊·皮尔的画作《乳齿象的挖掘》优雅地捕捉到了这一场景）。出于爱国，杰斐逊想要找到这些野兽的鲜活样本，他非常讨厌欧洲的博物学家，他们从来没有抵达美洲的海洋，就把这里的动物贬低为多病、虚弱、矮小，这种势利的理论被称为"美洲退化"。杰斐逊希望证明美洲的野生动物和欧洲的野兽一样庞大、多毛、刚健，他希望乳齿象和巨型树懒仍然在北美大平原上游荡（或缓慢爬行），其背后的信念

1 即薛氏鲵（*Andrias scheuchzeri*），它最早的学名*Homo diluvii testis*的字面意思是"见证大洪水的人"。

2 1804年，美国陆军的梅里韦瑟·刘易斯（Meriwether Lewis）上尉和威廉·克拉克（William Clark）少尉，根据杰斐逊总统的命令，带领探险队横越北美大陆。史称"刘易斯与克拉克远征"。

查尔斯·威尔逊·皮尔（Charles Willson Peale）的《乳齿象的发掘》（*The Exhumation of the Mastodon*），展现了1801年在纽约发现乳齿象骨骼的过程。美国总统托马斯·杰斐逊认为，乳齿象一定仍在北美各地笨拙地活动，并命令刘易斯和克拉克注意观察（MA5911，图片来源：马里兰历史学会）

是物种不会灭绝。

威廉·布克兰更倾向于冷静的灭绝主义者，而不是易怒的非灭绝主义者，但他以特有的浮夸方式为这场辩论做出了贡献。在蜜月期间，布克兰拖着妻子在欧洲各地寻找标本，即使徒步前往偏远的露头[1]、用鹤嘴锄在岩石中寻找化石，他也坚持穿着黑色的学位服，戴着大礼帽。除了骨头，布克兰还沉迷于"粪化石"（coprolite），即动物粪便化石，他慷慨地把这些化石捐赠给博物馆。但布克兰的发现令人激动万分，足以让人们原谅他的怪癖。有一次，他在约克郡挖掘出了一个古老的地下食肉动物的巢穴，发现

1　露头，地质学术语，指地球表面突出可见的岩床或表面沉积物。

了大量粗糙的牙齿和被啃过的骨头，令公众惊叹不已。这项工作有极大的科学价值，并支持了灭绝主义者的观点：该食肉动物是洞鬣狗（cave hyena），由于英格兰已经没有这种鬣狗，它们一定已经灭绝了。更深刻也更合适（考虑到他喜欢吃肉）的是，布克兰把从英国采石场挖掘出来的一些巨大骨头鉴定为一种新的巨大爬行动物，这是有史以来最可怕的食肉动物——恐龙——的第一个例子。他将其命名为“斑龙”（*Megalosaurus*）*。

无论布克兰多么相信动物会灭绝，但对于“是否存在过古代人类血统”这个更有深意的问题，他一直犹豫不决，甚至含糊其词。布克兰是牧师，但他并不相信《旧约》的每一个字都是准确的。他推测在“起初”[1]之前就已经存在地质时代，那个时代充斥着斑龙这样的动物。然而，和几乎所有的科学家一样，布克兰不愿意在人类起源和上帝造物方面与《创世记》发生矛盾。1823年，布克兰发掘出了迷人的“帕维兰的红夫人”——一具戴着贝壳首饰、涂有红赭石妆的骨架，他忽略了大量的相关证据，认为她是一个不早于罗马时代的女巫或妓女。实际上，这位“夫人”已经3万岁了（而且是个男人）。布克兰还否定了在另一个地点发现的明显证据——有缺口的燧石工具，这些工具与猛犸、剑齿虎等《创世记》之前的野兽出现在同一土壤层。

更不可原谅的是，布克兰几乎在有史以来最壮观的考古发现上扔了一颗冒着热气的粪化石。1829年，菲利普-夏尔·施梅林（Philippe-Charles Schmerling）在比利时发掘出了一些古老的动物遗骸，其中有一些不可思议的“像人类但不完全是人类”的骨头。根据这些骨头，特别是一个儿童的颅骨碎片，他认为它们属于一个已经灭绝的原始人类物种。1835年，布克兰在一次科学会议上检查了这些骨头，但他并没有摘掉自己的圣经眼罩。他不同意施

1 “起初”是《旧约·创世记》的第一句话的第一个词，完整的经文是“起初神创造天地”。

梅林的理论，他也没有平静地陈述自己的观点，而是开始羞辱施梅林。布克兰经常宣称，由于各种化学变化，化石骨头会自然地粘在舌头上，新鲜的骨头则不会。在会议上的一场讲座中，布克兰把施梅林在原始人类遗骸中发现的一块动物骨头（熊骨）放在自己的舌头上。熊骨粘得很牢，布克兰继续演讲，熊骨滑稽地晃动。他接着挑战施梅林，让他把“灭绝的人类”的骨头粘在自己的舌头上，它们掉了下来，所以它们并不古老。

尽管几乎没有确凿的证据，但古生物学家将这种驳斥铭记在心。因此，在1848年，当直布罗陀出土了更多神秘的颅骨时，谨慎的科学家选择忽略它们。8年后，也就是最后一位“大洪水科学家”布克兰去世后几个月，矿工在德国尼安德河谷的一个石灰石采石场发现了更多奇怪的骨头。一位学者受布克兰的启发，认为它们属于一个畸形的哥萨克人——他被拿破仑的军队打伤，爬进悬崖边的一个洞穴里死去。但这一次，另外两名科学家再次主张这些遗骸属于一种独特的原始人类谱系，一个比《圣经》中的以实玛利人[1]更被排斥的种族。也许有帮助的是，在各种各样的骨头中，这两个人发现了一个下至眼眶的成年人头盖骨，它突出了我们仍能想到的尼安德特人的那种浓厚怒视的眉毛*。

随着查尔斯·达尔文的一本书在1859年出版，睁开眼睛的古生物学家开始在非洲、中东和欧洲各地发现尼安德特人和相关的原始人。古人类的存在已成为科学事实。但可以预见，新的证据引发了新的困惑。当岩层变形的时候，地下的骨骼就会移动，使我们无法确定年代或做出解释。骨头会七零八落，或者被碾成碎片，迫使科学家用几枚散落的臼齿和跖骨重建整个生物，这是一个主管的过程，可能会产生分歧和不同解释。科学家并不一定能

1　以实玛利人是以实玛利的后代。在《创世记》中，以实玛利是亚伯拉罕的庶出的儿子，他的母亲是亚伯拉罕妻子的女仆，在以实玛利出生后，母子二人都被赶走了。

找到具有代表性的样本：如果公元1000000年的科学家发现了威尔特·张伯伦、“拇指将军汤姆”和约瑟夫·梅里克的遗骸[1]，会把他们归为同一个物种吗？正因如此，19世纪和20世纪每一次关于“人属甲”和“人属乙”的新发现，都会引发进一步的、往往令人不快的争论。几十年过去了，根本问题还是没有得到解决。（所有的古代原人都是我们的祖先吗？如果不是，人类有过多少个分支？）就像一个老笑话所讲的，把20个古生物学家放在一个房间里，你会得到21种不同的人类演化方案。研究古人类遗传学的世界级专家斯万特·佩博[2]曾指出：“我经常对科学家在古生物学上的争论感到很惊讶……我想原因是古生物学是一门缺乏数据的科学。世界上的古生物学家可能比世界上的重要化石还要多。”

20世纪60年代初，当遗传学入侵古生物学和考古学的时候，情况就是这样——“入侵”这个词再合适不过了。尽管争论不休，尽管过程曲折，尽管工具陈旧，但古生物学家和考古学家还是找到了很多关于人类起源的信息。他们不需要拯救，谢谢了。因此，他们中的许多人对生物学家的入侵感到愤怒——生物学家带着DNA时钟和基于分子的家系图，打算用一篇论文推翻几十年的研究。（一位人类学家嘲讽严格的分子方法“没有混乱，没有忙乱，没有皲裂的手。只需要把一些蛋白质扔进实验室仪器，摇一摇，就搞定了！——我们解决了困扰三代人的问题”。）事实上，老科学家的怀疑主义是有道理的：事实证明，古遗传学极其艰难，尽管他们的想法很有前途，但古遗传学家不得不花数十年时间证明这些想法的价值。

---

1 威尔特·张伯伦（Wilt Chamberlain），美国职业篮球联赛（NBA）前职业篮球运动员，拥有巨大的手掌。“拇指将军汤姆”原名查理斯·舍伍德·斯特拉顿（Charles Sherwood Stratton），美国马戏团演员，侏儒症患者，身高只有64厘米。约瑟夫·梅里克（Joseph Merrick）是一位身体严重畸形的英国人，他以“象人”的形象出现在畸形秀中，电影《象人》（*The Elephant Man*）改编自他的真实经历。

2 斯万特·佩博（Svante Pääbo）已经在2022年获得诺贝尔生理学或医学奖。

古遗传学的一个难题是DNA在热力学上不够稳定。随着时间的推移，碱基C在化学上降解为T，G在化学上降解为A，所以古遗传学家有时不能相信他们在古代样本中读到的东西。而且，即使在最寒冷的气候中，DNA在10万年后也会分解成毫无意义的废话；更老的样本几乎没有完整的DNA。即便在相对较新的样本中，科学家可能也需要把一些50个字母长的片段拼凑成10亿个碱基对的基因组，相当于用笔画、线圈、衬线以及比字母“i”还小的碎片重建一本典型的精装书。

这些碎片大部分都毫无价值。无论尸体倒在哪里——最寒冷的极地冰盖，最干燥的撒哈拉沙丘，细菌和真菌都会在里面蠕动，留下自己的DNA。一些古代骨头含有99%以上的外来DNA，需要非常辛苦地提取所有的DNA，这还只是处理起来相对容易的污染。人类的接触很容易散播DNA（甚至触摸和呼吸也会污染样本），古人类的DNA与我们自己的DNA非常相似，因此几乎不可能排除样本中的人类污染。

这些障碍（加上多年来一些令人尴尬的撤稿）使古遗传学家几乎陷入了对污染的偏执，他们强烈要求那种控制和安保措施，似乎更适合生物战实验室。古遗传学家更喜欢没有人类接触过的样本——在理想情况下，是来自偏远挖掘地点的脏兮兮的样本，工作人员戴着外科口罩和手套，把所有东西扔进无菌袋。毛发是最好的材料，因为它吸收的污染物较少，而且可以漂洗干净，但古遗传学家觉得骨头就够了，因为骨头不像毛发那么脆弱（未受污染的挖掘地点很少，所以他们通常满足于博物馆储物柜里的骨头，尤其是那些以前从未有人费心研究过的无聊骨头）。

科学家把选好的样本放在“无尘室”——无尘室的气压高于正常气压，所以当门打开的时候，气流，特别是飘浮在气流中的DNA片段，不会进入室内。任何进入房间的人，都要从头到脚穿着无菌手术服和靴子，戴着口罩和两副手套，他们已经习惯了大部分表面上有消毒剂的气味（一个实验室吹嘘，它的技术人员可以穿着手术服，同时用消毒剂沐浴）。如果样本是骨头，科学家会用牙钻或凿子刮掉几克粉末。他们甚至可能改造牙钻，使其以每分钟只有100转，因为标准的每分钟1 000转的牙钻，其热量会把DNA烤焦。然后，他们用化学物质溶解粉末，从而释放出DNA。这时，古遗传学家经常给每个DNA片段添加标记，即人造DNA的片段。如此一来，他们就可以判断在样品离开无尘室后，是否有不带标记的*外来DNA渗透到样本中。科学家可能还会记录实验室技术人员和其他科学家（甚至还有看门人）的种族背景，这样如果出现了意料之外的种族序列，他们可以判断样本是否受到了损害。

在所有的准备工作之后，真正的DNA测序就开始了。我们稍后会详细讨论这个过程，但大体上科学家首先确定每个DNA片段的A-C-G-T序列，然后用复杂的软件把很多、很多片段拼接起来。考古学家已经成功地将这一技术应用于斑马标本、洞熊颅骨、猛犸毛发、琥珀蜜蜂、木乃伊皮肤，甚至包括布克兰心爱的粪化石。但最惊人的工作来自尼安德特人的DNA。在发现尼安德特人之后，许多科学家把它们归为“古人类”——最早的“进化缺失的一环”（以前这个比喻还没有那么无聊）。其他人认为尼安德特人有自己的进化分支，一些欧洲科学家则认为尼安德特人只是部分人类的祖先，而不是所有人类的祖先（你可以猜到他们选择了哪些种族——非洲人和澳大利亚土著）。抛开确切的分类不谈，科学家认为尼安德特人愚蠢而浅薄，它们的灭绝并不令人惊讶。最后，一些反对者提出，尼安德特人表现出来的智慧超过了我们所看到的：它们使用石器，掌握火，埋葬死者（有时用野花），照顾弱者和瘸子，可能还佩戴珠宝和演奏骨笛。但科学家无法排除一种可能性，即尼安德特人首先看到人类做这些事情，然后开始模仿人类——这并不需要很高的智力。

但是，DNA永远地改变了我们对尼安德特人的看法。早在1987年，线粒体DNA就已经表明，尼安德特人不是人类的直系祖先。与此同时，完整的尼安德特人基因组在2010年诞生，事实证明，漫画《远方》[1]的许多笑料其实是典型的人类行为，我们和它们共享99%的基因组。在某些情况下，这种相似是很普通的：尼安德特人可能有红头发和白皮肤，有世界上最常见的O型血。和大多数人类一样，成年后它们无法消化牛奶。其他的发现更为深刻。尼安德特人有类似的MHC免疫基因，也有和语言能力相关的*foxp2*基因，这意味着它们可能善于表达。

目前尚不清楚尼安德特人是否有*apoE*基因的替代版本，但它们从肉中获得的蛋白质比我们多，因此可能具有一些代谢胆固醇和抗感染的遗传适应。事实上，考古证据表明，尼安德特人甚至会毫不犹豫地吃掉死去的同类，这也许是一种原始萨满仪式，也许是出于更黑暗的原因。在西班牙北部的一个洞穴里，科学家发现了12具尼安德特人遗骸，其中有成年人也有儿童，许多人是亲戚，它们于5万年前被谋杀。在谋杀之后，那些可能已经饿到极点的袭击者用石器肢解它们，敲骨吸髓，吃掉了所有能吃的东西。这是一个恐怖的场景，但正是从这1 700块骨头中，科学家获得了他们关于尼安德特人DNA的大部分早期知识。

无论你喜不喜欢，有类似的证据表明人类也会同类相食。毕竟，每个100磅的成年人可以为饥饿的战友提供40磅宝贵的肌肉蛋白，以及可食用的脂肪、软骨、肝脏和血液。更令人不安的是，长期以来的考古证据表明，人类即使在不饿的时候也会吃掉同类。

---

1 《远方》(*Far Side*)是漫画家加里·拉森(Gary Larson)的作品，从1979年开始创作。《远方》以单格漫画的形式呈现，其中有许多内容涉及尼安德特人。

但多年来一直存在一个问题：大多数非饥饿状态下的同类相食，是受宗教驱使的主动行为，还是日常的饮食习惯？DNA表明，是日常的饮食习惯。世界上所有已知的族群都有两种遗传特征之一，可以帮助我们的身体抵抗吃人肉带来的某些疾病，特别是因为吃人脑而导致的类似于疯牛病的疾病。如果不是曾经非常必要，这些防御性DNA几乎肯定不会在全球范围内固定下来。

同类相食的DNA已经表明，科学家获取关于人类历史的信息，并不完全依赖于古代文物。现代人类DNA也提供了线索。当科学家开始调查现代人类DNA时，他们注意到的第一件事就是它缺乏多样性。人类大约有80亿，相比之下，生活在今天的黑猩猩和大猩猩都只有大约15万。然而，人类的基因多样性却远远小于这些猴子。这表明在不久前，世界范围内黑猩猩和大猩猩的数量远远多于人类的数量，可能超出了好几倍。如果《濒危物种法》（Endangered Species Act）存在于那个时候，智人可能就相当于旧石器时代的熊猫和秃鹫。

关于人类为什么减少了那么多，科学家持有不同的看法。但辩论可以追溯到最早出现在威廉·布克兰时代的两个不同的理论，或者确切地说，两种不同的世界观。在那之前，几乎所有科学家都支持“灾变论”史观，即洪水、地震等灾变迅速地塑造了地球，在一个漫长的周末匆匆建造山脉，一夜之间就灭绝了物种。年青一代——尤其是布克兰的学生，地质学家查尔斯·莱尔（Charles Lyell）——倡导“渐变论”，认为风、潮汐、侵蚀等温和力量缓慢地塑造着地球及其居民。出于各种原因（包括一些死后的“抹黑攻击”），渐变论与真正的科学联系在一起，灾变论则让人联想到懒惰的推理和戏剧性的圣经奇迹。到20世纪初，灾变论本身已经在科学中被彻底摧毁（这是温和的说法）。但最终，钟摆又摆了回来，灾变论再次得到尊重：1979年，地质学家发现，一颗城市大小的小行星或彗星帮助消灭了恐龙。从那以后，科学家达成共识：他们可以对大部分历史持渐变论的观点，但同意曾经发生过一些近乎末日的事件。但是，这种共识导致了更奇怪的事情：人们很少关注另一场古代灾难，尽管它最早的迹象出现在“恐龙撞击坑”的一年之内。特别是考虑到一些科学家认为多巴超级火山（Toba supervolcano）几乎消灭了一个比恐龙更珍贵的物种——智人。

要理解多巴火山，需要一点想象力。多巴火山是——或者说，在650立方英里的山体被炸掉之前，曾经是——位于印度尼西亚的一座火山，在7万多年前爆发。但由于没有幸存的目击者，为了更好地理解它的恐怖，我们可以将它与该群岛历史上已知的第二大火山爆发进行对比（无论多么模糊），即1815年的坦博拉火山爆发。

1815年4月初，三根《出埃及记》（Exodus）里的火柱从坦博拉火山的山顶喷涌而出。迷幻的橙色岩浆冲下山坡，导致数万人死亡，5英尺高、时速150英里的海啸袭击了附近的岛屿。1 500英里外（大约是从纽约到南达科他州中部的距离）的人们听到了最初的爆炸声，当浓烟上升到10英里高的天空时，周围数百英里的世界一片漆黑。浓烟中有大量含硫的化学物质。最开始，气溶胶似乎无害，甚至令人愉悦：在英格兰，它增强了那个夏天夕阳的粉色、橙色和血红色，这是美妙绝伦的戏剧性场面，可能影响了画家约瑟夫·玛罗德·威廉·特纳（J. M. W. Turner）的土地景观和太阳景观。后来的影响就没那么可爱了。1816年，也就是著名的“无夏之年”，含硫喷发物均匀地混合在高层大气中，并开始将阳光反射回太空。这种热量损失在刚成立的美国造成了罕见的七八月暴风雪，导致农作物大面积歉收（包括托马斯·杰斐逊在蒙蒂塞洛种的玉米）。在欧洲，拜伦勋爵于1816年7月写了一首可怕的诗《黑暗》（*Darkness*），开头写道："我曾有个似梦非梦的梦境。/明亮的太阳熄灭……/早晨来而复去——白昼却不曾降临，/人们……都自私地祈求黎明。"那年夏天，碰巧有几个作家和拜伦一起在日内瓦湖畔度假，但他们觉得天气太沉闷了，大部分时间都待在室内生气。为了开导自己的情绪，一些人开始讲鬼故事取乐，其中一个故事就是年轻的玛丽·雪莱（Mary Shelley）创作的《弗兰肯斯坦》（*Frankenstein*）。

现在，记着坦博拉火山的情况，然后想象一下：多巴火山喷发的规模是坦博拉火山的5倍，喷射的物质比坦博拉火山多十几倍——峰值时每秒钟有数百万吨蒸发的岩石*。多巴火山的黑色烟雾就像巨大的巴西利斯克[1]，比坦博拉火山的烟雾庞大得多，能够相应地造成更大的破坏。由于盛行风的影响，大部分烟柱向西飘移。一些科学家认为，当烟雾横扫南亚、掠过人类居住的非洲草原时，DNA瓶颈就开始了。根据这个理论，破坏分为两个阶段。从短期来看，多巴火山使太阳暗淡了6年，扰乱了季节性降雨，阻塞了河流，把大量的炽热火山灰撒向大片的植物（想象倾倒一个巨大的烟灰缸），而植物是主要的食物来源。不难想象，人口骤然下降。其他灵长目动物遭受的痛苦可能一开始较小，因为人类的宿营地在非洲的东部边缘，正好是多巴火山喷发物会经过的地方，而大多数灵长目动物生活在内陆，可以躲在山后。但即使多巴火山暂时放过了其他动物，也没有谁能逃脱第二阶段。地球在公元前7万年已经陷入了一次冰期，而阳光持续反射到太空中很可能加剧了这一情况。有证据表明，某些地方的平均温度下降了20多摄氏度，从那以后，非洲大草原（我们的古代家园）可

1 巴西利斯克，欧洲传说中的"蛇类之王"，关于它的形象有三种不同的描述：巨大的蜥蜴、巨大的蛇，或者鸡身蛇尾的怪物。

能像8月高温下的水坑一样缩小了。总之，多巴-瓶颈理论认为，最初的火山爆发导致了大范围的饥荒，而冰期的加剧才是真正限制人口的原因。

在多巴火山附近，猕猴、红毛猩猩、老虎、大猩猩和黑猩猩的DNA也显示出了一些瓶颈效应的迹象，但人类真的饱受磨难。一项研究表明，当时全球人口可能已经下降到只有40个成年人（电话亭塞人的世界纪录是25人）。即使在支持灾变论的科学家中，这也是一个极其悲观的猜测，但常见的估计是几千个成年人，比美国职业棒球小联盟的一些球队吸引的人还要少。考虑到这些人类可能不在同一个地方，而是在非洲附近分散成孤立的小群体，我们的未来就更加动荡不安。如果多巴-瓶颈理论是对的，那么人类DNA缺乏多样性这个事实就有了一个简单的解释。我们差点就灭绝了。

一点也不奇怪——甚至引起了内讧，许多考古学家认为，对缺少基因多样性的解释过于敷衍，因此这一理论仍然存在争议。导致怨愤的并不是瓶颈的存在。可以确定的是，在过去100万年里，原人的繁殖种群（大致相当于有生育能力的成年人的数量）有时会惊人地下降（其中一个结果是，它很可能使46条染色体这样的奇特性状得以传播）。许多科学家在我们的DNA中找到了有力的证据，证明在20万年前出现解剖意义上的现代人类之后，至少有一个重大瓶颈。科学家感到怨愤，是因为瓶颈与多巴火山的联系，人们隐隐约约开始怀疑陈旧破烂的灾变论。

一些地质学家争辩道，多巴火山并不像他们同事所说的那么强大。另一些地质学家既不相信多巴火山可能导致数千英里外的人口大量死亡，也不相信一座小山可能产生足够多的含硫泡沫，从而加剧全球冰期。一些考古学家还发现了石器的证据（必然是有争议的），这些石器位于6英寸厚的多巴火山灰的正上方和正下方，意味着在多巴火山造成最大破坏的地方，发生的不是灭绝，而是延续。我们质疑多巴-瓶颈理论，也有遗传上的原因。最重要的是，遗传学家根本无法确定，缺乏基因多样性的原因，是短暂而严重的瓶颈，还是长期而温和的瓶颈。换句话说，这是含混不清的：如果多巴火山真的使人类变成了几十个成年人，那么我们会在DNA中看到某种模式，但如果人口被控制在几千人，只要它一直控制，这些人的DNA就会在一千年后显示出**相同的**特征。时间越长，多巴火山就越不可能与瓶颈有关。

威廉·布克兰等人会立刻辨别出这场争论：是微小而持久的压力让聪明的人类停滞了这么久，还是经历了一场大的灾变。但不同于灾变论在布克兰时代经历的溃败和在后一个世纪遭遇的蔑视，现代科学的灾变论者让自己的观点被人听到，这是在一定程度上的进步。谁知道呢？多巴超级火山可能会与杀死恐龙的太空岩石一起，成为世界上的灾难之最。

那么，这些DNA考古学的结论是什么呢？随着这一领域的发展，科学家齐心协力地总结了现代人类是如何出现的，以及如何在全球范围内传播的。

也许最重要的是，DNA证明了我们起源于非洲。一些考古学抵抗者坚持认为，人类起源于印度或亚洲，但一个物种通常在起源地附近表现出最高的基因多样性，因为它在那里的发展时间最长，这正是科学家在非洲看到的。举个例子，将非常重要的胰岛素基因联系起来的一个特殊的DNA片段，非洲人有22个版本，而世界其他地区加起来只有3种。多年来，人类学家将所有非洲民族归为一个“种族”，但遗传学的真相是，更大世界的多样性，或多或少只是非洲多样性的一个子集。

DNA还可以利用一些细节修饰人类起源的故事，比如我们以前的行为方式，我们的长相，等等。大约22万年前，*apoE*食肉基因出现并开始传播，让我们有可能过上“有意义的老年”。仅仅2万年后，另一种突变使我们的头发（不同于猴子的毛发和体毛）能够无限长长，这是一种“发型基因”。接着，3万年后，我们开始把兽皮当成衣服——科学家通过比较头虱（只生活在头皮上）和相关但不同的体虱（只生活在衣服上）的DNA时钟，找出它们出现分歧的时间，从而确定了这一事实。这些变化或大或小地改变了社会。

大约在13万年前，穿着得体、发型完美的人类开始从非洲进入中东（人类最早的帝国冲动）。但有些东西——寒冷大气、思乡之情、食肉动物、一块写着“尼安德特人禁止入内”的指示牌——阻止了它们的扩张，把它们赶回非洲。在接下来的几万年，人类的人口数量出现了瓶颈，原因可能是多巴火山。尽管如此，人类还是挺了过来，最终恢复了数量。但这一次，人类不再畏缩不前，不再等待下一次灭绝——大约从6万年前开始，总人数只有几千人的小氏族开始在非洲以外建立定居点。这些氏族可能和摩西一样在低潮时穿越红海，通过曼德海峡的南端，也就是阿拉伯语中的“忧伤之门”。由于瓶颈已经将这些氏族隔离了几千年，他们形成了独特的遗传性状。所以当他们扩张到新的土地时，人口就会成倍地增加，这些性状也发展为今天欧洲人和亚洲人的特征（这种从非洲多方向的散布，有时被称为“脆弱的伊甸园理论”——布克兰可能会欣赏这一理论。但这个故事实际上比《圣经》的版本要好：我们没有失去伊甸园，而是学会了在世界各地建立其他伊甸园）。

当我们向非洲以外扩张时，DNA写了一篇精彩绝伦的游记。在亚洲，基因分析揭示了两波截然不同的人类殖民浪潮：第一波殖民浪潮发生在6.5万年前，人类绕过印度，来到澳大利亚定居，因此澳大利亚土著是历史上最早的真正的探险家。第二波殖民浪潮产生了现代亚洲人，并导致人类在4万年前第一次人口激增，当时60%的人类生活在印度半岛、马来半岛和中南半岛。在北美洲，一项对不同基因库的调查显示，最早的美洲人在西伯利亚和阿拉斯加之间的白令陆桥停留了大约1万年，仿佛因为要脱离亚洲进入新大陆而感到恐惧。在南美洲，科学家在当地的复活节岛岛民身上发现了美洲印第安人的MHC基因，这些基因在岛民的亚洲染色体中彻底混合，表明有人在11世纪初进行了类似于“孤筏重洋”的海上航行[1]，往返于美洲，那时哥伦布还只是散布在曾曾曾（曾……）祖父母性腺中的DNA颗粒（对红薯、葫芦和鸡骨的遗传分析也暗示了哥伦布时代之前的往来）。在大洋洲，科学家已经将人类DNA的传播和筛选与人类语言的传播和筛选联系起来。事实证明，在人类的摇篮南部非洲，人们不仅拥有更丰富的DNA，还拥有更丰富的语言，有多达100种不同的声音，包括著名的“tchk-tchk”声。中等多样性的地区，其语言发音较少（英语有40多个）。在人类古老迁徙的末端，语言（比如夏威夷语）大约只有十几种声音，夏威夷人也相应地显示出统一的DNA。一切都说得通。

除了人类，DNA也可以揭示考古学最大的谜团之一：尼安德特人发生了什么？尼安德特人在欧洲兴盛了很长一段时间，后来某种东西逐渐把它们扼杀在越来越小的领地上，大约3.5万年前，最后一批尼安德特人在欧洲南部灭绝了。有大量的理论在解释它们的命运——气候变化、来自人类的疾病、食物竞争、（被智人）谋杀、因为吃了太多人脑而患上“疯尼病”，这足以证明，其实所有人都一无所知。但随着尼安德特人基因组的破译，我们终于

1 1947年4月28日，挪威人类学家、探险家托尔·海尔达尔（Thor Heyerdahl）与另外5名同伴一起，乘坐“康提基号”（Kon-Tiki）木筏，从南美洲的秘鲁出发最终到达南太平洋的土阿莫土群岛。这次冒险被称为“孤筏重洋”，有同名的书籍和电影。

知道尼安德特人并没有消失，没有完全消失。我们把它们的子嗣带到了世界各地。

大约在6万年前离开非洲的人类氏族，最终徘徊在黎凡特[1]的尼安德特人土地上。男孩子注视着女孩子，专横的荷尔蒙接管一切，很快人类和尼安德特人的杂交种[2]就开始四处奔跑——这是原人与原黑猩猩事件的重演（本质是一样的）。接下来发生的事情并不清楚，但这两个群体分开了，而且是非常不对称地分开了。也许是一些愤怒的长者拂袖而去，同时带走了被掠夺的孩子和杂交的孙子。也许只有男性尼安德特人抢夺女性人类，她们后来跟着氏族一起离开。也许他们只是友好地分手，但留在尼安德特人中间的“混血儿”最终都死了，而人类继续前进，最终殖民全地球。不管怎样，当这些旧石器时代的刘易斯和克拉克告别他们的尼安德特人恋人时，他们的基因中携带了一些尼安德特人的DNA。事实上，这些DNA的数量足够多，今天我们每个人体内都有百分之几，相当于你从每一位曾曾曾（曾……）祖父母那里继承的数量。目前尚不清楚这些DNA的作用，但其中一些是MHC免疫DNA，这意味着尼安德特人可能无意中造成了自己的毁灭：因为从尼安德特人手中获得新土地的人类，也从它们那里获得了抵抗新疾病的DNA。但奇怪的是，这似乎并不是互惠的：到目前为止，尼安德特人身上还没有出现独特的人类DNA，无论是抵抗疾病的DNA还是其他DNA。没有人知道原因。

事实上，我们中只有一部分人吸收了尼安德特人的DNA。所有的“恋情”都发生在亚洲和欧洲之间，而没有发生在非洲。因此，携带尼安德特人DNA的人类并不是非洲人（据科学家所知，他们

1　黎凡特，历史上的一个模糊的地理名称，大致相当于东地中海地区。

2　原文是“humanderthal”，是“Human”（人类）和“Neanderthal”（尼安德特人）的混成词。严格来说，男性人类和女性尼安德特人的后代被称为“Humanderthal”，而女性人类和男性尼安德特人的后代被称为“Neanderman”。但本书中没有具体区分。

从未与尼安德特人有联系），而是早期的亚洲人和欧洲人，他们的后代分散在世界其他地方。这一点实在是太讽刺了。19世纪自以为是的种族主义科学家按等级排列不同的人种（从最高的天使到最低的牲畜），他们总是把黑人等同为尼安德特人这样的“次人类”野兽。但事实就是事实：纯种的北欧人携带的尼安德特人DNA远远多于任何现代非洲人。再一次，DNA贬值了。

然而，让考古学家感到挫败的是，2011年发现的证据表明，非洲人有他们自己的“物种外恋情”。生活在非洲中部、从未见过尼安德特人的一些部落，似乎从其他不知名的、现已灭绝的古人类那里获得了大量的非编码DNA——在早期亚洲人和欧洲人离开后，这些非洲部落仍然经常这么做。随着科学家继续对世界各地的人类多样性进行分类，DNA关于其他“恋情”的记忆会在其他群体中显露出来，我们将不得不把越来越多的“人类”DNA归于其他生物。

但实际上，计算哪个族群的古代DNA多，哪个族群的古代DNA少，并没有抓住重点。重要的并不是谁比谁更像尼安德特人。而是所有的族群，无论何时何地，只要有机会，就会拥有古代的人类情人。这些DNA记忆甚至比我们的本我更深地潜藏在我们体内，它们提醒我们，人类扩散到全球的宏大传奇，将需要一些个体的、私人的、非常人性化的修正和注释——幽会、私奔，以及几乎无处不在的基因混合。至少我们可以说,在分享这种耻辱（如果是耻辱的话）和共享这些鲜红的A、C、G、T的过程中，所有人类都是一样的。

第十一章

大小很重要：

人类如何获得异常大的脑？

我们的祖先扩张到全世界，需要的不仅仅是运气和毅力。为了躲避一次又一次的灭绝，我们还需要一些头脑。很明显，人类的智力具有生物学基础，它太普遍了，不可能不刻在我们的DNA中，而且（不同于大多数细胞）脑细胞几乎使用了我们拥有的全部DNA。但是，几个世纪以来，从颅相学家到NASA工程师，所有人都在研究从爱因斯坦到白痴学者[1]的各种对象，却没有人确切地知道人类的智慧来自哪里。

在寻找智力的生物学基础时，早期的尝试否定了“越大越好”的观点，即脑部质量越大意味着思维能力越强，就像肌肉越多意味着举重力量越强。这一理论虽然直观，却有不足之处，鲸鱼和它20磅重的脑并没有主宰地球。因此，拿破仑时代的法国人，半达尔文、半马基雅维利的居维叶男爵建议科学家也检查生物的脑部身体质量比，以测量其相对脑重量。

尽管如此，居维叶时代的科学家坚持认为，脑部越大越聪明，尤其是对于同一个物种。居维叶本人就是最好的证据，他以肩膀上的“南瓜头”而闻名（人们确实总是盯着他看），但没有人能对居维叶的脑有确定的说法，直到1832年5月15日星期二上午7

1　白痴学者（idiot savant），医学术语，指拥有明显的心智障碍，却在某个领域（比如演奏乐器、绘画、记忆、心算、计算日历等）表现超常的人。

点，巴黎最伟大和最无耻的医生们聚集在一起，对居维叶进行尸检。他们切开了躯干，冲洗了内脏，确定他的器官是正常的。任务结束后，他们急切地锯开他的头骨，取出鲸鱼般的标本——重65盎司，比以前测量过的所有大脑都要大10%。他们所知的最聪明的科学家拥有他们见过的最大的脑，非常有说服力。

然而到19世纪60年代，简单的"大小-智力理论"开始瓦解。首先，一些科学家怀疑居维叶的脑部测量并不准确——太荒诞了。遗憾的是，没有人费心地制备和保存居维叶的脑，所以后来的科学家只能努力抓住他们能找到的任何证据。最后有人挖出了居维叶的帽子，确实很宽大，大部分人戴上都会被遮住眼睛。但聪明的女帽制造商指出，这顶帽子可能已经戴了很多年，毛毡已经松了，容易造成偏差。理发专家提出，居维叶浓密的头发让他的头看起来很大，这让医生先入为主地期望（并且因为期望，所以发现）他有一个巨大的脑。还有一些人认为居维叶得过少年脑积水，这是年轻时颅脑发烧肿胀的症状。在这种情况下，居维叶的大脑袋可能是偶然的，与他的天才无关*。

关于居维叶的争论解决不了任何问题。为了获得更多人的数据，颅骨解剖学家发明了测量头骨容积的方法。大体上，他们堵住所有的洞，然后用已知数量的豌豆、黄豆、大米、小米、白胡椒粉、芥菜籽、水、水银或铅弹填充头骨（取决于他们的喜好）。想象一下这个画面：一张桌子上摆着成排的头骨，每个头骨上都插着一个漏斗，一名助手扛着成桶的水银或成袋的谷物。关于这些实验的专著出版了，但它们产生了更令人困惑的结果。拥有最大脑颅的爱斯基摩人，真的是世界上最聪明的人类吗？更重要的是，新发现的尼安德特人的头骨平均比人类头骨大6立方英寸。

事实证明，这只是混乱的开始。如果不考虑严格的相关性，脑部更大的物种通常会更聪明。由于猴子、类人猿和人类都非常

居维叶男爵——半达尔文、半马基雅维利的生物学家，在拿破仑时期和之后统治法国科学界——拥有史上最大的人脑（James Thomson）

聪明，科学家假设，灵长目动物的DNA一定遭受了使脑变大的巨大压力。这基本上是一场军备竞赛：脑袋大的灵长目动物可以赢得最多的食物，并在危机中更好地生存，而打败它们的唯一方法是让自己变得更聪明。但大自然也很吝啬，根据基因和化石证据，科学家现在可以追踪灵长目动物的谱系在过去的数百万年里是如何进化的。事实证明，某些物种的身体会随着时间而萎缩，它们的脑也经常如此，变成了“颅侏儒”。大脑会消耗大量的能量（约为人体能量里的20%），在长期食物短缺的时候，在构建大脑时精打细算的吝啬DNA会在灵长目动物竞赛中胜出。

今天最著名的侏儒可能是印度尼西亚弗洛勒斯岛的“霍比特

人”[1]骨架。它被发现于2003年，当时许多科学家宣称它是一个发育不良的或小头畸形的人类，因为进化不可能不负责任地缩小原始人类的脑，脑就是人类的全部。但现在大多数科学家都承认，“霍比特人”（学名为“弗洛勒斯人”）的脑确实缩小了。这种缩小可能在一定程度上与所谓的“岛屿侏儒化”有关：岛屿的面积非常有限，食物较少，如果一种动物能调低一部分控制身高和体形的基因——总共有几百个，它就可以消耗更少的能量。岛屿侏儒化已经使猛犸、河马等处于困境的物种缩小到侏儒的大小，即便代价是脑部变小*。

从某些方面来看，现代人也是“侏儒”。我们可能都去过博物馆，对着英格兰国王或历史上其他讨厌鬼的盔甲上的裆部窃笑——真是个小虾米！但我们的祖先也同样会嘲笑我们的衣服。从公元前30000年以来，我们的DNA已经使人类的平均身高减少了10%（大约5英寸）。在这段时间里，人类引以为豪的脑也缩小了至少10%，一些科学家认为它甚至缩小了更多。

当然，在20世纪初用铅弹或小米填充头骨的科学家，并不知道DNA是什么，但即使用简陋的工具，他们也能分辨出“大小-智力理论”没有道理。一项关于天才的著名研究（1912年在《纽约时报》上刊登了两页）确实发现了一些真正的巨脑。人脑的平均重量为50盎司，而俄国作家伊凡·屠格涅夫（Ivan Turgenev）的脑重达70盎司，拔得头筹。然而，政治家丹尼尔·韦伯斯特（Daniel Webster）和数学家查尔斯·巴贝奇（Charles Babbage）却只有平均水平的脑——后者构想出了最早的可编程计算机。可怜的沃尔特·惠特曼（Walt Whitman）只能通过44盎司的“指挥中心”，在世界的屋脊上发出“粗野的喊叫声”。更糟糕的是弗

1 “霍比特人”这个名字源自J.R.R.托尔金在小说《霍比特人》和《魔戒》中虚构的种族，特点是体形小，平均身高只有1米。本书中的所有“霍比特人”实际指的都是弗洛勒斯人。

朗兹·约瑟夫·加尔（Franz Joseph Gall），尽管加尔是一位聪明的科学家——他最早提出不同的脑区有不同的功能，但他也创立了颅相学，即分析头部区块的学科。令追随者永远感到耻辱的是，加尔的脑只有可怜的42盎司。

公平地说，一名技术人员在测量之前把惠特曼的脑掉在地上了。它像脆饼干一样碎成了几块，不确定是否全部找到了，所以惠特曼实际上可能表现得更好（加尔没有过这样的不幸）。无论如何，到了20世纪50年代，“大小-智力理论”正在消亡，大多数科学家已经放弃了它。然后在1955年，阿尔伯特·爱因斯坦的去世彻底证明了脑的重量与智力程度并不一定相关*。

1955年4月13日，爱因斯坦的主动脉瘤破裂，成了国际上的临终看护对象。最终在4月18日凌晨1点15分，他因内出血而死亡。不久之后，他的尸体被送到新泽西州普林斯顿的一家医院进行例行尸检。此时，值班的病理学家托马斯·哈维（Thomas Harvey）面临着一个艰难的抉择。

我们中的任何一个人都可能同样地被诱惑——谁不想知道是什么使爱因斯坦成为“爱因斯坦”？爱因斯坦本人表示有兴趣在死后让人研究他的脑部，甚至曾经坐下来接受脑部扫描。但他决定不保留自己最好的部位，原因是他不希望人们崇拜它——相当于20世纪的天主教遗物。但那天夜晚，当哈维在解剖室里准备手术刀的时候，他知道人类只有一次机会挽救这位几个世纪以来最伟大的科学思想家的灰质。说是偷窃可能太过了，但在第二天早晨8点之前——没有得到近亲的允许，也违背了爱因斯坦经过公证的火化愿望，哈维“**解放**”了这位物理学家的脑，并把没有脑的尸体交给了家属。

失望马上就开始了。爱因斯坦的脑重43盎司，处于较低的水

爱因斯坦1955年去世后，他的涂有坚硬火棉胶的脑碎片（Getty Images）

平。哈维还没有来得及进一步测量，“遗物”的消息就像爱因斯坦所担心的那样传开了。第二天，在学校举行的关于爱因斯坦去世的讨论中，哈维的儿子，一个平时寡言少语的男孩，脱口而出：“我爸爸有他的大脑！”一天后，全国各地的报纸都在头版讣告上提到了哈维的计划。哈维最终说服了爱因斯坦的家人（他们肯定非常生气）允许他做进一步的研究。所以，哈维用卡尺测量了脑的尺寸，用35毫米的黑白相机为后人拍摄了照片，然后把爱因斯坦的脑锯成240块——每一块都像太妃糖那么大，并且喷上了火棉胶。哈维把它们装在蛋黄酱罐子里，寄给了许多神经学家。他相信即将到来的科学见解将证明他的过失是正确的。

这当然不是第一例对名人进行的骇人听闻的尸检。1827年，医生留下了贝多芬的耳骨，准备研究他的耳聋，但医院的护理员偷走了它们。苏联建立了一个完整的研究所，部分是为了研究列宁的脑，想确定是什么使革命者成为革命者（斯大林和柴可夫斯基的脑也保存在那里）。同样地，尽管墨索里尼的尸体被暴徒损毁，“二战”后美国人还是拿走了墨索里尼的半个脑，以确定是什么使独裁者成为独裁者。同年，美军从日本验尸官那里扣押了4 000块人肉标本,用于研究核辐射的危害。这些战利品包括心脏、切片的肝和脑，甚至还有脱离身体的眼球。医生把这些东西保存在罐子里，存放在华盛顿特区的防辐射地窖中，每年都要花费纳税人6万美元（美国人在1973年归还了这些遗体）。

关于威廉·布克兰还有一个同时代人相信但不足为凭的荒诞故事：有一次他的一个朋友打开了一个银质的鼻烟壶，向他展示了一小块路易十四的干燥心脏。“我吃过很多奇怪的东西，但从来没有吃过国王的心。”布克兰若有所思地说。他的朋友来不及阻止，布克兰就狼吞虎咽地吃掉了。这是他饕餮生涯的顶峰。在所有被偷窃的身体部位中，最不雅的是居维叶的赞助人（拿破仑）的最私密部位。1821年，一名心怀恶意的医生在解剖时切掉了皇帝的阴茎，然后一名狡诈的牧师将其走私到欧洲。一个世纪后的1927年，该部位开始在纽约被销售，当地的一名观察家把它比作“被虐待过的鹿皮鞋带”。它已经萎缩到1.5英寸，但一位新泽西州的泌尿科医生还是花2 900美元买下了它。在这个令人毛骨悚然的目录的最后，我们不得不提到另一位新泽西州医生在1955年无耻地偷走了爱因斯坦的眼球。后来迈克尔·杰克逊（Michael Jackson）出价数百万美元购买，但这位医生拒绝了，部分原因是他已经习惯了盯着它们看。至于爱因斯坦遗体的其余部分，请放心，遗体被火化了，没有人知道他的家人把骨灰撒在普林斯顿的什么地方*。

在所有关于爱因斯坦的惨败中，也许最令人沮丧的是科学家只获得了微不足道的知识。在40年的时间里，科学家只发表了3篇关于爱因斯坦大脑的论文，因为大多数人没有发现什么特别之处。哈维一直恳求科学家再看一看，但在最初的无效结果之后，爱因斯坦的脑块大部分都闲置着。哈维把每一块都用粗棉布包裹着，浸在两个装满甲醛的广口玻璃罐中。这两个罐子放在哈维办公室一个标着"Costa Cider"的纸箱中，纸箱藏在一个红色啤酒冰箱后面。后来哈维失业了，去了堪萨斯州寻找更好的机会（在那里他搬到了作家兼瘾君子威廉·巴勒斯[1]的隔壁），而爱因斯坦的大脑放在汽车的副驾驶座上。

但是，在过去的15年，哈维的坚持是有一点道理的。几篇谨慎的论文强调了爱因斯坦大脑在微观层面和宏观层面的一些非典型方面。结合对脑发育遗传学的大量研究，这些发现可能会让我们深入了解人类大脑和动物大脑的本质区别，以及爱因斯坦大脑偏离正常水平的原因。

首先，对脑部整体大小的痴迷，已经让位于对脑部某些部分大小的痴迷。和其他动物相比，灵长目动物有特别强壮的神经元轴（称为"轴突"），因此可以更快地通过每个神经元传递信息。更重要的是大脑皮质（cortex）的厚度。大脑皮质是脑的最外层，它促进思考、梦想和其他华丽的追求。科学家知道，某些基因对于大脑皮质的变厚至关重要，部分原因是，当这些基因失效时，人们的脑就会变得非常小。*aspm*基因就是一个例子。相比于哺乳动物，灵长目动物的*aspm*基因有额外的DNA片段，这些DNA编码额外的氨基酸链，而这些氨基酸使大脑皮质变厚（这些氨基酸链通常从异亮氨酸和谷氨酰胺开始。生物学家用字母缩写

1　威廉·巴勒斯（William S. Burroughs），美国作家，"垮掉的一代"重要成员，代表作有《裸体午餐》（*Naked Lunch*）。

表示这些氨基酸，谷氨酰胺通常缩写为“Q”，异亮氨酸通常缩写为“I”，这意味着我们从中获得智力提升的一串DNA，碰巧可以称为“IQ域”）。

随着大脑皮质的扩大，*aspm*基因帮助引导一个过程，即增加大脑皮质中神经元的密度，这是另一个与智力密切相关的特征。这种密度增加发生在我们生命的最早期——那时我们有大量的干细胞（stem cell），它们可以选择任何路径，成为任何类型的细胞。在刚形成大脑的时候，干细胞开始分裂，它们要么产生更多的干细胞，要么可以安定下来，找一份工作，成为成熟的神经元。显然，神经元是有益的，但每次形成神经元的时候，就会停止产生新的干细胞（原本可以在未来产生更多的神经元）。因此，要想脑袋更大，首先需要建立干细胞的“基础人口”。而做到这一点的关键是确保干细胞平均分配：如果细胞内的物质在两个子细胞之间平均分配，那么每个子细胞都可以成为另一个干细胞。但如果不平均分裂，神经元就会过早地形成。

为了促进平均分裂，*aspm*基因引导附着在染色体上的“纺锤体”，并以一种漂亮、干净、对称的方式将它们分开。如果*aspm*基因出故障，分裂就会不均匀，神经元就会过早形成，孩子就没有正常的脑。的确，*aspm*基因并不负责让脑部更大：细胞分裂需要许多基因之间的复杂协调，而最重要的调控基因从最上面指挥一切。但*aspm*基因可以在大脑皮质正常放电时让它塞满神经元*，或者在放电失败时破坏神经元的产生。

爱因斯坦的大脑皮质有一些不寻常的特征。一项研究发现，相比于普通的老年男性，他的神经元数量和平均神经元大小没有什么区别。然而，爱因斯坦大脑皮质的一部分——前额叶皮质（prefrontal cortex）——更薄，这使他的神经元密度更大。包装紧凑的神经元可能有助于大脑更快地处理信息。考虑到前额叶皮质在整个大脑中协调思想并帮助解决多步骤问题，这是一个诱人的发现。

进一步的研究检查了爱因斯坦大脑皮质的某些脑回（fold）和脑沟（groove）。“脑回越多，脑就越强大”，这和脑的大小一样是个迷思。但脑回的确通常意味着更高的功能。例如，体形较小且较笨的猴子，其大脑皮质中的褶皱较少。有趣的是，人类新生儿也是如此。这意味着，随着我们从婴儿到青年的发育，使大脑产生褶皱的基因开始发挥作用，我们每个人都经历了数百万年的人类演化。科学家也知道，缺乏脑回是灾难性的。遗传疾病“平脑症”会使婴儿发育极其迟缓，甚至可能活不到足月。平滑的脑部看起来没有奇异的皱纹，而是打磨得出奇光滑，它的横截面看起来就像切片的肝，而不是皱巴巴的脑结构。

爱因斯坦的大脑皮质的顶叶（parietal lobe）有不同寻常的褶皱和隆起——顶叶有助于数学推理和图像处理。这符合爱因斯坦的著名宣言，即他主要通过图像来思考物理学，例如，他阐述了相对论，部分是通过想象自己像骑马一样骑在光线上。顶叶还会整合声音、视觉和其他感官，一起输入到进行思考的大脑其余部分。爱因斯坦曾经宣称，“只有通过与感官经验的联系”，抽象概念才能在他的头脑中获得意义。他的家人还记得，每当他遇到物理学难题，他都会练习小提琴。一个小时后，他通常会宣布：“我明白了！”然后回去工作。似乎听觉输入唤起了他的思考。也许最能说明问题的是，爱因斯坦顶叶的褶皱和隆起有更多的类固醇，比正常情况下多15%。像我们这种智力一般的人，右顶叶极瘦，左顶叶甚至更瘦，而爱因斯坦的左右顶叶都很强健。

最后，爱因斯坦似乎失去了部分中脑（middle brain），也就是所谓的“岛盖”（parietal operculum），至少它没有完全发育。脑的这一部分有助于产生语言，它的缺失可能解释了爱因斯坦为什么直到2岁才开口说话，为什么直到7岁他还不得不低声排练他要说的每一个句子，但这可能是一种补偿。岛盖上通常有一个裂缝，或一个小缺口，我们的想法会绕很长一段路。没有了这个缺口，可能意味着爱因斯坦能够更快地处理某些信息，因为他可以让脑的两个独立部分进行异乎寻常的直接接触。

所有这些都非常令人兴奋。但它会不会只是令人兴奋的废话？爱因斯坦担心他的大脑会成为“遗物”，而我们是否已经做了这样愚蠢的事情，退回到了颅相学？如今，爱因斯坦的脑已经变质，看起来像切片的肝脏（甚至颜色都一样），所以做研究的科学家不得不主要依靠旧照片，这是一种不太精确的方法。坦率地说，哈维以合著者的身份参与了关于爱因斯坦大脑“非凡”特征的各种研究，他当然有兴趣从他偷来的器官中学一些东西。此外，类似于居维叶的大脑袋，也许爱因斯坦的特征只是纯粹的怪异，与天才没有什么关系，样本容量为1，很难判断。更棘手的是，我们无法确定，究竟是不寻常的神经特征（比如增厚的脑回）导致了爱因斯坦的天才，还是爱因斯坦的天才“锻炼”并扩大了这些大脑部位。一些持怀疑态度的神经科学家指出，从小就拉小提琴（爱因斯坦6岁开始学小提琴）可能会导致与爱因斯坦一样的脑部变化。

如果你想从哈维保存的脑部切片中提取DNA，我劝你别想了。1998年，哈维带着他的罐子，和一位作家开着租来的别克汽车去加州拜访爱因斯坦的孙女。尽管艾弗琳·爱因斯坦（Evelyn Einstein）对祖父的大脑也感到好奇，但她接受这些访客只有一个原因，她很穷，据说也很迟钝，很难保住一份工作——完全不像爱因斯坦的后代。事实上，艾弗琳一直被告知她是爱因斯坦的儿子汉斯的养女。但艾弗琳会做一点数学计算，当她听说爱因斯坦在妻子死后与各种情妇暧昧的谣言时，她意识到自己可能是爱因斯坦的私生子女的后代，“收养”可能是个幌子。艾弗琳想通过亲子鉴定解决这个问题，但事实证明，防腐处理改变了大脑的DNA。爱因斯坦DNA的其他来源可能仍在广泛流传——胡须刷上的毛发、烟斗上的唾沫、小提琴上的汗水，但相比于这位1955年去世的人，我们现在更了解5万年前去世的尼安德特人的基因。

但是，如果说爱因斯坦的天才仍然是个谜，那么科学家已经发现了人类相比于灵长目动物的许多“日常天才”（everyday genius）。一些增强人类智力的DNA以迂回的方式发挥作用。几百万年前，人类身上的两个碱基的移码突变破坏了增加下巴肌肉的基因。这可能使我们的头骨变得更薄、更纤细，它反过来又释放了宝贵的头骨空间，供大脑扩张。另一个惊人的发现是，*apoE*食肉基因通过帮助大脑控制胆固醇，起了很大的作用。为了正常运作，大脑需要用髓磷脂（myelin）包裹轴突——髓磷脂就像电线上的绝缘橡胶，可以防止信号短路或失灵。髓磷脂的主要成分是胆固醇，特定形式的*apoE*基因可以更好地将大脑胆固醇分配到需要的地方。*apoE*基因似乎促进了大脑的适应性。

有些基因会导致大脑结构的直接变化。*lrrtm1*基因有助于确定哪一片神经元控制语言、情感等心理素质，这反过来又帮助人类大脑建立不寻常的不对称性和左右特化。一些版本的*lrrtm1*基因甚至逆转了左右脑的部分功能：增加了你成为左撇子的概率，这是该性状唯一已知的遗传相关性。其他DNA以近乎滑稽的方式改变了大脑的结构：某些遗传突变可以将喷嚏反射与其他古老反射交叉起来，使人在看太阳、吃太多或性高潮后不受控制地打喷嚏（在一个病例中连续多达43次）。科学家最近还在黑猩猩的大脑“垃圾DNA”中发现了已经被人脑删除的3 181个碱基对。该区域有助于阻止失控的神经元生长——失控的神经元显然会使脑部变大，但也会导致脑瘤。人类冒险删除了这个DNA，但风险显然得到了回报。我们的脑膨胀了。这一发现表明，有时候并不是我们从DNA中得到的东西，而是我们从DNA中失去的东西，使我们成为真正的人类（或者至少让我们不是猴子：尼安德特人也没有这种DNA）。

DNA在人群中传播的方式和速度可以揭示哪些基因对智力有贡献。2005年，科学家报告说，两种突变的脑基因似乎在我们的祖先中迅速蔓延：大约37 000年前的“小头基因”（*microcephalin*），以及6 000年前的*aspm*基因。通过使用哥伦比亚的“蝇室”最先开发的技术，科学家记录了这种传播。托马斯·亨特·摩尔根发现，某些版本的基因会一起遗传，仅仅是因为它们在染色体上彼此相邻。例如，三个基因的A、B和D版本通常会同时出现，或者（小写的）a、b和d可能同时出现。然而，随着时间的推移，染色体的交换和再交换会混合这些基因群，形成a、B和D这样的组合，或A、b和D这样的组合。经历足够多的世代，每一种组合都会出现。

但假设基因B在某一时刻突变为B_0，而B_0极大地调整了人们的脑。在那时，它可能会席卷整个种群，因为B_0人的思维能力比其他人都强。（如果人口下降到很少，这种传播就特别容易，因为新基因不会面临很多竞争。瓶颈并不总是坏事！）请注意，当B_0席卷整个种群时，第一突变者身上恰好位于B_0旁边的基因A/a和D/d，也会席卷整个种群，原因是交换没有时间把这三个基因分开。换句话说，这些基因将与有利基因同行，这个过程被称为“遗传搭车”。科学家发现了*aspm*基因和小头基因的特别明显的搭车迹象，这意味着它们传播得非常快，可能提供了非常强大的优势。

除了具体的促脑基因，DNA调控可能解释了很多关于我们灰质的事情。人类DNA和猴子DNA的一个区别是，我们的脑细胞更频繁地拼接DNA，通过切割和编辑同一串字母来获得许多不同的效果。事实上，神经元激烈地混战，以至于一些科学家认为它们已经颠覆了生物学的一个中心法则——你体内的所有细胞都有相同的DNA。无论出于何种原因，我们的神经元允许“移动DNA”之间的自由游戏，这些“跳跃基因”随机地将自己插入染色体中。这会改变神经元中的DNA模式，从而改变它的工作方式。一位神经科学家观察到：“鉴于改变单个神经元的放电模式可以对行为产生显著的影响……在某些细胞内，甚至在某些人体内，一些（移动DNA）很可能会对人脑的最终结构和功能产生重要的，甚至深远的影响。”事实可能再一次证明，类病毒颗粒对我们人类非常重要。

也许你认为通过研究DNA这种简单的东西不可能解释天才这种微妙的东西，很多科学家和你的想法是一样的。时常会出现金·匹克（Kim Peek）这样的案例，这种案例极大地嘲讽了我们对DNA和脑结构如何影响智力的理解，以至于最热情的神经学家也会通过喝酒寻求安慰，并开始认真考虑进入行政部门。

匹克是盐湖城人，他实际上是一位超级学者，是（无礼但准确的）“白痴学者”的升级版。匹克的技能并不局限于画完美的圆或按顺序列举神圣罗马帝国的所有皇帝，而是对地理、歌剧、美国史、莎士比亚、古典音乐、《圣经》——基本上整个西方文明——都有百科全书般的涉猎。更惊人的是，匹克从1岁半开始记住了9 000本书，他对其中的任何一句话都有谷歌般的记忆（当他读完一本书，他就会把书脊朝下放回书架，表示已经看完了）。匹克也知道很多无用的垃圾，比如完整的美国邮政编码系统——希望这可以减少你的不安。他还记住了受他启发的电影《雨人》（*Rain Man*），并掌握了摩门教神学的大量细节*。

为了衡量匹克的天才，犹他州的医生从1988年开始扫描他的大脑。2005年，NASA（国家航空航天局）出于某种原因参与进来了，对匹克的智力管道进行了全方面的磁共振成像（MRI）和断层扫描。扫描结果显示，匹克缺少连接左脑和右脑的组织（事实上，匹克的父亲记得，匹克在婴儿时期就可以独立地转动每只眼睛，原因可能就是左脑和右脑分离）。他的左脑（通常是脑的主导部分）似乎也不太正常，比正常脑部有更多的碎块。但除了这些细节，科学家几乎一无所知。最后，即便是NASA级别的技术，得出的结论也只是匹克的大脑特征异常，有问题。如果你想知道为什么匹克在他父亲的房子里住了几十年，却连自己的衣服都扣不上，或者为什么他总是不记得银器在哪里，那么这就是答案。至于他的天赋从哪里来，NASA只能耸耸肩。

但医生也知道匹克患有一种罕见的遗传疾病，FG综合征，在这种疾病中，单个的故障基因无法打开神经元正常发育所需的DNA片段的开关（神经元非常挑剔）。和大多数白痴学者一样，这些问题的后果集中在匹克的左脑，原因可能是左脑需要更长的时间在子宫内发育。因此，出现故障的基因有更多的时间对左脑造成伤害。但奇怪的是，伤害左脑会激发出右脑的天赋，而右脑更擅长记录我们周遭世界的细节。事实上，大多数白痴学者的天赋——艺术模仿、音乐记诵、日历计算——都集中在不那么脆弱的右脑。悲哀的是，除非专横的左脑受到损伤，否则这些被压抑的右脑天赋可能永远不会显露出来。

利用尼安德特人的基因组，遗传学家得到了类似的发现。目前，科学家正在挖掘尼安德特人和人类DNA，寻找“遗传搭车”的证据，试图确定在人类和尼安德特人分道扬镳之后，那些DNA席卷了整个人类，从而快速地区分人类和尼安德特人。到目前为止，他们已经发现了大约200个区域，其中大多数至少包含几个基因。人类和尼安德特人之间的一些差异是关于骨骼发育和代谢的，这一点很无聊，但科学家也发现了少量的与认知有关的基因。

但矛盾的是，拥有这些基因变异会增加唐氏综合征、自闭症、精神分裂症等疾病的风险，这个发现也远远得不了诺贝尔奖或麦克阿瑟奖。似乎越复杂的头脑越脆弱，如果这些基因确实能提高我们的智力，那么使用这些基因也会带来风险。

尽管如此脆弱，但拥有缺陷DNA的脑在其他情况下却能奇迹般地恢复。20世纪80年代，英国的一位神经学家扫描了一个年轻人的异常大的脑——这个年轻人请他来做检查。除了脑脊液（cerebrospinal fluid，主要是盐水），他在头骨内几乎什么都没有发现。这个年轻人的大脑皮质基本上就是一个水球，一个1毫米厚的囊围绕着一个晃动的内腔。科学家猜测这个脑大约重5盎司。该年轻人的智商为126，是他所在大学的数学优等生。神经学家甚至承认，他们不知道这些高功能脑积水的人是如何过上正常生活的，但一位医生研究过另一个著名的脑积水患者（一位有2个孩子的法国公务员），他怀疑，如果大脑随着时间的推移慢慢萎缩，它的可塑性足以在完全失去重要功能之前重新分配。

匹克的脑袋和居维叶的一样大，智商却只有87。之所以这么低，可能是因为他沉迷于细枝末节，无法处理无形的想法。例如，科学家注意到他不能理解常见的谚语——它们在隐喻性上跳得太远了。或者，有一次在饭店里，匹克的父亲让他压低声音说话，匹克却从椅子上滑下来，使他的喉咙更接近地面。（他似乎明白双关语在理论上是有趣的，原因可能是双关语涉及意义和词语的数学替换。有一次在回答关于林肯葛底斯堡演说的问题时，他这样回答："威尔的家，西北前街227号。但他只住了一晚，第二天他就发表了演说。"）匹克在理解其他抽象概念上也很费力，在家中基本上无法自理，像孩子一样依赖于父亲的照顾。考虑到他的其他天赋，87分是很不公平的结果，当然也无法体现他的天赋*。

2009年圣诞节前后，匹克死于心脏病发作，他的遗体已经被埋葬。所以，他那颗非凡的头脑不会像爱因斯坦那样经历“死后的生活”。他的脑部扫描图仍然存在，但目前它们只是在嘲弄我们，指出了我们关于人类思维塑造的认知差距——是什么区分了匹克和爱因斯坦？是什么区分了人类的日常智慧和猿类的智力？任何对人类智力的深刻欣赏，都需要理解构建和设计神经元网络的DNA，这些网络让我们产生思考，并捕捉每一个“啊哈”，但这也需要理解环境的影响，类似于爱因斯坦的小提琴课，环境影响会激发我们的DNA，让我们的巨脑发挥潜能。爱因斯坦之所以成为爱因斯坦，是因为他的基因，但不仅仅是因为基因。

培养爱因斯坦和其他日常天才的环境，并不是偶然出现的。不同于其他动物，人类创造和设计我们身边的环境：人类有文化环境。虽然促脑DNA对于创造文化是必要的，但它并不足以创造文化。在以拾荒-采集为生的时代，我们同样有很大的脑（也许比现在更大），但要实现复杂的文化，还需要传播消化熟食和适应久坐不动的生活方式的基因。也许最重要的是，我们需要与行为相关的基因：帮助我们容忍陌生人，在统治者的管理下顺从地生活，忍受一夫一妻制，增强我们的纪律，允许我们延迟满足，并在世代时间尺度上建立事物。总之，基因塑造了我们所拥有的文化，但文化也反过来塑造了我们的DNA。理解文化的最伟大成就——艺术、科学、政治——需要理解DNA和文化是如何相互交织、共同进化的。

第十二章
基因的艺术：
艺术天才在我们的DNA中有多深？

艺术（art）、音乐、诗歌、绘画——再也没有更好的表达神经智慧的方法了。就像爱因斯坦或者匹克的天才，遗传学可以揭示纯艺术（fine art）的一些意想不到的方面[1]。在过去的150年，遗传学和视觉艺术甚至有一些平行的轨迹。如果19世纪的欧洲化学家没有发明出鲜艳的新染料和新颜料，保罗·塞尚（Paul Cézanne）和亨利·马蒂斯（Henri Matisse）就不可能发展出引人注目的多彩风格。同时，这些染料和颜料使科学家第一次能够研究染色体，因为他们终于可以将染色体染成不同于细胞其他部分的颜色。事实上，染色体（chromosome）的名字源于希腊语中的“*chroma*”，意思就是颜色，而一些给染色体着色的技术会让塞尚和马蒂斯羡慕不已，比如把它们染成闪耀的绿色背景下的“刚果红”。与此同时，作为新摄影艺术的副产品，银染（silver staining）首次提供了其他细胞结构的清晰图片，而摄影本身也使科学家能够研究细胞分裂的时间间隔，并观察染色体的分配。

像立体主义和达达主义这样的运动（更不必说来自摄影的竞争）导致许多艺术家在20世纪早期放弃现实主义，尝试新的艺术形式。利用从细胞染色中获得的见解，摄影师爱德华·斯泰肯

---

1 在西方文化中，art（译为“艺术”）指的是绘画、雕塑、摄影等视觉艺术（visual art）；fine art（译为“纯艺术”，也译作“美术”）则涵盖了绘画、雕塑、建筑、音乐、诗歌等更大范畴。后者更强调美学价值和创造性。

（Edward Steichen）在20世纪30年代引入了“生物艺术”，并较早地尝试了基因工程。作为一名热切的园丁，斯泰肯从一个春天开始将飞燕草种子浸泡在痛风药中（原因不明）。这使得这种紫花的染色体数量加倍，尽管有些种子产生了“发育不良的、容易发烧的次品”，但另一些种子产生了茎长8英尺的“侏罗纪植物群”[1]。1936年，斯泰肯在纽约市的现代艺术博物馆展出了500朵飞燕草，并在17个州的报纸上获得了大部分好评：“巨大的穗……鲜艳的深蓝色。”一位评论家写道：“一种从未见过的紫红色……惊人的黑色花心。”紫红色和蓝色可能会让人吃惊，但斯泰肯（一位崇拜自然的泛神论者）和巴巴拉·麦克林托克一样，坚持认为真正的艺术在于控制飞燕草的生长。这种艺术观疏远了一些评论家，但斯泰肯坚持说：“如果一样东西能实现它的目的，能发挥它的功能，那它就是美的。”

到了20世纪50年代，对形式和功能的关注最终把艺术家推向了抽象主义。DNA研究恰好紧随其后，沃森和克里克像雕塑家一样花费了大量的时间，用锡和纸板制作各种各样的DNA实体模型。他们最终决定采用双螺旋模型，部分原因是他们喜欢它的朴拙之美。沃森曾经回忆说，每次看到螺旋楼梯，他都更加坚信DNA必定同样优雅。克里克求助于他的艺术家妻子奥黛尔，请她在他们著名的首篇DNA论文的空白处画了雅致的双螺旋结构。后来，克里克回忆说，有一天晚上，喝醉了的沃森盯着他们的纤细苗条、具有曲线美的模型，喃喃自语地说：“你看，它太美了，太美了。”克里克补充道：“当然。”

就像他们对碱基形状的猜测，沃森和克里克对DNA整体形状的猜测也建立在一个不太牢靠的基础上。根据细胞分裂的速度，20世纪50年代的生物学家计算出，双螺旋结构必须以每秒150转

1　8英尺相当于2.4米，普通的飞燕草只能长到1米。

的速度解体，这非常疯狂。更令人担忧的是，一些数学家根据扭结理论认为，分离双螺旋DNA的链（复制DNA的第一步）在拓扑上是不可能的。这是因为两条像拉链一样的螺旋不可能横向分开——它们盘根错节、错综复杂。于是在1976年，一些科学家开始推广一种与之竞争的“弯曲拉链”结构。该结构不是一个长而光滑的右手螺旋，而是在整个DNA的长度上，右手螺旋和左手螺旋上下交替，因此可以彻底地分开。为了回应对双螺旋的批评，沃森和克里克偶尔会讨论其他形式的DNA，但他们（尤其是克里克）几乎会立即驳回这些观点。克里克经常为他的怀疑给出合理的技术理由，但有一次他补充说：“而且，这些模型很丑。”最后，数学家证明他们是对的：细胞不能简单地解开双螺旋。相反，它们使用特殊的蛋白质剪切DNA，松开它的缠绕，之后再焊接回来。无论本身多么优雅，双螺旋结构导致了一种极其笨拙的复制方法*。

20世纪80年代，科学家已经开发出了先进的基因工程工具，艺术家开始接触科学家，希望在“遗传艺术”方面合作。说实在的，你必须对废话有很高的忍耐力，才能认真对待“遗传艺术”的一些说法：请乔治·格塞特（George Gessert）原谅，但“观赏植物、宠物、运动的动物和改变意识的药物植物”真的构成了“庞大的、不被承认的民间遗传艺术”吗？格塞特承认，一些反常的事物（比如一只白化病兔子重新配置了使它发绿光的水母基因）主要是为了刺激人们。但对于所有的花言巧语，一些遗传艺术有效地扮演着挑衅者的角色，它就像最好的科幻小说，直面我们对科学的假设。一个著名的作品是安装在一个钢架上的男人精子DNA，艺术家声称这幅“肖像”是“（英国国家）肖像馆最现实主义的肖像”，因为，毕竟它揭示了捐赠者的裸DNA。这似乎太简单了，但话又说回来，这幅肖像的“主体”曾经领导了史上最具还原论的生物学项目——人类基因组计划——的英国分支。艺术家还将《创世记》中关于“人类管理自然”的引文编码到普通细菌的A-C-G-T序列中——如果细菌以高保真度复制它们的DNA，那么这些引文存活的时间将比《圣经》还要长几百万年。从古希腊开始，“皮格马利翁冲动”（创造“活的”艺术作品的欲望）一直激励着艺术家，而且随着生物技术的进步，这种冲动只会越来越强烈。

甚至连科学家本人也屈服于把DNA变成艺术的诱惑。为了研究染色体在三维空间中的蠕动，科学家已经开发出了用荧光染料“涂”染色体的方法。而核型（karyotype）——人们熟悉的23条染色体像纸娃娃一样配对的图片——已经从沉闷的黑白影像变成了色彩明艳的图片，甚至会让野兽派画家自惭形秽。科学家还利用DNA建造桥梁、雪花、“纳米瓶”、庸俗的笑脸、拳击机器人，以及每个大陆的墨卡托地图。有移动DNA“步行者”，它可以像“机灵鬼”[1]一样侧手翻下楼梯；还有DNA盒子，它可以被DNA“钥匙”打开。科学家和艺术家把这些奇特的构造称为“DNA折纸”。

要创建DNA折纸，实践者可能会首先在电脑屏幕上创建一个虚拟块。但它并不是大理石那样的固体，而是堆叠在一起的管子，就像一把长方形的吸管。要“雕刻”某样东西，比如贝多芬的半身像，他们首先用数字技术在表面凿出小段的管子，直到剩下的管子和管子碎片具有正确的形状。接下来，他们将一长串单链DNA穿过每根管子（这种穿线是虚拟的，但计算机使用的是来自真实病毒的DNA链）。这条链往返编织，最终足以连接贝多芬的脸部和头发的每一个轮廓。这时，科学家用数字技术溶解管子，得到了纯粹的、折叠的DNA，这是半身像的蓝图。

为了真正地建造半身像，科学家需要检查折叠的DNA链。具

1　一种螺旋弹簧玩具。如果把它放在楼梯上，它就会因为重力和惯性而沿着阶梯不断伸展和复原，呈现“拾级而下”的有趣状态。

体来说，他们寻找的是在折叠时距离很近，但在展开的线性DNA链上距离很远的短序列。假设他们发现序列AAAA和序列CCCC彼此很近。现在关键的一步是，他们构建一个真实DNA的单独片段TTTTGGGG——前半段与其中一个四字母序列互补，后半段与另一个四字母序列互补。他们使用商业设备和化学物质逐个碱基地构建该互补序列，并与长而松散的病毒DNA混合。在某个时刻，片段中的TTTT碰到了长链中的AAAA，它们锁在一起。在分子碰撞中，片段中的GGGG最终也会遇到并锁定长链中的CCCC，将长DNA链“钉”在一起。如果每一个结合处都有一个独特的“订书钉”，那么该雕塑基本上就会自己组装起来，因为每个“订书钉”都会把遥远的病毒DNA拉到合适的位置。设计雕塑和准备DNA总共需要一周的时间。然后科学家将“订书钉”与病毒DNA混合，在140华氏度下孵化1小时，然后冷却到室温，再放置一周时间。结果就是：贝多芬的微型半身像。

你可以把DNA本身变成艺术，除此之外，这两者在更深刻的层面上也有交集。在历史上最悲惨的社会中，人类仍然有时间雕刻、涂色和低吟，这强烈地表明，进化将这些冲动和我们的基因联系起来。甚至动物也表现出艺术的冲动。如果让黑猩猩学习绘画，它们经常会忽略进食，继续在画布上涂抹，如果科学家拿走它们的画笔和调色板，它们有时会发脾气（它们的作品中最常出现的是十字、日出和圆形图案，黑猩猩更喜欢米罗[1]式的粗线条）。有些猴子和嬉皮士一样酷爱音乐*，鸟类也是如此。鸟类和其他生物对舞蹈的鉴赏力远远超过普通的智人，因为许多物种舞蹈是为了交流或求偶。

然而，目前还不清楚如何确定这种冲动。“艺术DNA”会产

1 指胡安·米罗，加泰罗尼亚画家，超现实主义的代表人物。

生音乐RNA吗？会产生诗意的蛋白质吗？更重要的是，人类已经发展出了不同于动物的艺术。对猴子来说，关注粗线条和对称性可能有助于它们在野外制作更好的工具，仅此而已。但人类给艺术注入了更深层次的象征意义。那些画在洞穴墙壁上的麋鹿不仅仅是麋鹿，而且是**我们明天要猎杀的麋鹿**，或者**麋鹿神**。因此，许多科学家怀疑象征艺术（symbolic art）起源于语言，因为语言教会我们把抽象的符号（比如图片和文字）和真实的物体联系起来。考虑到语言源于基因，也许解开语言能力的DNA可以阐明艺术的起源。

也许吧。类似于艺术，许多动物具有与生俱来的原语言能力，比如鸣叫和尖叫。对人类双胞胎的研究表明，我们日常生活中的句法、词汇、拼写、听力理解等（几乎所有）方面的能力差异，大约有一半可以追溯到DNA（语言障碍表现出更强的遗传相关性）。而问题在于，试图将语言能力或语言缺陷与DNA联系起来，总是会遇到错综复杂的基因。例如，阅读障碍至少与6个基因有关，每个基因的影响都是未知的。更令人困惑的是，相似的基因突变在不同的人身上会产生不同的影响。所以，科学家现在所处的位置，就相当于托马斯·亨特·摩尔根在“蝇室”中所处的位置。他们知道存在语言的基因和调控DNA，但没有人知道DNA如何提高我们的口才——通过增加神经元的数量？通过更有效地包裹脑细胞？还是通过调整神经递质水平？

考虑到这种混乱，我们很容易理解，在最近发现所谓的“主语言基因”时，科学家为什么会感到兴奋甚至狂喜。1990年，语言学家在研究了伦敦一家三代人后推断出该基因的存在，为了保护隐私，这家人被称为“KE”。在单基因显性的简单模式中，KE家族的一半人有一系列奇怪的语言障碍。他们在协调嘴唇、下颌和舌头方面有困难，大多数词汇都说得结结巴巴，打电话时尤其难以理解。如果让他们模仿一系列简单的面部表情，比如张开嘴巴、伸出舌头、发出“uuuuaaahh”的声音，他们也会很费力。但一些科学家认为，KE家族的问题超出了动作技能（motor skill）的范畴，还涉及语法。他们中的大多数人都知道“book”的复数形式是“books”，但似乎是因为他们已经记住了这个事实。如果给他们一些捏造出来的词，比如zoop或wug，他们不知道复数形式是什么。即使经过多年的语言治疗，他们也不明白“book/books”和“zoop/zoops”之间的联系。他们也不会做过去时态的填空测试，比如他们会使用“bringed”这样的单词[1]。受影响的KE智商会下降到很低——平均只有86，而未受影响的KE平均智商为104。但语言障碍可能不是简单的认知缺陷：一些受影响的KE，非语言智商得分高于平均水平，他们可以在测试中发现有争议的逻辑谬误。此外，一些科学家发现他们能很好地理解反身代词（如，“he washed him”和“he washed himself”），以及被动语态、主动语态和所有格。

一个基因居然能引起不同的症状，这让科学家感到困惑，所以在1996年，他们开始寻找和解码。他们把基因座（locus）缩窄到7号染色体的50个基因，并在每一个基因上都进行了冗长的研究，这时他们发现了一个突破点。出现了另一个受害者CS，来自一个没有亲属关系的家族。该男孩出现了同样的智力与下颌问题，医生在他的基因中发现了一个易位：两条染色体臂之间发生了类似于费城易位的情况，打断了7号染色体上的*foxp2*基因。

和维生素A一样，*foxp2*基因产生的蛋白质夹住其他基因，并激活它们。和维生素A一样，*foxp2*基因影响范围很广，它与数百个基因相互作用，指导胎儿的下巴、肠道、肺、心脏，尤其是脑的发育。所有的哺乳动物都有*foxp2*基因，尽管经历了数十亿年的

1　后缀“-ed”是常用的过去时态的词根，但“bring”这个动词的过去时态应该是“brought”。

集体进化，但所有的版本看起来都差不多，相比于小鼠，人类只积累了3个氨基酸的差异（鸣禽也有非常相似的基因，该基因在它们学习新歌时尤其活跃）。有趣的是，在与黑猩猩分道扬镳之后，人类的2种氨基酸发生了变化，这些变化使*foxp2*基因能够与许多新的基因相互作用。更有趣的是，当科学家用人类的*foxp2*基因创造出突变小鼠时，小鼠的一个脑区有了不同的神经元结构（人类用这个脑区处理语言），它们用低沉的男中音和其他小鼠交谈。

相反，在受影响的KE的大脑中，帮助产生语言的脑区发育不良，神经元密度小。科学家认为这些缺陷的原因是一个碱基A突变成了G。这种替换只改变了*foxp2*基因的715个氨基酸中的一个，却足以防止蛋白质与DNA结合。遗憾的是，这种突变没有发生在人类和黑猩猩共有的突变中，所以它不能解释语言的进化和最初习得。无论如何，科学家仍然面临着一个涉及KE家族的因果纠缠：是神经缺陷导致他们面部丑陋，还是面部丑陋使他们无法练习语言，从而导致他们大脑萎缩？*foxp2*基因不可能是唯一的语言基因，因为即使是KE家族中最受折磨的人也拥有语言，他们的口才比任何类人猿都要好（而且有时候他们似乎比被科学家测试时更有创造力。在回答“他每天走8英里。昨天他______”的时候，最受折磨的KE没有回答“走了8英里”，而是回答“休息了一天”）。总的来说，尽管*foxp2*基因揭示了语言和符号思维的遗传基础，但到目前为止，该基因的“不善言辞”达到了令人沮丧的程度。

科学家一致认为，人类的*foxp2*基因具有独特的形式，但就连这一点也被推翻了。几十万年前，智人从其他人属物种中分离出来，但古遗传学家最近在尼安德特人身上发现了人类版本的*foxp2*基因。这可能并不意味着什么，但这也可能意味着尼安德特人同样具备使用语言的良好动作技能，或者必要的认知能力。也许两者都有：拥有更好的动作技能，就可以更多地使用语言，而更多地使用语言，也许会让它们有更多的话要说。

可以肯定的是，*foxp2*基因的发现使另一场关于尼安德特人的讨论变得更加紧迫——尼安德特人的艺术。考古学家在尼安德特人居住的洞穴中发现了用熊股骨制作的长笛，以及染成红色和黄色的牡蛎壳——为了穿成项链，牡蛎壳还打了孔。但想要知道这些饰品对尼安德特人意味着什么，需要很好的运气。也许尼安德特人只是模仿人类，并没有给它们的玩具赋予任何象征意义。或者，在尼安德特人死后，人类经常在尼安德特人的遗址上定居，把自己的破旧长笛和牡蛎壳扔进了尼安德特人的垃圾堆，打乱了时间顺序。事实是，没有人知道尼安德特人多么能言善辩或者多么爱好艺术。

因此，除非科学家找到了另一个突破——找到具有不同DNA缺陷的另一个KE家族，或者在尼安德特人身上找到更多意想不到的基因，否则语言和象征艺术的遗传起源仍将模糊不清。与此同时，我们只能满足于追踪DNA如何增强或搞乱现代艺术家的作品。

和运动员一样，崭露头角的音乐家能否实现自己的天赋和野心，取决于微小的DNA片段。一些研究已经发现，一种关键的音乐性状——绝对音感（perfect pitch）——与KE语言缺陷有相同的遗传模式，因为拥有绝对音感的人会将这种天赋遗传给半数的孩子。其他研究发现，导致完美音感的基因更小、更微妙，而且这种DNA必须与环境线索（比如音乐课）协调一致，才能赋予这种天赋。除了耳朵，身体特征也可以成就或毁灭一个音乐家。谢尔盖·拉赫玛尼诺夫（Sergei Rachmaninoff）的巨手——可能是遗传疾病马凡综合征的结果——可以伸展12英寸，相当于钢琴上的一个半八度，这使他能够创作和演奏那些天赋较差的钢琴家会撕裂韧带的音乐。还有一个例子：罗伯特·舒曼（Robert Schumann）作为音乐会钢琴家的职业生涯毁于肌张力障碍（focal dystonia），这是一种肌肉减少，会导致他的右手中指不由自主地弯曲或抽搐。许多患这种疾病的人都有遗传易感性。作为补偿，舒曼至少写了一首完全不使用该手指的作品。但他从来没有放松痛苦的练习计划，尽管他设计的一个用来拉伸手指的简陋机械架可能加重了他的症状。

然而，在漫长而辉煌的患病和残疾音乐家的历史中，最矛盾的朋友和最暧昧的敌人莫过于尼科罗·帕格尼尼的DNA。帕格尼尼是19世纪的音乐家，是小提琴大师中的大师。歌剧作曲家（同时也是著名的享乐主义者）焦阿基诺·罗西尼（Gioacchino Rossini）不喜欢承认自己哭过，但他坦言曾经哭过三次*，其中一次是在听帕格尼尼演奏的时候。罗西尼放声大哭，而被这位笨拙的意大利人迷住的远远不止他一个。帕格尼尼留着一头黑色长发，他在音乐会上穿着黑色长礼服和黑色长裤，苍白、多汗的脸像幽灵一样在舞台上徘徊。在表演时，他的臀部会以奇怪的角度翘起，在暴怒地运弓[1]时，他的肘部有时会以不可思议的角度交叉。一些鉴赏家发现他的演出非常戏剧化，并指责他故意在演出前磨损琴弦，这样它们就可以在表演过程中戏剧性地绷断。但没有人否认他的表现力：教皇利奥十二世（Pope Leo XII）授予他“金马刺教皇骑士团勋章”，皇家铸币厂用他的肖像铸造硬币。许多评论家称赞他是有史以来最伟大的小提琴家。古典音乐中的惯例是只有作曲家才能不朽，帕格尼尼几乎是唯一的例外。

帕格尼尼很少在音乐会上演奏古典大师的作品，他更喜欢自己的作品，这些作品突出了他手指灵巧的优点（他总是能取悦大众，也写了一些低级趣味的段落——用小提琴模仿驴子和公鸡）。

1　在弦乐器中，用来使琴弦振动从而发出声音的工具，叫作“琴弓”，操作琴弓的手法统称为“运弓”。

从18世纪90年代的青少年时期开始，帕格尼尼一直在费尽心思地创作音乐，但他也了解人类的心理，因此关于他天赋起源的各种超自然传说也流传开来。有传言说，帕格尼尼诞生时，一位降临的天使断言没有人能把小提琴拉得如此动听。6年后，神的眷顾似乎使他像拉撒路[1]一样复活。在他全身僵硬、陷入昏迷之后，他的父母认为他已经死了，甚至用裹尸布和其他东西把他包裹起来，突然，有什么东西让他抽搐了一下，使他避免被活埋。尽管有这些奇迹，人们经常认为帕格尼尼的天赋来自巫术，坚称他与撒旦签订了契约，用不朽的灵魂换取了无耻的音乐天赋（帕格尼尼曾经在黄昏时分的墓地举办音乐会，给自己的作品起名叫“魔鬼的笑声”和“女巫之舞”，仿佛他有过亲身经历，这进一步煽动了谣言）。另一些人则认为，帕格尼尼是在地牢中获得了这些技艺，据说他因为刺伤朋友而在地牢里被监禁了8年，除了练习小提琴没有更好的事情可做。比较清醒的人对这些巫术和罪孽的说法嗤之以鼻。他们耐心地解释说，帕格尼尼雇了一个不诚实的外科医生来剪断限制运动的手部韧带。就这么简单。

不管多么可笑，最后一种解释最接近事实。因为除了有激情、有魅力、能吃苦，帕格尼尼还有双异常灵活的手。他的手指可以伸展到不可思议的程度，仿佛皮肤快要裂开了。他的指关节也特别灵活：可以用大拇指绕过手背触摸小指（你试试），还可以像小型节拍器一样**横向地**扭动中指关节。因此，帕格尼尼可以快速完成其他小提琴家不敢演奏的即兴重复段和琶音[2]，快速连续地演奏出更多的高音和低音，有人声称每分钟可达1 000个音符。他可以轻松地实现双音演奏和三音演奏（一次演奏多个音符），并完善了不同寻常的技巧，比如左手拨弦，一种利用了自身柔韧性

1 拉撒路，耶稣的门徒与好友，曾经被耶稣复活。

2 琶音，乐器演奏的一种基本技巧，指一串和弦组成音从低到高或从高到低依次连续圆滑地奏出。

的拨弹技巧。拨弦的通常是右手（运弓的手），因此小提琴家必须在每一篇乐章中选择运弓还是拨弦。有了左手拨弦，帕格尼尼就不必选择。他灵活的手指可以用弓演奏一个音符，用手指拨下一个音符，就像两把小提琴在同时演奏。

除了灵活，帕格尼尼的手指也很强壮，尤其是大拇指。一天晚上，帕格尼尼的劲敌卡罗尔·利平斯基（Karol Lipiński）在帕多瓦观看了他的音乐会，然后他们去帕格尼尼的房间，和朋友们边吃晚饭边聊天。利平斯基发现，对于帕格尼尼这样的人物来说，餐桌上的食物少得可怜，主要是鸡蛋和面包（帕格尼尼甚至懒得吃，只吃了些水果）。他们喝了几杯酒，用吉他和小号即兴演奏了几场，这时利平斯基注意到了帕格尼尼的手。他甚至抱住了这位大师的“瘦骨嶙峋的小手指”，把它们翻转过来。“这怎么可能，”利平斯基惊叹道，“这些纤细的手指怎么能获得如此非凡的力量？”帕格尼尼回答说：“哦，我的手指比你想象的要强壮。”这时，他拿起一只厚厚的玻璃茶碟，置于桌子上方——大拇指在上，其他手指在下。朋友们笑着围了过来，他们以前看过这个把戏。当利平斯基茫然地盯着他时，帕格尼尼几乎不可察觉地弯曲了他的大拇指，**啪的一声**，把茶碟折成了两半。利平斯基不甘示弱，抓起一只茶碟，试图用自己的大拇指夹碎它，但盘子纹丝未动。帕格尼尼的朋友也做不到。“茶碟没有什么变化，”利平斯基回忆道，“而帕格尼尼恶意地嘲笑他们徒劳无功。”这种力量和敏捷的结合似乎很不公平，那些最了解帕格尼尼的人，比如他的私人医生弗朗西斯科·本纳蒂（Francesco Bennati），明确地把他的成就归功于那双奇妙的狼蛛一样的手。

当然，就像爱因斯坦的小提琴课，我们很难弄清楚这里的因果关系。帕格尼尼从小体弱多病，容易咳嗽和呼吸道感染，但他还是在7岁时开始了集中的小提琴课程。也许他只是在练习中放松了手指的肌肉。但其他症状表明帕格尼尼患有一种遗传疾病，埃莱尔－当洛综合征（Ehlers-Danlos syndrome，EDS）。患有EDS的人无法产生大量的胶原蛋白，胶原蛋白是一种纤维，可以使韧带和肌腱保持刚性，使骨头变得坚韧。胶原蛋白较少会产生马戏团演员具备的那种柔韧性。和许多患有EDS的人一样，帕格尼尼可以把他的所有关节向后弯曲到惊人的程度（因此他在台上可以这么做）。但胶原蛋白的作用不仅仅是阻止我们大多数人膝盖不打弯地触摸脚趾，长期缺乏胶原蛋白会导致肌肉疲劳、肺功能下降、肠易激综合征、视力下降，以及半透明、易损伤的皮肤。现代研究表明，音乐家有很高的概率患EDS等关节过度活动综合征（舞蹈家也是如此），虽然这在一开始给了他们很大的优势，但后来往往

尼科罗·帕格尼尼被广泛地认为是有史以来最伟大的小提琴家，他的天赋在很大程度上归功于一种遗传疾病，该疾病使他的手异常灵活。注意他的手指奇异地张开（图片来源：美国国会图书馆）

会演变成膝盖和背部疼痛，尤其是如果他们像帕格尼尼一样站着表演。

1810年之后，不断的巡回演出使帕格尼尼筋疲力尽，尽管只有30岁，但他的身体已经开始衰退。他的财富在不断增长，但那不勒斯的一位领主在1818年驱逐了他，该领主认为，像帕格尼尼这样瘦弱多病的人一定患有结核病。他开始取消演出，无法演奏。19世纪20年代，为了养病，他放弃了整整几年的巡演。帕格尼尼不可能知道是EDS导致了他的痛苦，因为直到1901年才有医生正式描述这种综合征。无知只会加剧他的绝望，于是他去找了江湖药剂师和江湖医生。在诊断出梅毒、肺结核与其他疾病后，医生给他开了刺激性的含汞的泻药，这严重破坏了原本就脆弱的内脏。他持续的咳嗽也加剧了，最后他的声音完全消失，无法说话。他不得不戴上蓝色的墨镜来保护疼痛的视网膜，他的左睾丸一度肿胀起来，他抽泣着说，有"一个小南瓜"那么大。由于汞对牙龈的慢性损伤，他必须用线捆住摇摇晃晃的牙齿才能吃饭。

要弄清楚帕格尼尼最终为何在1840年去世，就相当于问是什么摧毁了罗马帝国——你需要选择一个答案。滥用含汞的药物可能造成了最严重的损伤，但本纳蒂医生在帕格尼尼服药之前就已经认识他了，他是唯一一位没有因为欺骗帕格尼尼而被其愤怒解雇的医生，他把真正的问题追溯到了更早的时候。在检查帕格尼尼之后，本纳蒂认为肺结核与梅毒的诊断是站不住脚的。相反，他指出："（帕格尼尼）后来的几乎所有疾病都可以追溯到他的皮肤极度敏感。"本纳蒂认为，帕格尼尼像纸一样的EDS皮肤使他容易着凉、出汗和发烧，加剧了他体质的脆弱。本纳蒂还描述了帕格尼尼的喉、肺以及结肠的膜——都是受EDS影响的区域，它们都很容易受到刺激。我们必须谨慎，不要过度解读19世纪30年代的诊断，但本纳蒂清楚地发现帕格尼尼的脆弱性是与生俱来的。根据现代知识，帕格尼尼的身体天赋和身体折磨似乎有相同的遗传来源。

帕格尼尼的死后生活也充满了厄运。在法国尼斯，临终时的帕格尼尼拒绝了圣餐和忏悔，他认为这会加速他的死亡。无论如何他还是死了，由于他不参加圣餐，而且在复活节期间也是如此，天主教会拒绝为他举行正式的葬礼（结果，他的家人只好不光彩地带着他的尸体走了几个月。他先在一个朋友的床上躺了60天，然后卫生官员介入了。接着，他的尸体被转移到一家废弃的麻风病人医院，这里的一个狡诈的看门人向前来看望尸体的游客收取费用。之后又被转移到橄榄油加工厂的水泥桶。最终，家人秘密地把他的遗骨运回热那亚，并安葬在一个私人花园里。他在那里躺了36年，直到教会最终原谅他，并允许埋葬他*）。

帕格尼尼在事后被逐出教会，这让人们怀疑教会长老对他怀恨在心。帕格尼尼确实在冗长的遗嘱中把教会删掉了，浮士德式的出卖灵魂的故事只会雪上加霜。但教会有很多真实的理由可以摈弃这位小提琴家。帕格尼尼公开地赌博，他甚至在一场演出前拿自己的小提琴打赌（他输了）。更糟糕的是，他与欧洲各地的少女、清洁女工、贵族女人纵情狂欢，暴露了对私通的巨大欲望。最大胆的是，据说他曾经勾引并抛弃了拿破仑的两个妹妹。他曾经吹嘘说："我很丑，但只要我拉小提琴，女人就会拜倒在我的脚下。"教会对此并不买账。

尽管如此，帕格尼尼的纵欲过度提出了一个关于遗传学和纯艺术的重要问题。考虑到艺术的无处不在，DNA可能编码了某种艺术冲动，但是，为什么呢？我们为什么会对艺术产生如此强烈的反应？有一种理论认为，我们的大脑渴望社会互动和肯定，分享故事、歌曲和图像有助于人们建立联系。基于这种观点，艺术促进了社会凝聚力。再者，我们对艺术的渴望可能是一种意外。在古代的环境中，我们的脑回路进化为偏爱特定的视觉、声音和情感，而纯艺术可能只是利用了这些回路，集中传递视觉、声音和情感。基于这种观点，艺术和音乐对于我们的大脑，就像巧克力对于我们的舌头。

然而，许多科学家用“性选择”解释我们对艺术的渴望——性选择是自然选择的表亲。根据性选择理论，最经常交配并传递DNA的生物并不一定是因为它们有生存优势，可能只是因为它们更漂亮、更性感。对大多数生物来说，性感意味着强壮、匀称或艳丽，想一想雄鹿的鹿角和孔雀的尾巴。但唱歌或跳舞也能让人注意到身体的健康。绘画和诗歌体现了一个人的智慧和机敏程度，对于灵长目社会的联盟和阶级，这些天赋至关重要。换句话说，艺术透露了一种性感的精神健康。

你现在可能会觉得，对找女人来说，马蒂斯或莫扎特那样的天赋有点复杂，你是对的，但过度其实是性选择的标志。想象一下孔雀的尾巴是如何进化的。在很久以前，闪闪发光的羽毛让一些孔雀更有吸引力。但是，鲜艳的大尾巴很快就成了常态，因为这些性状的基因会在下一代传播。所以，只有尾巴更大、更鲜艳的雄孔雀才能吸引雌孔雀的注意。但是，随着世代的变迁，所有的雄孔雀都跟上了。因此，要想赢得关注，需要炫耀更多，直到失控。同样地，写一首完美的十四行诗，或者用大理石（或DNA）雕刻一个完美的肖像，对类人猿来说，可能就相当于4英尺长的羽毛、十四角的鹿角和火红色的狒狒臀部*。

当然，尽管帕格尼尼的才华使他登上了欧洲社会的顶峰，但他的DNA很难使他成为“种马”：他的精神和身体都很糟糕。这足以证明，人的性欲很容易偏离传递优秀基因的功利冲动。性吸引有其自身的影响力和控制力，文化可以凌驾于我们最深层的性本能和性厌恶，甚至乱伦这样的遗传禁忌也会变得很有吸引力。事实上，在某些情况下，那些吸引人的变态行为塑造和影响了我们最伟大的艺术。

亨利·图卢兹-罗特列克（Henri Toulouse-Lautrec）是红磨坊[1]的画家和记录者，他的艺术和他的遗传谱系，似乎像双螺旋结构一样紧密地交织在一起。图卢兹-罗特列克家族的历史可以追溯到查理大帝，多位图卢兹伯爵作为事实上的国王统治了法国南部几个世纪[2]。该谱系曾经傲慢到挑战教皇的权力——教皇曾10次将图卢兹-罗特列克家族逐出教会，但这一谱系也产生了雷蒙德四世[3]，他为了上帝的荣耀在第一次十字军东征中率领十万大军洗劫了君士坦丁堡和耶路撒冷。到1864年亨利出生时，这个家族已经失去了政治权力，但仍然控制着大量地产，他们的生活陷入了无休止的射击、钓鱼和酗酒的贵族赋格曲。

为了保持家族土地的完整，图卢兹-罗特列克家族的不同成员经常内部通婚，但这种近亲结婚使有害的隐性突变获得了从幽暗洞穴里爬出来的机会。每个活着的人都携带着一些恶性突变，我们之所以能活下来，是因为每个基因都有两个副本，好的副本可以抵消坏的副本（对于大多数基因，身体在50%生产能力甚至更少时就能正常工作，*foxp2*基因蛋白是个例外）。两个随机的人在同一基因上都存在有害突变，这种概率非常低，但DNA相似的亲戚很容易将两个有缺陷的副本遗传给他们的孩子。亨利的父母是表兄妹，他的祖母和外祖母是亲姐妹。

1 巴黎的一家酒吧和歌舞厅，因为屋顶上有红色的风车而得名。如今，红磨坊的表演仍在继续，这里仍然是巴黎著名的观光景点之一。图卢兹-罗特列克曾为红磨坊画了很多海报。

2 查理大帝（Charlemagne，742—814），欧洲中世纪的法兰克国王。在查理大帝时期，伯爵相当于地方长官。

3 雷蒙德四世（Raymond IV，约1041—1105），图卢兹伯爵，也是第一次十字军东征（1096—1099年）的主要将领之一。

6个月大的时候，亨利的体重只有10磅，而且据说他头上的囟门（soft spot）在4岁时还没有闭合。他的头骨似乎也有些肿胀，粗短的胳膊和腿以奇怪的角度连接在身体上。甚至在十几岁的时候，他有时还需要拄着拐杖走路，但这没能阻止他摔倒——他摔倒了两次，两根股骨都折断了，而且都没有彻底痊愈。现代医生无法达成一致的诊断，但所有医生都认为亨利患有隐性遗传疾病，这种疾病除了导致疼痛，还会使他骨骼脆弱、下肢发育不良（他的身高通常被记作"4英尺11英寸"，但据估计，他的成年身高最低为4英尺6英寸，相当于儿童大小的腿上长着成年男人的躯干）。他也不是这个家族唯一的受害者。亨利的弟弟在婴儿时期就夭折了，而他的表亲（也是近亲结婚的产物）都患有骨骼畸形和癫痫*。

说实在的，相比于欧洲其他近亲结婚的贵族，比如17世纪西班牙倒霉的哈布斯堡王朝，图卢兹-罗特列克家族可以说是毫发无损。和历史上的君主一样，哈布斯堡王朝把乱伦等同于血统的"纯洁"，他们只与同一家族、血统相近的人交配（俗话说，所谓贵族，不过是近亲繁衍）。哈布斯堡家族在欧洲各地拥有多个王位，但伊比利亚分支似乎特别注重表亲之间的爱情——西班牙哈布斯堡家族中每五个人就有四个与家族成员通婚。在当时最落后的西班牙村庄，农民的孩子有20%会夭折。而在哈布斯堡家族，这一数字上升到30%，他们的陵墓里满是因流产造成的死胎，另外还有20%的孩子在10岁前死亡。在幸存者中，不幸的孩子会患上"哈布斯堡唇"（如王室肖像中所见），这是一种畸形的下巴突出，使他们看起来非常愚蠢*。被诅咒的嘴唇变得越来越糟糕，并在卡洛斯二世（Charles II）——西班牙哈布斯堡王朝的最后一位国王——身上达到了顶峰。

卡洛斯的母亲是他父亲的外甥女，他的姑姑同时也是他的外祖母。在他之前的乱伦非常稳固而持久，以至于卡洛斯比一般的兄妹私生子更像近亲结婚的产物。无论从哪个角度看，结果都是丑陋的。他的下巴畸形到几乎不能咀嚼，舌头肿胀到几乎不能说话。这位弱智的君主直到8岁时才学会走路，虽然不到40岁就去世了，但他确实有点老糊涂，会出现幻觉，还会痉挛发作。哈布斯堡家族的顾问没有吸取教训，让另一位表妹与卡洛斯结婚，为他生儿育女。幸运的是，卡洛斯经常早泄，后来阳痿，所以没有继承人，王朝也就结束了。卡洛斯和哈布斯堡王朝的其他国王雇了世界上伟大的艺术家来记录他们的统治，但即便是提香、鲁本斯和委拉斯开兹也无法掩饰那臭名昭著的嘴唇，更无法掩盖哈布斯堡王朝在欧洲的普遍衰落。然而，在那个没有可靠医疗记录的时代，他们描绘丑陋的美丽肖像仍然是追踪遗传退化的宝贵工具。

尽管有自己的遗传负荷，但亨利·图卢兹-罗特列克避免了哈布斯堡家族的智力低下。他的机智甚至让他在同龄人中很受欢迎，少年时代的朋友注意到了他的弓形腿和跛足，经常把他从一个地方背到另一个地方，使他可以继续玩耍（后来他的父母给他买了一辆超大三轮车）。但是，男孩的父亲从未原谅儿子的残疾。魁梧、英俊、喜怒无常的阿方斯·图卢兹-罗特列克（Alphonse Toulouse-Lautrec）比任何人都更加浪漫地描述了自己家族的历史。他经常穿着雷蒙德四世那样的锁子甲，并且曾经对着一位大主教感叹道："啊，阁下！图卢兹的伯爵们可以随心所欲地鸡奸修道士并在事后吊死他的日子已经一去不复返了。"阿方斯想要孩子只是因为他想要打猎的同伴，当亨利无法拿着枪在乡间穿行时，阿方斯就把他从遗嘱中删除了。

图卢兹-罗特列克没有去打猎，而是继承了另一项家族传统——艺术。他的几位叔伯都是出色的业余画家，但亨利的兴趣更浓。从幼年时开始，他就一直涂鸦和素描。在3岁时的一场葬礼上，由于不会写自己的名字，他用墨水在宾客登记表上画了一头牛。十几岁的时候，他因为断腿而卧床不起，开始认真画画。15岁时，他和母亲（也与阿方斯伯爵疏远）一起搬到巴黎，因此图卢兹-罗特列克能获得学士学位。但是，当这个发育中的男孩发现自己身处欧洲大陆的艺术之都时，他放弃了学习，与一群喝苦艾酒的波希米亚画家混在一起。以前他的父母鼓励他的艺术追求，但如今他们的纵容变成了反对，反对他放荡的新生活。其他家庭成员也感到愤怒。一位保守的叔叔找出了图卢兹-罗特列克留在家里的早期作品，举办了一场类似于萨佛纳罗拉的“虚荣之

画家亨利·图卢兹-罗特列克是表兄妹结婚的后代，他患有一种遗传疾病，该疾病阻碍了他的成长，并微妙地影响了他的艺术。他经常从不同寻常的角度素描和绘画（亨利·图卢兹-罗特列克）

火”[1]的活动。

但图卢兹-罗特列克已经沉浸在巴黎的艺术场景中，正是在那个时候，也就是19世纪80年代，他的DNA开始塑造他的艺术。遗传疾病使他的身体和脸蛋都毫无吸引力——牙齿腐烂，鼻子肿胀，嘴唇张开，口水直流。为了让自己对女性更有吸引力，他留着时髦的胡须，他还像帕格尼尼一样鼓励某些谣言（据说，他因为粗短的腿和修长的“第三条腿”而获得了“三脚架”的绰号）。尽管如此，这个长相滑稽的“侏儒”仍然对找到情妇感到绝望，所以他开始在巴黎贫民窟的酒吧和妓院里寻欢，有时会在那里消失好几天。身处宏伟的巴黎，这位贵族却只在这里寻找灵感。他遇到了许多妓女和底层人，尽管他们地位低下，图卢兹-罗特列克还是花时间画了他们，即使在漫画或色情的阴影下，他的作品也赋予了他们尊严。他在破旧的卧室和密室中发现了一些人性的，甚至是高贵的东西，不同于他的印象派前辈，图卢兹-罗特列克放弃了日落、池塘、森林等所有户外场景。“大自然背叛了我。”他解释。作为报复，他也放弃了大自然，宁愿手头有鸡尾酒，以及名声不好的女人在他面前摆出各种姿势。

他的DNA可能也影响了他的艺术类型。粗短的胳膊（他自嘲为“胖爪子”的手）使他很难长时间地拿画笔和绘画。这可能是他决定花大量时间在海报和印刷品上的原因——都是不那么笨拙的媒介。他还画了大量的素描。在妓院里，“三脚架”并不总是伸出来，休息的时候，亨利利用亲密的或沉思的时刻创作了数千幅新颖的女性画作。更重要的是，在这些素描和更正式的红磨坊肖像中，他经常采用不同寻常的视角——从下面画人物（“鼻孔视角”），或者从画框中裁掉人物的腿（考虑到自身的缺陷，他讨

1 1497年2月7日，佛罗伦萨，多明我会修士吉罗拉莫·萨佛纳罗拉（Girolamo Savonarola）的支持者收集并当众焚毁了成千上万的艺术品、书籍和化妆品。他们认为化妆品、特定的书籍和艺术品都是爱慕虚荣的象征，会诱人犯罪。这一事件被称为“虚荣之火”。

厌盯着别人的腿），或者以向上的角度扫过场景——身体更强壮但艺术造诣更低的人可能永远不会看到这些角度。曾经有一位模特对他说："你是个畸形的天才。"他回答道："那当然。"

不幸的是，红磨坊的诱惑——随意的性行为、熬夜，尤其是"掐死鹦鹉"（图卢兹-罗特列克对自己酗酒的委婉说法）——在19世纪80年代耗垮了他脆弱的身体。他的母亲试图让他戒酒，并把他送到收容机构，但一直没有成效（部分原因是图卢兹-罗特列克制作了一种特制的空心手杖，偷偷地喝装在里面的苦艾酒）。1901年，病情再次恶化之后，图卢兹-罗特列克突发脑中风，几天后死于肾衰竭，时年36岁。考虑到他显赫的家族血统中有画家，可能有一些艺术天赋的基因铭刻在他体内，图卢兹的伯爵们给他留下了发育不良的骨架，考虑到他们同样引人注意的酗酒史，他们可能也给了他酗酒的基因。就像帕格尼尼，图卢兹-罗特列克的DNA在某种意义上使他成为艺术家，但也最终毁掉了他。

第四部分

DNA的神谕

遗传学的过去、现在和未来

第十三章

凡是过往，皆为序章：

关于历史英雄，基因能（以及不能）告诉我们什么？

所有这些我们都无能为力，那为什么还要如此费心？无论是肖邦（囊性纤维化？），陀思妥耶夫斯基（癫痫？），爱伦·坡（狂犬病？），简·奥斯汀（成人水痘？），“穿刺者弗拉德”（卟啉病？），还是文森特·梵高（一半的精神障碍），我们都不可救药地试图诊断这些著名的死者。尽管某些记录相当可疑，但我们坚持不懈地猜测。有时候，即便是虚构人物也会得到毫无根据的医疗建议。医生已经自信地诊断出，艾比尼泽·斯克鲁奇（Ebenezer Scrooge）患有强迫症，夏洛克·福尔摩斯（Sherlock Holmes）患有自闭症，达斯·维达（Darth Vader）患有边缘型人格障碍[1]。

这种冲动当然可以解释为我们对英雄的痴迷，他们克服严重威胁的故事也会让我们感到鼓舞。还有一种潜藏的沾沾自喜：我们解决了前几代人无法解决的谜团。最重要的是，正如一位医生在2010年的《美国医学会杂志》（*Journal of American Medical Association*）上评论：“回溯诊断最有趣的一点是，因为没有确凿的证据，所以总是有辩论的空间，总是有新理论和新主张的空间。”这些主张通常采用外推（extrapolation）的形式——用神秘的疾病解释杰作或战争的起源。血友病使沙皇俄国垮台了吗？痛风引发

1　艾比尼泽·斯克鲁奇（Ebenezer Scrooge）是狄更斯的小说《圣诞欢歌》中的人物。达斯·维达（Darth Vader）又名阿纳金·天行者（Anakin Skywalker），是电影《星球大战》中的角色。

了美国革命吗？虫子叮咬是否促成了达尔文的理论？当我们的遗传学知识不断拓宽，搜罗古代证据变得更加诱人，但是在实践中，遗传学往往会增加医学上和道德上的困惑。

出于各种原因——对古埃及文化的迷恋，现成的木乃伊供应，大量的离奇死亡，医学史学家特别深入地研究了古埃及和阿蒙霍特普四世（Amenhotep IV）这样的法老。阿蒙霍特普被称为摩西、俄狄浦斯和耶稣基督的合体，虽然他的宗教异端最终摧毁了他的王朝，却也以一种迂回的方式确保了王朝的不朽。公元前14世纪中期，在他统治的第4年，阿蒙霍特普把自己的名字改为“阿肯那顿”（Akhenaten，太阳神“阿顿”的灵魂）。这是他摈弃先祖的多神论、转而信奉一神论的第一步。很快，阿肯那顿建造了一座崇敬阿顿的新“太阳城”，把埃及通常在夜间举行的宗教仪式转移到最适合太阳神的午后时间。阿肯那顿还宣布了一个便利的发现：他就是阿顿失散已久的儿子。当民众开始抱怨这些变化时，阿肯那顿命令他的禁卫军暴徒摧毁了除他所谓的“父亲”之外的所有神的图像，无论是公共纪念碑上的还是穷人家庭的陶器上的。阿肯那顿甚至成了语法纳粹，清除了公共话语中象形文字“神”的所有复数痕迹。

阿肯那顿统治的17年见证了同样异端的艺术上的变化。在阿肯那顿时代的壁画和浮雕中，鸟类、鱼类、狩猎和花朵第一次看起来很真实。阿肯那顿的后宫艺术家也描绘了他的王室，包括他最宠爱的妻子娜芙蒂蒂（Nefertiti）和他的继承人图坦卡蒙（Tutankhamen），他们吃饭、爱抚或亲吻，是一幅极其世俗的家庭场景。然而，尽管艺术家在细节上小心谨慎，但他们的身体仍然显得很怪诞，甚至畸形。更难以理解的是，这些肖像中的仆人和不那么尊贵的人看起来仍然像人类。过去的法老把自己描绘成北非的阿多尼斯[1]，有着宽阔的肩膀和舞者的体格。阿肯那顿不是这样，在其他明显的自然主义中，他、图坦卡蒙、娜芙蒂蒂和其他贵族看起来完全就是外星人。

根据考古学家的描述，这种皇家艺术听起来就像狂欢节的叫卖，有人保证你会“因为身体排斥而退缩”。还有人把阿肯那顿称为“人形螳螂”，我们可以列举出好几页的畸形性状：杏仁状的头、矮胖的躯干、蜘蛛一样的手臂、鸡一样的腿（包括膝盖向后弯曲）、霍屯督人的臀部、像打了肉毒杆菌的嘴唇、凹陷的胸部、下垂的大肚子，等等。在许多照片中，阿肯那顿都有乳房，而他唯一已知的裸体雕塑有一个雌雄同体的胯部，就像芭比娃娃里的肯。简而言之，这些作品是艺术史上的反《大卫》、反《断臂的维纳斯》[2]。

就像哈布斯堡王朝的肖像，一些埃及学家把这些图像视为法老家族遗传畸形的证据。其他的证据也支持这一想法。阿肯那顿的哥哥在童年时死于一种神秘的疾病，一些学者认为阿肯那顿年轻时因为身体残疾而被排除在宫廷仪式之外。在他的儿子图坦卡蒙的坟墓里，考古学家发现了130根手杖，许多都有磨损的痕迹。医生无法抗拒地对这些法老进行回溯诊断，认为他们患有马凡综合征和象皮肿等各种疾病。但无论多么具有启发性，所有的诊断都严重缺乏确凿的证据。

回到遗传学。埃及政府一直很犹豫让遗传学家侵害他们最珍贵的木乃伊。对组织或骨骼钻孔，会不可避免地破坏它们的一小部分，而最开始古遗传学家也很迟疑，担心会出现污染和不确定的结果。直到2007年，埃及政府才做出让步，允许科学家从包括

1　阿多尼斯，希腊神话中一位非常俊美的神，掌管每年植物的死而复生。

2　《大卫》（*David*）和《断臂的维纳斯》（*Venus de Milo*）都是艺术史上的著名雕像，前者是文艺复兴时期的作品，后者创作于古希腊时期。这两个雕塑一男一女，非常极致地展现了人类的身体之美。

埃及法老阿肯那顿（坐在左边）让他的宫廷艺术家把他和他的家人描绘成怪异的、几乎是外星人的形象，导致许多现代医生通过回溯诊断出阿肯那顿患有遗传疾病（Andreas Praefcke）

图坦卡蒙和阿肯那顿在内的5代木乃伊中提取DNA。结合对尸体的细致的CT扫描，这项基因工作帮助解开了关于那个时代的艺术和政治的一些谜团。

首先，该研究没有发现阿肯那顿和他的家族有什么重大缺陷，这表明埃及王室成员看起来和正常人没有区别。这意味着阿肯那顿的肖像（看起来当然不正常）可能没有努力地追求逼真，它们只是一种宣传。阿肯那顿显然认为，作为太阳神的不朽的儿子，他的身份使他远远高于庸常的人类，以至于他必须在公开的肖像中拥有新型的身体。画像中阿肯那顿的那些奇怪的特征（肿胀的肚子，猪一样的臀胯）让人想起了生育神，所以也许他想把自己描绘成埃及幸福的摇篮。

尽管如此，这些木乃伊显示出了更微妙的畸形，比如畸形足和腭裂。每一代都要承受更多。第四代的图坦卡蒙继承了畸形足和腭裂。他年轻时也像图卢兹－罗特列克一样摔断了股骨，脚上的骨头因为先天性供血不足而坏死。在检查图坦卡蒙基因的时候，科学家明白了为什么他如此痛苦。某些DNA“结巴”（碱基的重复片段）可以完整地从父母遗传给孩子，因此它们提供了一种追踪谱系的方法。不幸的是，图坦卡蒙都有相同的DNA“结巴”，因为他的母亲和父亲是同父同母的兄妹。娜芙蒂蒂可能是阿肯那顿最著名的妻子，但为了生育继承人，阿肯那顿转向了自己的妹妹[1]。

这种乱伦很有可能损害了图坦卡蒙的免疫系统，最终毁灭了整个王朝。一位历史学家指出，阿肯那顿对埃及之外的一切都“病态地缺乏兴趣”，埃及的外敌兴高采烈地偷袭了王国的边境，危及国家安全。阿肯那顿死后，这个问题仍然存在，9岁的图坦卡蒙登基，几年后这个男孩放弃了父亲的异端邪说，恢复了古代的诸神，希望能有更好的运气。但好运没有来。在研究图坦卡蒙的木乃伊时，科学家在他的骨骼深处发现了大量的疟疾DNA。疟疾在当时并不罕见，类似的测试表明，图坦卡蒙的祖父母都至少两次患过疟疾，而且他们都活到了50岁。但科学家认为，由于乱伦基因的存在，图坦卡蒙的疟疾“让他不堪重负的身体承受了太多压力”。他死于19岁。事实上，图坦卡蒙的墓穴墙壁上的一些奇怪的斑点提供了线索，表明他的衰落有多么突然。DNA和化学分析表明，这些斑点是生物造成的：图坦卡蒙的死亡来得太快，陵墓内壁上的装饰漆还没有干，他的随从刚把他封起来，这些油漆就长了霉。更糟糕的是，图坦卡蒙娶了自己同父异母的妹妹，把

1　图坦卡蒙的母亲没有留下确切的名字，她在考古学上被称为“年轻女士”（The Younger Lady）。

自己的遗传缺陷传给了下一代。他们已知的两个孩子分别在5个月和7个月时夭折，最后图坦卡蒙的墓穴里增加了一些裹着襁褓的木乃伊，为他的金色面具和许多手杖增添了可怕的内容。

埃及的强权者从未忘记这个家族的罪行。由于图坦卡蒙死时没有继承人，一位将军夺取了王位。他死时也没有子女，但另一位指挥官拉美西斯[1]接替了他的位子。拉美西斯和他的继承人在法老史册上抹去了阿肯那顿、图坦卡蒙和娜芙蒂蒂的大部分痕迹，就像阿肯那顿坚决地抹去了其他的神。作为最后的侮辱，拉美西斯和他的继承人在图坦卡蒙的坟墓上建造了隐藏它的建筑物。事实上，它们隐藏得非常好，甚至连盗墓者也很难找到。结果，图坦卡蒙的宝藏在几个世纪内基本上完好无损，这些宝藏最终会让他和他的异端乱伦家族再次变得不朽。

可以肯定的是，每一例合理的回溯诊断——图坦卡蒙、图卢兹-罗特列克、帕格尼尼、哥利亚（当然是巨人症）——都有一些精彩之处。最惊人的回溯诊断可能始于1962年，当时一位医生发表了一篇关于卟啉病的论文，卟啉病是一组红细胞疾病。

卟啉病会导致有毒副产品的积累，这些副产品（取决于类型）会破坏皮肤，长出讨厌的体毛，或者使神经短路并诱发精神病。该医生认为这听起来很像狼人，于是他提出了一个想法：关于狼人的广泛传说可能是有医学依据的。1982年，一位加拿大生物化学家更进一步。他注意到了卟啉病的其他症状——起泡的晒伤、突出的牙齿、血红色的尿，并开始发表演讲，暗示这种疾病似乎更有可能启发吸血鬼的故事。当被要求解释时，他拒绝写科学论文，取而代之的是（这不是好的迹象）一档全国性的美国脱口秀

1　这里指的是拉美西斯一世，古埃及第十九王朝的创建者。前面所说的“将军”指的是霍朗赫布，埃及第十八王朝的末代法老，他在死时将王位传给了拉美西斯。

节目，而且是在万圣节前夕。他向观众解释说，“吸血鬼”卟啉患者在夜间漫步，原因是他们害怕被晒伤，他们可能发现饮血可以补充血液，从而缓解症状。那么著名的、有传染性的“吸血鬼之咬”是怎么回事呢？他认为，卟啉病在家族中遗传，但通常需要压力或恐惧才能触发。某个兄弟姐妹咬你、吸你的血，当然会让你有压力。

节目吸引了大量的关注，很快就有焦虑的卟啉患者询问他们的医生，自己是否会变异成嗜血的吸血鬼（几年后，一名精神错乱的弗吉尼亚男子为了保护自己，甚至刺伤并肢解了他患卟啉病的好友）。这些事件非常不幸，因为这个理论是一派胡言。至少，我们认为的典型的吸血鬼特征，比如夜行性，在民间的吸血鬼传说中并不常见（我们今天所知吸血鬼的大部分属性都是布莱姆·斯托克在19世纪末发明的修辞）。所谓的“科学事实”也并不与现实相符。饮血并不会缓解症状，因为治疗卟啉病的血液成分在经历消化系统之后很难继续存在。从遗传学上讲，虽然许多卟啉病患者确实会被晒伤，但让人联想到超自然邪恶的真正可怕的起泡的晒伤，仅限于一种罕见的卟啉病突变。迄今有记录的案例只有几百个——太少了，无法解释过去几个世纪中普遍存在的吸血鬼歇斯底里（为了搜寻吸血鬼，东欧的一些村庄每周清理一次墓地）。总的来说，卟啉病更多地解释了现代人的轻信——人们多么愿意相信披着科学外衣的东西，而无法解释民间传说中的怪物的起源。

关于卟啉病，一个更加可信（但仍有争议）的历史案例发生在英国国王乔治三世统治时期。乔治不会在阳光下晒伤，但小便确实有桃红葡萄酒的颜色，再加上便秘、黄眼睛等卟啉病的其他症状。他也会经常性地精神错乱。他曾经严肃地与一根树枝握手，确信自己终于有幸见到了普鲁士国王。他曾经抱怨在镜子里面看不见自己，这的确像吸血鬼。在他尖叫最严重的时候，大臣们用拘束服限制乔治三世。的确，乔治的症状并不完全符合卟啉病，而且相对于卟啉病来说，他的疯癫发作是异常强烈的。但他的基因可能带来了复杂的因素：大约在1500年至1900年，遗传性的疯狂在欧洲王室之中蔓延，而且大多数都是乔治的亲戚。不管原因是什么，乔治在1765年年初第一次发病，这让议会非常害怕，他们通过了一项法案，明确了如果国王完全发疯，应该由谁继承权力。被激怒的国王解雇了首相。但在那年春天的混乱中，《印花税法》通过了，它开始破坏美洲殖民地与乔治的关系。新首相上任后，受到轻蔑的前首相决定把剩余的权力集中在惩罚殖民地上，这是他最大的爱好。另一位有影响力的政治家，威廉·皮特（William Pitt），想让美洲留在帝国内——可以想象，他会减弱这种报复。但皮特患有另一种高遗传性的疾病——痛风（诱因可能是丰富的饮食或含铅的葡萄牙廉价葡萄酒）。皮特因病缺席了1765年及之后的一些重要政策辩论，而疯狂的乔治政府最终将美洲殖民者逼得太过了。

新生的美国摆脱了欧洲的王朝谱系，绕过了令欧洲统治者失去理智的遗传性精神错乱。当然，美国总统有他们自己的疾病。约翰·F.肯尼迪（John F. Kennedy）天生体弱多病——他因病错过了2/3的幼儿园时光，他在预备小学被（错误地）诊断出患有肝炎和白血病。在他成年之后，医生每两个月就会切开他的大腿，给他植入激素颗粒，据报道，他的家人把应急药物存放在全国各地的保险箱里。这总不是件坏事。肯尼迪身体经常崩溃，在成为总统之前多次接受临终祈祷。历史学家现在知道，肯尼迪患有爱迪生氏病（Addison's disease），这种病会破坏肾上腺，消耗体内的皮质醇。爱迪生氏病的一个常见副作用是古铜色皮肤——可能为肯尼迪提供了活泼上镜的棕褐色皮肤。

但总体来说，爱迪生氏病是一种严重的疾病。尽管1960年总统竞选的对手——首先是林登·约翰逊（Lyndon Johnson），然后是理查德·尼克松（Richard Nixon）——并不知道肯尼迪到底得了什么病，但他们毫不避讳地散布谣言，说肯尼迪会在第一个任期内（畏缩地）死去。作为回应，肯尼迪的顾问利用措辞巧妙的声明误导了公众。19世纪，医生发现爱迪生氏病是肺结核的一种副作用；这就成了爱迪生氏病的"典型症状"。因此，肯尼迪的手下可以一本正经地说，他"现在没有，过去也不曾得过会对肾上腺造成结核性破坏的，被称为'爱迪生氏病'的小病"。事实上，大多数爱迪生氏病都是天生的，它们是由MHC基因协调的自身免疫攻击。此外，肯尼迪可能至少对爱迪生氏病有遗传易感性，因为他的妹妹尤妮斯也患有这种疾病。但除非把肯尼迪的尸体挖出来，否则我们无法确定确切的遗传贡献（如果有的话）。

对于亚伯拉罕·林肯的基因，医生面临着一个更加棘手的问题，因为他们不确定林肯是否患有某种疾病。他可能患病的第一个暗示出现在1959年，当时一位医生诊断出一个7岁的男孩患有马凡综合征。通过男孩的家系图追溯该疾病，医生在8代之前发现了小莫迪凯·林肯（Mordecai Lincoln Jr.），亚伯拉罕·林肯的曾曾祖父。这一点很有启发意义：林肯瘦削的体格和细长的四肢看起来像典型的马凡综合征，这是一种显性基因突变，所以会在家族中遗传。但该发现并不能证明什么，因为那个男孩可能从他的任何一位祖先那里遗传了马凡基因突变。

突变的马凡基因产生了有缺陷的原纤蛋白（fibrillin）——为软组织提供结构支撑的蛋白质。举个例子，原纤蛋白帮助形成眼睛，因此马凡综合征患者的视力往往很差（这解释了为什么一些现代医生诊断阿肯那顿患有马凡综合征，相比于埃及眯着眼的夜行神，他可能更喜欢自己王国的太阳神）。更重要的是，原纤蛋白束缚血管：马凡综合征患者往往因为主动脉磨损和破裂而早逝。

事实上，一个世纪以来，检查血管等软组织是诊断马凡综合征的唯一可靠的方法。由于没有林肯的软组织，1959年之后的科学家只能研究照片和医疗记录，并争论模棱两可的继发性症状。

检测林肯DNA的想法大约出现在1990年。林肯的横死产生了大量的头骨碎片和血淋淋的枕套、衬衫袖口，可以用来提取DNA。甚至从林肯头骨中找到的子弹也可能有DNA的痕迹。因此，1991年，9位专家召开会议，讨论此类检测的可行性和伦理问题。伊利诺伊州的一位国会议员立刻加入了争论，他要求专家们确定，林肯是否会赞同该项目。这一点很难确定。林肯的去世发生在弗雷德里希·米歇尔发现DNA之前，而且林肯没有就他死后医学研究的隐私问题发表任何声明。（他有什么必要这么做呢？）更重要的是，基因检测需要粉碎无价的文物，但即便如此，科学家可能仍然得不到可靠的答案。事实上，林肯委员会在该过程的后期才意识到，得出诊断是多么复杂的事情。新的研究表明，马凡综合征可能产生于许多不同的原纤蛋白的突变，因此，遗传学家必须通过长链DNA进行诊断，这比寻找单点突变要困难得多。即便他们什么都没有发现，也不能排除林肯患有马凡综合征，因为他可能有一种未知的突变。此外，其他疾病可以通过扰乱其他基因来模仿马凡综合征，从而增加并发症。一场严肃的科学冒险突然变得如同儿戏，当一位诺贝尔奖得主希望克隆并兜售嵌入“真正的林肯DNA”的琥珀珠宝时，任何人都不会变得更加有信心。委员会最终放弃了整个想法，这件事直到今天仍然被搁置。

虽然徒劳无功，但研究林肯DNA的尝试确实提供了参考，让我们可以衡量其他回溯遗传学项目的价值。最重要的科学考虑是当前技术的质量，以及科学家是否应该暂缓，把这些工作留给后人（尽管等待的过程令人沮丧）。此外，尽管科学家需要首先证明他们能可靠地诊断活人的遗传疾病，但在林肯的案例中，他们事先没有确保这一点，就已经开始匆忙地前进。1991年的技术无法避免DNA污染，而那些文物（比如带血的衬衫袖口和枕套）原本已经妥善处理了（因此，一位专家建议先拿堆积在国家博物馆里的内战截肢者的无名遗骨练习）。

至于伦理问题，一些科学家认为，历史学家已经入侵了人们的日记和病历，回溯遗传学只是扩展了这种许可。但如此类比并不成立，因为基因可以揭示出连当事人都不知道的缺陷。如果他们已经安然死亡，那就不算太可怕，但某些活着的后代可能不希望暴露自己的基因缺陷。而且，如果侵犯某人的隐私是不可避免的，那么研究至少应该试图回答一些重要的或者原本无法回答的问题。通过基因检测，遗传学家可以很容易地确定林肯的耳垢是干的还是湿的，但这并不能完全说明林肯是怎样的人。但马凡综合征的诊断也许可以。大多数马凡综合征患者年纪轻轻就死于主动脉破裂，所以，也许在56岁被暗杀的时候*，林肯已经注定无法完成第二个任期。或者，如果基因检测排除了马凡综合征，它们可能会指向其他的疾病。在他任期的最后几个月，林肯的身体明显地衰退，《芝加哥论坛报》（*Chicago Tribune*）在1865年3月的一篇社论中敦促他，无论战争与否，他都应该在死于压力和过度劳累之前抽出时间休息一下。但也许这不是压力，他可能患有类似于马凡综合征的另一种疾病。其中一些疾病会导致严重的疼痛甚至癌症，因此林肯可能**知道**自己会死在任内（就像后来的罗斯福总统）。所以，对于林肯在1864年更换副总统，以及战后对南部邦联的宽大处理，我们可能有新的认识。基因检测还可以揭示，忧郁的林肯是否有抑郁症的遗传倾向，这是一种流行的理论，但没有直接的证据。

类似的问题也适用于其他总统。考虑到肯尼迪患有爱迪生氏病，也许卡美洛[1]无论如何都不会长久（相反，如果肯尼迪没有察觉到死神的存在，他也许不会鞭策自己，不会在政治上快速崛起）。托马斯·杰斐逊家族的遗传学，让他对奴隶制的看法产生了令人着迷的矛盾。

1802年，几家粗俗的报纸开始暗示杰斐逊和一个奴隶“情妇”生过几个孩子。莎莉·海明斯（Sally Hemings）在杰斐逊担任美国驻巴黎公使时为他服务，引起了他的注意（她可能是杰斐逊亡妻的同父异母的妹妹，杰斐逊的岳父有一个奴隶情妇）。据说，在回到蒙蒂塞洛的家后，杰斐逊把莎莉当作他的情人。杰斐逊的论敌嘲笑她是“非洲的维纳斯”，马萨诸塞州议会在1805年公开讨论杰斐逊的道德问题，其中包括与海明斯的私情。然而，即便是友好的目击者也记得，莎莉的儿子们是杰斐逊的可可色的分身[2]。在一次晚宴上，一位客人看到海明斯的一个儿子站在杰斐逊的肩膀后面，两人的相似之处让他大吃一惊。通过日记和其他文件，历史学家后来确定，在莎莉的每个孩子出生前9个月，杰斐逊都住在蒙蒂塞洛。当这些孩子21岁的时候，杰斐逊解放了他们，这是他没有给予其他奴隶的特权。离开弗吉尼亚后，其中一个被解放的奴隶麦迪逊（Madison）向报纸吹嘘说，他知道杰斐逊是他的父亲。另一个名为艾斯顿（Eston）的奴隶把自己的姓氏改成了“杰斐逊”，部分原因是他长得像华盛顿特区的托马斯·杰斐逊雕像。

但杰斐逊始终否认自己有过奴隶孩子，许多同时代的人也不相信这些指控，一些人反而指责附近的堂兄弟，或者杰斐逊的其他亲戚。因此，在20世纪90年代末，科学家把杰斐逊连接到基因测谎仪上。由于Y染色体不能与其他染色体交换重组，所以男

1　卡美洛，原意是指亚瑟王传说中的宫廷和城堡，但美国人用这个词比喻约翰·肯尼迪的任期。
2　这里的“分身”（doppelgänger）指的是外表非常相似的人。

性会将完整的、原装的Y染色体遗传给每个儿子。杰斐逊没有被他承认过的儿子，但他的男性亲戚有儿子，比如他的叔叔菲尔德·杰斐逊（Field Jefferson）。菲尔德·杰斐逊的儿子有了自己的儿子，然后他们也有了自己的儿子，杰斐逊的Y染色体最终遗传给了今天还活着的一些男性。幸运的是，艾斯顿·海明斯的谱系每一代都有男性。遗传学家在1999年追踪了这两个家族的成员。他们的Y染色体完全匹配。当然，基因检测只能证明莎莉·海明斯的孩子的父亲是一个姓“杰斐逊”的人，无法证明具体是哪一位杰斐逊。但考虑到额外的历史证据，针对杰斐逊的子女抚养费案件看起来非常有说服力。

不可否认，揣测杰斐逊的私生活是令人兴奋的——爱情之花绽放于巴黎，在淫靡的华盛顿仍然思念莎莉，但风流韵事也彰显了杰斐逊的性格。艾斯顿·海明斯诞生于1808年，也就是第一次指控的6年之后，这表明他要么极度傲慢，要么对莎莉忠心不渝。然而，就像他所鄙视的许多英国君主，杰斐逊为了挽回自己的声誉，与他的私生子断绝了关系。更令人不安的是，杰斐逊公开反对黑人与白人的婚姻，并起草法案将其视为非法，以迎合对异族通婚和种族不洁的恐惧。我们这位最具哲学精神的总统，似乎需要因虚伪接受谴责。

在发现杰斐逊的隐秘之后，Y染色体检测在历史遗传学中变得越来越重要。它确实有一个缺点，父系Y染色体对一个人的定义非常狭隘：在任何一代，你只能了解众多先祖中的一个（母系mtDNA也有类似的局限性）。尽管有这种限制，但Y染色体可以揭示的东西非常多。例如，Y染色体检测显示，历史上最大的生物“种马”不是卡萨诺瓦或所罗门王[1]，而是成吉思汗——他是如

1 卡萨诺瓦，指意大利作家贾科莫·卡萨诺瓦（Giacomo Casanova），据说一生中有不计其数的伴侣。所罗门王，《圣经》中以色列王国的第三代国王，据《圣经》记载，“所罗门有妃七百……嫔三百”。

今1 600万男性的祖先，地球上每200个男性中就有一个携带着他的Y染色体。当蒙古人征服了一块领土时，他们会尽可能多地与当地妇女生孩子，从而使她们依附于新的君主。（一位历史学家评论："他们不打仗的时候在做什么，这是很明显的事情。"）显然，成吉思汗自己承担了大部分责任，今天中亚到处都是他的后代。

为了揭开犹太人的历史，考古学家研究了Y染色体和其他染色体。《旧约》记载了犹太人如何分裂为犹太王国和以色列王国，这两个独立的国家可能发展出了不同的基因标记，因为人们倾向于在自己的大家庭中结婚。犹太人经历了数千年的流亡和散居，许多历史学家已经放弃了追踪每个王国的余剩之民（remnant）的最终去向。但是，现代阿什肯纳兹犹太人普遍存在的独特遗传特征（包括疾病），以及塞法迪犹太人和米兹拉希犹太人的独特遗传特征，使遗传学家可以追踪古代谱系，并确定《圣经》中的原始划分在很大程度上随着时间的推移而持续存在。学者还追溯了犹太人祭司种姓的遗传起源。在犹太教中，摩西的哥哥亚伦（Aaron）的后裔科恩（Cohanim）在圣殿仪式中扮演着特殊的角色。这一荣誉从科恩父亲传给科恩儿子，就像Y染色体。事实证明，世界各地的科恩确实有非常相似的Y染色体，这表明他们是单一的父系。进一步的研究表明，该"Y染色体亚伦"大致生活在摩西的时代，这证明了犹太传统的真实性（至少这个例子如此。利未人，一个相关但不同的犹太群体，也通过父系的方式传承宗教特权。但世界各地的利未人很少有相同的Y染色体，所以要么是犹太传统搞砸了这个故事*，要么是利未人的妻子偷偷和其他男人交配）。

更重要的是，研究犹太人的DNA有助于证实非洲兰巴部落中曾经几乎不可信的传说。兰巴人一直坚称他们有犹太血统：很多很多年前，一个叫布巴的男人带领他们离开以色列，来到非洲南部，这里的兰巴人至今不吃猪肉，对男孩实行割礼，戴着类似于基帕的帽子，用大幅的六芒星装饰自己的房子。考古学家认为，布巴的故事听起来非常荒谬，他们解释说，这些“黑色希伯来人”是文化传播的例子，而不是人类迁徙的例子。但兰巴人的DNA证实了他们的犹太血统：10%的男性兰巴人，以及最古老、最受尊敬的家族（祭司种姓）中的一半男性都有特征明显的科恩Y染色体。

虽然研究DNA可以帮助回答一些问题，但检测某个名人的后代，有时并不能确定他是否患有某种遗传疾病。这是因为，即使科学家找到了一种综合征的遗传信号，也不能确定该后代的缺陷DNA来自其著名的曾曾祖父（母）。这一事实，加上大多数看护人不愿意挖掘祖先的骨头进行检测，导致许多医学史学家只能进行传统的遗传分析——绘制家系图中的疾病，根据一系列的症状拼凑出诊断结果。在接受过遗传分析的患者中，最有趣的和最烦恼的或许是查尔斯·达尔文，因为他的疾病难以捉摸，而且他可能通过近亲结婚把疾病遗传给了孩子，这可能是自然选择起作用的一个令人心碎的例子。

16岁的时候，达尔文进入爱丁堡大学医学院，2年后，外科课程已经开始，而达尔文退学了。在自传中，达尔文简洁地叙述了他经受的场景：他观看了对一个生病的男孩做的手术，你可以想象，在麻醉药发明之前的那些日子里，那个男孩如何痛苦和尖叫。这一时刻改变了达尔文的一生，也预示了达尔文的一生。“改变”，是因为这说服了他辍学去做别的工作。“预示”，是因为手术使他作呕，预示着此后达尔文的健康状况一直不佳。

达尔文的身体状况在“小猎犬号”上开始恶化。1831年，达尔文没有参加航海前的体检，因为他知道自己肯定通不过。刚一出海，他就证明了自己是不折不扣的旱鸭子，经常晕船。在很多时候，他的胃只能消化葡萄干。他写了许多悲伤的信，向他的医生父亲寻求建议。达尔文确实在“小猎犬号”的中途停留期间证明了自己身体健康：他在南美洲徒步了30英里，收集了大量的样本。但在1836年回到英国并结婚后，他就变成了不折不扣的病号，整天气喘吁吁，经常厌恶自己。

只有拥有阿肯那顿最优秀的宫廷“漫画家”的那种天赋，才能捕捉到达尔文平时的痉挛、反胃和不舒服的感觉。他患有疖子、昏厥、心悸、手指麻木、失眠、偏头痛、头晕、湿疹，还有在他眼前盘旋的“飞转的舵轮和幽暗的乌云”。最奇怪的症状是他的耳朵嗡嗡作响，然后他总是会放出令人惊骇的屁，像闪电之后总是跟着雷声。但最重要的是，达尔文会呕吐。早餐后、午餐后、晚餐后、早午餐后、下午茶后，无论什么时候，他都要呕吐，直到他只能干呕。最严重的时候，他每小时呕吐20次，有一回连续呕吐了27天。脑力劳动使他的胃更加糟糕，即便是达尔文，有史以来最具智识的生物学家，也无法理解这一点。他曾经叹息道：“我不知道思考与消化烤牛肉有什么关系。”

这种疾病颠覆了达尔文的一生。为了呼吸更健康的空气，他回到了距离伦敦16英里的“唐寓”（Down House）。他的肠道疾病使他不敢去别人家，害怕弄脏他们的厕所。然后，他编造了一些漫无边际的、十分牵强的借口，不让朋友过来看他，“我得了一种很奇怪的病，”他在给一位朋友的信中写道，“这使我无法有任何精神上的兴奋，因为随之而来的总是痉挛。我想我也无法忍受和你交谈，尽管这对我来说是非常充满乐趣的事情。”孤独并没有治愈他。只要达尔文写作超过20分钟，就必然会感到某种刺痛，而且由于各种各样的疼痛，他已经多年没有工作了。最后，为了保护隐私，他在一半墙、一半屏风的书房后面建造了一间临时厕所。他甚至留起了著名的胡子，这主要是为了缓和湿疹——湿疹会导致他挠伤自己的脸。

即便如此，达尔文的病也有它的好处。他从来不需要演讲或教学，他可以让自己的“斗牛犬”托马斯·亨利·赫胥黎去做那些苦活，比如与威尔伯福斯主教（Bishop Wilberforce）等对手辩论，而他自己却躺在家里，修改自己的作品。几个月不受干扰的居家生活使达尔文可以保持通信，他通过信件收集了关于进化论的宝贵证据。他派了许多粗心的博物学家去做一些可笑的事情，比如数鸽子的尾羽或者寻找眼睛附近有褐色斑点的灵缇犬。这些要求似乎很奇怪，但它们揭示了进化的中间型。总之，它们使达尔文确信，自然选择的确发生了。在某种意义上，对《物种起源》来说，成为病弱者的意义可能不亚于访问加拉帕戈斯群岛。

可以理解，达尔文很难看到偏头痛和干呕的好处。他花了很多年时间寻找缓解方法。他以各种药物的形式吞下了元素周期表中的大量元素。他尝试药片，吮吸柠檬，服用麦芽酒“处方”。他尝试了早期的电休克治疗：用电池充电的“镀锌带”电击腹部。最古怪的疗法是“水疗”，由医学院的一位老同学实施。詹姆斯·曼比·古利（James Manby Gully）医生在上学期间并没有认真的行医计划，但1834年牙买加奴隶获得自由后，他的家族在牙买加的咖啡种植园破产了，古利别无选择，只能全职为病人看病。19世纪40年代，他在英格兰西部的莫尔文开了一个度假村，这里很快就成了一家时髦的维多利亚时代水疗（spa）会所，查尔斯·狄更斯（Charles Dickens）、阿尔弗雷德·丁尼生（Alfred Tennyson）男爵、弗罗伦斯·南丁格尔（Florence Nightingale）都在那里治疗过。1849年，达尔文带着家人和仆人前往莫尔文。

水疗基本上是让病人在任何时刻都尽可能保持湿润。早晨5点鸡叫之后，仆人用湿床单裹住达尔文，然后一桶桶地往他身上浇冷水。然后是一次集体远足，其中包括在各种水井和矿泉边休息，补充大量的水。回到他们的小屋，病人需要吃饼干，喝更多的水。早餐结束后，便开始了莫尔文一天的主要活动：沐浴。据说，沐浴可以从感染的内脏中抽出血液，使其流向皮肤，从而缓解疼痛。在多次沐浴之间，病人可能会进行冷水灌肠，或者系上一种名为“腹带”的腹部湿敷布。沐浴通常持续到晚餐，晚餐总是有煮的羊肉和鱼，当然还有一些本地的闪闪发光的水。漫长的一天结束时，达尔文会在一张（干的）床上入睡。

但愿有用。在水疗会所待了4个月后，达尔文感觉比“小猎犬号”航行以来的任何时候都要好，他每天能徒步7英里。回到唐寓后，他继续以一种轻松的方式治疗，建造了一个汗蒸屋供每天早晨使用，然后像北极熊一样跳进一个巨大的蓄水池（640加仑），里面装满了40华氏度的冷水。但随着达尔文身上的工作再次堆积如山，压力让他不堪重负，水疗失去了效力。他旧病复发，觉得永远不可能知道自己为什么虚弱。

在诊断达尔文的病因方面，现代医生也几乎没有做得更好。在一份有可能的回溯诊断的清单中，包括中耳损伤、鸽子过敏、“阴燃的肝炎”、狼疮、嗜睡症、广场恐惧症、慢性疲劳综合征和肾上腺肿瘤（肾上腺肿瘤可以解释达尔文晚年时像肯尼迪一样的古铜色皮肤，尽管他是一个面色苍白、大部分时间都待在室内的英国人）。一个比较有说服力的诊断是美洲锥虫病（Chagas' disease），它会引起类似于流感的症状。达尔文也许是从南美洲的“接吻虫”那里感染此病，因为他在“小猎犬号”上养了一只宠物接吻虫（它从他的手指上吸血，然后像蜱虫一样膨胀起来，这个场景让达尔文很高兴）。但美洲锥虫病不完全符合达尔文的症状。也有可能，美洲锥虫病只是削弱了达尔文的消化道，让他更容易受到深层次的、潜伏的遗传缺陷的影响。事实上，其他似

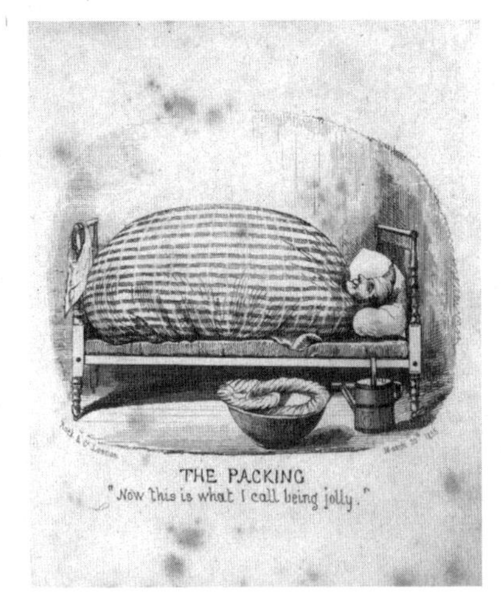

维多利亚时代流行的治疗顽疾的“水疗”场景。查尔斯 · 达尔文通过类似的养生方法治疗自己的神秘疾病，这种疾病困扰了他大部分的成年生活（图片来源：美国国家医学图书馆）

是而非的诊断都有很强的遗传性，比如“周期性呕吐综合征”和严重的乳糖不耐症*。此外，达尔文的家人在成长过程中大多体弱多病，母亲苏珊娜在达尔文8岁时死于不明原因的腹部疾病。

由于达尔文孩子的遭遇，遗传方面的担忧变得更加尖锐。在维多利亚时代的有闲阶级中，大约10%的人与血亲结婚，达尔文也是其中之一，他娶了自己的表姐艾玛·韦奇伍德（Emma Wedgwood），而他的外祖父、陶器专家约书亚·韦奇伍德是艾玛的祖父。达尔文的10个孩子，大多数体弱多病。有3个在成年后无法生育，还有3个英年早逝，大约是英国儿童死亡率的两倍。查尔斯·华林活了19个月，玛丽·埃莉诺活了23天。当他最喜欢的孩子安妮·伊丽莎白生病时，达尔文带着她去找古利医生做水疗。无论如何，在她10岁去世时，达尔文残存的宗教信仰也被扼杀了。

虽然达尔文对上帝心怀怨恨，但他还是把孩子的体弱多病归咎于自己。虽然大多数表亲通婚生下的孩子都很健康（远高于90%），但出生缺陷和健康问题的风险会更高，而且在不幸的家庭中，风险还会上升。达尔文不安地站在他的时代面前，怀疑这种危险。例如，他测试了植物近亲繁殖的影响，不仅是为了支持他的遗传和自然选择理论，也是为了看看自己能否解释他们家的疾病。同时，达尔文请求议会在1871年的人口普查中加入近亲婚姻和健康的问题。请愿失败后，这个想法继续恶化，达尔文幸存的孩子也继承了他的焦虑，他的儿子乔治主张在英国禁止近亲结婚。另一个儿子李奥纳德（没有后代）主持了1912年的第一届“国际优生学大会”，讽刺的是，这次大会致力于培育更优秀的人类。

科学家可以通过DNA样本确定达尔文的疾病，但与林肯不同的是，达尔文死于心脏病，没有留下带血的枕套。到目前为止，威斯敏斯特教堂拒绝让人从达尔文的骨骼中取样DNA，部分原因是医生和遗传学家无法就检测内容达成一致。让事情更复杂的是，一些医生得出结论，达尔文也患有严重的疑病症，也许产生于我们无法轻易确定的原因。事实上，我们对达尔文DNA的关注甚至可能是不合时宜的，这是我们这个时代的产物。这可以作为一个警告：当弗洛伊德主义盛行的时候，许多科学家将达尔文的疾病视为恋母情结的结果，一位医生赞叹道，由于无法打倒自己的生父，达尔文"杀死了博物学领域的天父"。基于这种想法，达尔文的痛苦"显然"源于压抑的对弑父行为的内疚。

我们在DNA序列中摸索达尔文那种疾病的根源，这种行为或许有一天也会变得同样古怪。但无论如何，这种"摸索"忽略了达尔文和其他人的更深层的方面——尽管身患疾病，但他们坚持不懈。我们倾向于把DNA当成我们的世俗灵魂，当成我们的化学本质。但即使完整地呈现一个人的DNA，也只能揭示那么点东西。

第十四章

30亿个小碎片：

为什么人类并不比其他物种有更多的基因？

考虑到它的规模、范围和野心，人类基因组计划（HGP）堪称"生物学的曼哈顿计划"——历时数十年、耗资数亿美元，目的是测序人类的所有DNA。但一开始，几乎没有人预料到，HGP会像洛斯阿拉莫斯的项目一样面临许多道德模糊的问题。事实上，找你的生物学家朋友要一份该项目的摘要，就可以很好地了解他们的价值观。他们是钦佩该项目的政府科学家的无私和坚定，还是把他们斥为拦路的官僚？他们是把私营企业对政府的挑战赞扬为英勇的反叛，还是谴责为贪婪的自我扩张？他们是认为这个项目成功了，还是喋喋不休地抱怨它有多么令人失望？就像所有复杂的史诗，人类基因组测序几乎可以支持任何解读。

HGP可以追溯到20世纪70年代，当时已经获得诺贝尔奖的英国生物学家弗雷德里克·桑格（Frederick Sanger）发明了一种测序DNA的方法——记录A、C、G、T碱基的顺序，从而（希望能）确定DNA的功能。简单地说，桑格的方法包括三个基本步骤：加热DNA直至它的两条链分离；把这些链断裂成片段；使用单独的A、C、G、T碱基，在这些片段的基础上构建新的互补链。不过，桑格巧妙地在每种碱基中添加了特殊的放射性版本，这些放射性碱基将被纳入互补链中。桑格可以分辨出，在互补链的任意一点上，A、C、G、T碱基是否产生了放射性，因此他可以推断出每个碱基的位置，从而计算出序列*。

桑格必须逐个地阅读这些碱基，这是一个极其乏味的过程。尽管如此，他还是利用这种方法测序了第一个基因组：Φ-X174噬菌体的5 400个碱基和11个基因（1980年，这项研究为桑格赢得了第二个诺贝尔奖，对于一个曾经承认“如果不是我的父母特别富有，我不可能上剑桥大学”的人，这是相当不错的成就）。1986年，加利福尼亚的两名生物学家将桑格的方法自动化了。他们舍弃了放射性碱基，取而代之的是荧光版的碱基，每一种碱基都会在激光的作用下产生不同的颜色——五彩缤纷的DNA。这是一台电脑驱动的机器，突然之间，大规模测序项目变得可行。

但奇怪的是，美国政府机构“国立卫生研究院”（NIH）资助了大多数生物学研究，却对DNA测序毫无兴趣。NIH很怀疑，谁愿意费力地通读30亿个字母的无形数据？其他部门并没有如此轻蔑。美国能源部（DoE）研究了放射性如何破坏DNA，认为测序是这项研究的自然延伸，并赞赏测序具有变革的潜力。因此，1987年4月，能源部启动了全世界第一个人类基因组计划，这是一个为期7年、耗资10亿美元的项目，地点设在洛斯阿拉莫斯，正好位于曼哈顿计划的相邻城镇。有意思的是，NIH的官僚一听到“10亿”这个词，就立刻认为测序是有意义的。于是在1988年9月，NIH成立了一个与之竞争的测序研究所，从而瓜分预算蛋糕。在一场科学政变中，它让詹姆斯·沃森担任研究所的所长。

20世纪80年代，沃森被誉为“生物学界的卡利古拉[1]”，据一位历史学家称，他“有资格说出他想到的任何事情，并且能得到认真对待。但不幸的是，他以一种非常漫不经心的态度行使这种权力”。然而，无论沃森多么憎恶其中一些人，却仍然保留了对同事的智识上的尊重，这一点对于他的新工作至关重要，因为很

1　卡利古拉，罗马帝国的第三任皇帝，被认为是罗马帝国早期的典型暴君。

少有知名的生物学家像他一样对测序抱有热情。一些生物学家不喜欢HGP的还原论方法，因为这可能把人类降级为数据流。其他人则担心该项目会耗尽所有的研究经费，但几十年内都无法产生可用的结果，这是典型的无效投资。还有一些人只是觉得这项工作单调得难以忍受，即便有机器帮忙。（一位科学家开玩笑说，只有被监禁的重罪犯才需要测序，他建议："每个人测序20兆碱基，精确测序的人就可以减刑。"）最重要的是，科学家担心失去自主权。如此庞大的项目必须集中协调，而生物学家非常痛恨成为奉命做研究的"契约奴"。早期的一位HGP支持者抱怨道："美国科学界的许多人都会先支持小的平庸，然后才考虑大的卓越的可能性。"

虽然沃森很粗鲁，但他缓解了同事的恐惧，帮助NIH从能源部夺取了项目的控制权。他在全国各地游说，强调测序的紧迫性，并强调HGP不仅会测序人类DNA，还会测序小鼠和果蝇DNA，因此所有遗传学家都将受益。他还建议首先绘制人类染色体图谱，即定位染色体上的每个基因（类似于1911年斯特蒂文特对果蝇做的研究）。沃森认为，有了这幅图谱，任何科学家都可以找到自己钟爱的基因，不需要等待15年就可以做出相应的研究——15年是NIH测序的期限。在提出最后一个理由时，沃森把目光投向了国会：如果浮躁无知的国会议员看不到结果，他们可能会在一周内撤回拨款。为了进一步说服国会，HGP的一些支持者几乎承诺，只要国会出钱，HGP将使人类免于大多数疾病的痛苦（而且不仅仅是疾病，一些人暗示饥饿、贫穷和犯罪可能会消失）。沃森还引入了其他国家的科学家，使测序有了国际声望。很快，HGP就笨拙地开始了。

然后沃森"非常沃森地"参与了进来。在担任HGP主管的第三年，他发现NIH打算为一位神经科学家发现的一些基因申请专利，为基因申请专利的想法让大多数科学家感到恶心，他们认为专利权限制会干扰基础研究。让问题更复杂的是，NIH承认它只是定位了要申请专利的基因，并不知道该基因的作用。对于这一点，即便是支持DNA专利的科学家（比如生物技术的主管）也会感到脸红。他们担心NIH开了一个可怕的先例，除了促进基因的快速发现，没有任何其他价值。他们预见了“基因组掠夺”：企业只要发现了基因，就会立刻测序并迅速申请专利，然后向出于任何目的在任何时间使用它们的任何人收取“通行费”。

沃森勃然大怒，他声称没有人就这些问题咨询过他，他的观点是：基因专利可能损害公众利益——公众利益是HGP的一个很好的理由，因此肯定会重新引起科学家的怀疑。但“卡利古拉”并没有冷静而专业地表达自己的担忧，而是抨击了他在NIH的上司，并瞒着她告诉记者，这项政策不仅愚蠢，而且具有破坏性。一场权力斗争随之而来，事实证明，沃森的上司更擅长官僚主义：沃森宣称，她在幕后揭发了他持有的生物技术股票的利益冲突，试图让他闭嘴。沃森愤怒地说：“她创造的条件让我无法待下去。”他很快就辞职了。

但在此之前他造成了更多的麻烦。该NIH神经科学家使用一个涉及计算机和机器人的自动化过程发现了那些基因，而人类的贡献微乎其微。沃森不赞成这种程序，因为它只能识别90%的人类基因。此外，向来崇尚优雅的沃森嘲笑说，这个过程缺乏风格和工艺。在美国参议院关于专利的听证会上，沃森把这种方法贬低为“可以由猴子操作”。这个说法并不会让NIH的“猴子”克雷格·文特尔（J. Craig Venter）感到高兴。事实上，部分是因为沃森，文特尔很快就出了（恶）名，成为国际科学界的反派角色，但文特尔发现自己非常适合这个角色。沃森离开后，大门向文特尔敞开，他可能是当时在世的唯一一个观点更为两极分化的科学家，同时也是让人更反感的科学家。

克雷格·文特尔在小时候就很不安分。那时他偷偷地骑自行车在飞机跑道上与飞机赛跑（没有围栏），然后甩掉追他的警察。在旧金山附近上初中时，他开始抵制拼写考试。高中时，由于Y染色体过度活跃，文特尔曾经被女朋友的父亲拿枪指着头。后来，文特尔发起了静坐和游行，反对解雇他最喜欢的老师（碰巧这位老师给了他一个F*），使他的高中学校停课两天。

尽管文特尔的GPA（平均分数）远低于及格线，但他还是自我催眠，相信自己能在人生中取得辉煌的成就，但除了这种幻想，他没有什么目标。1967年8月，21岁的文特尔在越南的一家类似于《陆军野战医院》[1]的医院当医生。在接下来的一年里，他看着数百个同龄人死去，有时他会把手放在他们身上，试图救活他们。这种对生命的浪费让他感到厌恶，由于不知道生活的意义，文特尔决定自杀，想游到波光粼粼的海里，在里面淹死。游了1千米后，几条海蛇浮现在他周围。一只鲨鱼开始用头撞他，试探性地把他当成猎物。文特尔突然醒悟，他记得他在想：我他妈在干什么？他转过身，迅速游回岸边。

越战激发了文特尔对医学研究的兴趣，他在1975年获得了生理学博士学位。几年后，他加入了NIH。文特尔想要确定人类脑细胞使用的所有基因，但他认为人工寻找基因是令人绝望和乏味的。拯救他的是同事的一种方法，可以快速识别细胞用于制造蛋白质的信使RNA。文特尔意识到这些信息可以揭示潜在的基因序列，因为他可以将RNA逆转录为DNA。通过使这项技术自动化，他很快就把检测每个基因的价格从5万美元降低至20美元。几年

1　指的是美国电视剧《陆军野战医院》（*M*A*S*H*），讲述了朝鲜战争中发生在一家美军医院的故事。这部电视剧有同名电影。

之内，他发现了多达2 700个新基因。

这些基因就是NIH试图申请专利的基因，而这场骚动为文特尔的职业生涯奠定了一种模式。他渴望做一些伟大的事情，但缓慢的进展让他恼火，于是他开始寻找捷径。其他科学家谴责这项工作是作弊，还有人把他发现基因的过程比作艾德蒙·希拉里[1]爵士在珠穆朗玛峰的半山腰开始乘坐直升机。此后，文特尔强有力地让他的诋毁者屈服，但他的傲慢和粗鲁也经常疏远了他的盟友。出于这些原因，文特尔的名声在20世纪90年代变得越来越糟糕：一位诺贝尔奖得主在自我介绍时，上下打量着文特尔，开玩笑地说："我还以为你长着角。"文特尔成了遗传学界的帕格尼尼。

无论是不是魔鬼，文特尔都取得了成果。由于对NIH的官僚作风感到失望，他在1992年辞职，加入了一个不同寻常的混合型组织。该组织有一个非营利机构TIGR（基因组研究所），致力于纯科学研究。它还有一个由医疗保健公司支持的非常盈利的机构（这对于科学家是不祥的征兆），致力于通过基因专利使该研究资本化。该公司通过给予股份使文特尔变得富有，然后从NIH挖了30名工作人员，为TIGR输送科学人才。TIGR团队刚刚安顿下来，就忠实于自己的反叛精神，在接下来的几年里改进了"全基因组鸟枪法测序"，这是桑格的传统测序方法的激进版本。

NIH联盟[2]打算用最初几年和第一个10亿美元构建每条染色体的精细图谱。完成后，科学家将每条染色体分成片段，把每个片段送到不同的实验室。每个实验室都会复制这些片段，然后"鸟枪"它们——使用强烈的声波或其他方法把它们炸成大约1 000个碱基长的微小重叠片段。接下来，科学家将测序每一个片段，研究

1 艾德蒙·希拉里（Edmund Hillary，1919—2008），新西兰登山家、探险家，是有记录的最早成功攀登珠穆朗玛峰的人。

2 这里的"联盟"是指"国际人类基因组测序联盟"（International Human Genome Sequencing Consortium）。下文均简称"联盟"。

它们是如何重叠的，然后把它们拼接成连贯的完整序列。观察者已经注意到，该过程相当于把一本小说分成多个章节，然后把每个章节分成多个句子。科学家影印每一个句子，然后把所有的副本“鸟枪”成随机的短语——“幸福的家庭都是相似的”“都是相似的,不幸的”“不幸的家庭各有”和“各有各的不幸”。[1]然后，他们会根据重叠部分修复每个句子。最后，染色体图谱就像一本书的索引，会告诉我们每个段落位于整本书的什么位置。

文特尔的团队喜欢“鸟枪法”，但决定跳过缓慢的绘制图谱的步骤。他们不想把染色体分成不同的章节和句子，而是直接把整本书炸成有重叠的碎片。然后他们利用一组电脑，把所有的碎片集中在一起。联盟曾经考虑过这种“全基因组鸟枪法”，但认为它过于草率，容易遗漏缺口，或者使基因片段错位。然而，文特尔宣传，在短期内速度应该比精度更重要，他认为，相比于15年后的完美数据，科学家更需要现在的任何数据。文特尔很幸运地在20世纪90年代开始工作，当时计算机技术开始爆发，急躁几乎成了一种美德。

几乎——其他科学家就没有那么兴奋了。20世纪80年代以来，一些耐心的遗传学家一直致力于测序完整生物（一种细菌）的第一个基因组（桑格只测序了病毒，病毒不是生物，细菌的基因组要庞大得多）。1994年，当文特尔的团队正在快速测序另一种细菌（流感嗜血杆菌）的200万个碱基时，这些科学家正在龟速地完成他们的基因组。在研究过程中，文特尔申请了NIH的资金来支持这项工作，几个月后，他收到了粉红色的拒收通知书，拒绝的原因是他提议使用的是“不可能的”技术。文特尔笑了，他的基因组已经完成了90%。不久之后，兔子赢得了比赛：TIGR打败

1 这句话出自列夫·托尔斯泰的《安娜·卡列尼娜》，完整的句子是“幸福的家庭都是相似的，不幸的家庭各有各的不幸”。

了对手，在启动一年后公布了它的基因组。仅仅几个月后，TIGR完成了另一种细菌（生殖支原体）的完整测序。不可一世的文特尔为这两项胜利沾沾自喜，而且没有用NIH的一分钱，他还为第二项胜利印了T恤，上面写着“I ♥ MY GENITALIUM”（我爱我的生殖器）。

无论多么令人印象深刻，HGP的科学家始终怀疑——合理地怀疑——对细菌DNA有效的方法不能适用于更复杂的人类基因组。政府联盟希望拼接出一个“复合”基因组——多个男性和女性DNA的混合物，可以平均它们的差异，为每一个染色体定义一个柏拉图式的“理型”[1]。该联盟认为，只有采取谨慎的、逐字逐句的方法，才能厘清人类DNA中所有分散注意力的重复、回文和倒位，从而实现“理型”。但微处理器和测序仪的速度越来越快，文特尔打赌，如果他的团队收集了足够多的数据，让计算机运转起来，就能打败联盟。说实话，文特尔并没有发明“鸟枪法”，也没有编写拼接DNA序列的关键计算机算法。但他狂妄自大（或者说厚颜无耻，随便怎么说），无视那些著名的批评者，勇往直前。

而且他真的做到了。1998年5月，文特尔宣布他共同创建了一家新公司，目标是或多或少地摧毁该联盟。具体来说，他计划在3年内完成人类基因组测序——比联盟计划的完成时间早4年，并且只花费30亿美元预算的1/10（文特尔的团队非常迅速地制订了计划，以至于新公司还没有名字，现在的名字是“塞雷拉”）。为了启动，塞雷拉的母公司将为文特尔提供价值数百万美元的最先进的测序仪，这些仪器（尽管猴子也能操作）使文特尔的测序能力超过世界上其他国家的总和。塞雷拉还将建造世界上最大的非军用超级计算机来处理数据。尽管文特尔的工作可能会使联盟

1 理型（ideal），柏拉图提出的一种世界观，即现实中的每一个物品或每一种性质都存在一个“理型”。举个例子，现实中没有完美的圆（完美的圆就是“圆理型”），我们看到的圆不过是“圆理型”的近似物。

变得多余，但他还是向联盟领导人建议，他们可以找到其他有价值的工作，比如测序小鼠的基因组，这是最后的嘲讽。

文特尔的挑战使公共联盟士气低落。沃森把文特尔比作入侵波兰的希特勒，HGP的大多数科学家也开始担心自己的前途。虽然他们目前领先，但文特尔似乎很有可能赶超他们。为了满足科学家对独立的要求，该联盟将测序工作外包给了多所美国大学，并与德国、日本、英国的实验室建立了合作关系。由于该项目非常分散，一些知情者甚至认为，HGP的卫星项目永远不可能按时完成：到1998年，也就是人类基因组计划15年中的第8年，各团队总共只测序了4%的人类DNA。美国科学家尤其感到不安，5年前，由于延期和超支导致预算增加了几十亿美元，美国国会放弃了超导超级对撞机项目——位于得克萨斯州的大型粒子加速器。HGP似乎也同样脆弱。

然而，HGP的关键科学家拒绝退缩。尽管遭到了一些科学家的反对，但弗朗西斯·柯林斯（Francis Collins）在沃森辞职后接管了联盟。柯林斯曾在密歇根大学从事基础遗传学研究，他发现了导致囊性纤维化和亨廷顿病的DNA，并为林肯DNA项目提供咨询。相比于张扬的文特尔，柯林斯显得非常寒酸，曾经有人说他"留着自己剪的头发和内德·弗兰德[1]的胡须"，这对他毫无帮助。尽管如此，柯林斯证明了自己在政治上的娴熟。就在文特尔宣布了他的计划后，柯林斯发现自己和文特尔的一个上司坐在同一架飞机上，后者来自贪财的塞雷拉的母公司。在3万英尺的高空上，柯林斯对着该上司的耳朵喋喋不休，等他们着陆时，柯林斯已经用甜言蜜语说服他向政府实验室提供同样的高级测序仪。这让文特尔非常恼火。然后，为了让国会放心，柯林斯宣布联盟将做出必要的改变，提前2年完成测序，还将在2001年之前发布一份"草

1 美国动画情景喜剧《辛普森一家》中的虚构角色。

稿”。这一切听起来很宏伟，但实际上，新的时间表迫使柯林斯取消了许多较慢的卫星项目，把它们从这个历史性项目中彻底剔除（一名被解雇的科学家抱怨说，就像在那啥之前，先“被NIH涂了润滑剂”）。

在联盟中与柯林斯对应的人物，是身材魁梧、留着胡须的英国剑桥人约翰·萨尔斯顿（John Sulston），他曾经帮助测序了第一个动物（一只蠕虫）的基因组（在伦敦的那幅据称是写实主义的肖像中，精子捐赠者实际上正是萨尔斯顿）。在职业生涯的大部分时间里，萨尔斯顿一直是不关心政治的“实验小鼠”，他最开心的时候就是躲在室内摆弄设备的时候。但20世纪90年代中期，为他提供DNA测序仪的公司开始干预他的实验——不让他获得原始的实验数据，除非他购买昂贵的密钥。该公司认为，它有权分析萨尔斯顿的数据，可能是出于商业目的。作为回应，萨尔斯顿侵入了测序仪的软件并重写了代码，离开了该公司。从那一刻起，他开始警惕商业利益，并成了“科学家免费交换DNA数据”的绝对论者。当萨尔斯顿在英国的桑格中心[1]管理着联盟的数百万美元的实验室时，他的观点变得很有影响力。塞雷拉的母公司恰好是之前在数据问题上和他产生纠纷的公司，萨尔斯顿认为塞雷拉就是贪欲的化身，肯定会把DNA当成人质，向研究人员收取高昂的费用。听了文特尔的宣言，萨尔斯顿在一次会议上发表了一场名副其实的“圣克里斯宾节演讲”[2]，唤醒他的科学家同行。在演讲的高潮，他向众人宣布，他的研究所将获得双倍的资金与文特尔对抗。他的“部队”欢呼雀跃，手舞足蹈。

“战争”就这样开始了：文特尔对抗联盟。这是一场激烈的科学竞赛，同时也是一场奇怪的科学竞赛。胜利无关洞察、推理

---

1 桑格中心（Sanger Centre）成立于1993年，以弗雷德里克·桑格的名字命名。它现在的名字是“惠康桑格研究所”（Wellcome Sanger Institute）。

2 出自莎士比亚的历史剧《亨利五世》。

和技巧（良好科学的传统标准），更多的是看谁拥有工作更快的强大动力。精神耐力也很重要，正如一位科学家指出，基因组竞赛具备“战争的所有心理因素”。其中有军备竞赛。每个团队都花费了数千万美元扩大测序能力。其中有诡计。有一天，联盟的两名科学家在一本杂志上评价了塞雷拉的新型测序仪。他们给出的评价是好坏参半，但与此同时，他们的老板正在密谈，为他们购买几十台仪器。其中有威胁。有些第三方科学家收到警告，如果与文特尔合作，他们的职业生涯就会终结。而文特尔声称联盟试图阻止他发表自己的研究。其中有所谓“盟友”的紧张关系。文特尔和他的经理发生过无数次争吵，而在一次联盟会议上，一名德国科学家歇斯底里地向犯错的日本同事大吼。其中有宣传。文特尔和塞雷拉会大肆宣扬他们的每一项成就，但每次他们这样做的时候，柯林斯就会对他们的“疯狂杂志”基因组嗤之以鼻，萨尔斯顿则会在电视上宣称塞雷拉犯下了另一桩“罪行”。其中甚至还有军火。在雇员收到卢德分子的死亡威胁后，塞雷拉砍倒了公司园区附近的树木，以防止狙击手埋伏在树上。联邦调查局提醒文特尔扫描他的邮件，以免他成为“大学航空炸弹客”的目标。[1]

自然，这种肮脏的竞争吸引了公众的注意力。但与此同时，具有真正科学价值的研究也在不断涌现。在持续不断的批评中，塞雷拉觉得他们必须再次证明全基因组鸟枪法是有效的。所以，它把人类基因组放在一边，从1999年开始测序果蝇基因组的1.2亿个碱基（与NIH资助的加州大学伯克利分校的团队合作）。令许多人惊讶的是，他们的研究成果非常出色：在塞雷拉刚刚完成计划的一次会议上，果蝇科学家起立为文特尔鼓掌。一旦这两个

1　卢德分子（Luddite），本义是指在19世纪对抗工业革命、对抗纺织工业化的英国民间社会运动者。后来“卢德分子”泛指所有反对新兴科技的人。大学航空炸弹客是一位活跃于1978年至1995年的美国国内恐怖主义者，因为向大学和航空公司邮寄炸弹而得名。

团队加快了他们的人类基因组研究，速度就非常惊人。当然，争议依旧存在。当塞雷拉声称已经超过10亿个碱基时，联盟驳回了这一想法，因为塞雷拉（为了保护自己的商业利益）没有公布数据供科学家检查。一个月后，联盟自己吹嘘说，已经超过了10亿个碱基，4个月后，又超过了20亿。但这些唠叨并不能抹杀真正的意义：在短短几个月内，科学家已经测序了更多的DNA，远远超过了过去20年的总和。在文特尔任职NIH期间，遗传学家曾严厉地批评他在不了解基因功能的情况下大量制造遗传信息。而现在，每个人都在玩文特尔的游戏：闪电战测序。

当科学家开始分析（甚至只是初步分析）所有的测序数据时，其他有价值的见解也出现了。首先，人类有大量的看起来像微生物的DNA，这是一种惊人的可能性。更重要的是，我们的基因似乎没有那么多。在人类基因组计划之前，大多数科学家根据人类的复杂性估计，人类有10万个基因。在私下，文特尔记得有些错误的说法高达30万个。但随着联盟和塞雷拉对基因组的深入研究，这一估计数字下降到9万，然后是7万，再然后是5万，而且还在不断下降。在测序的早期，165名科学家建立了一个有1 200美元奖金的池子：谁猜出了最接近的人类基因数量，就可以获得这些钱。通常情况下，像这种数泡泡糖的比赛，结果应该在正确答案附近呈钟形曲线。基因彩票却不是这样：随着时间一天天过去，最小的猜测看起来是下了最明智的赌注。

但值得庆幸的是，每当科学威胁着要成为HGP的真正故事时，就会发生一些有趣的事情分散大家的注意力。例如，2000年年初，克林顿总统突然宣布，人类基因组属于全世界的所有人，他呼吁科学家，包括私营企业的科学家，立即分享测序信息。政府取消基因专利的传言也不绝于耳，测序公司的投资者仓皇逃窜。塞雷拉元气大伤，短短几周内股票价值损失了60亿美元，其中文特尔损失了3亿美元。为了克服此类挫折，文特尔在这段时间内试图获得爱因斯坦的一块大脑，看看是否有人能测序它的DNA*，但这个计划最终化为泡影。

令人感动的是，一些人对塞雷拉与联盟的合作仍然抱有希望。1999年，萨尔斯顿尝试与文特尔停战，却以失败告终，但不久之后，其他科学家找到了文特尔和柯林斯，促成了休战。他们甚至提出了一个想法：联盟和塞雷拉联合发表一篇论文，其中包含90%的人类基因组的草图。谈判进展迅速，但政府科学家仍然对塞雷拉的商业利益持谨慎态度，并对它拒绝公布数据感到愤怒。在整个谈判过程中，文特尔展现了他一贯的魅力，一位联盟科学家当面骂他，其他无数人在背地里骂他。当时，《纽约客》（*New Yorker*）对文特尔的简介在开头引用了一位资深科学家（怯懦的匿名者）的话："克雷格·文特尔是个浑蛋。"不出所料，联合发表的计划最终破裂了。

比尔·克林顿被这场争吵吓坏了，又着眼于即将到来的选举，他最终介入了，并说服柯林斯和文特尔出现在2000年6月在白宫举行的新闻发布会上。这两名竞争对手在新闻发布会上宣布，人类基因组测序的竞赛将以平局结束。这种休战是武断的，考虑到挥之不去的怨恨，基本上是虚假的。但那个夏天，柯林斯和文特尔都没有咆哮，而是带着真诚的微笑。为什么不呢？当时距离科学家发现第一个人类基因还不到一个世纪，距离沃森和克里克阐明双螺旋结构还不到50年。如今，在千禧年之际，人类基因组测序带来了更多希望。它甚至改变了生物科学的本质。接近3 000名科学家参与了公布人类基因组草图的两篇论文。克林顿曾经宣布："大政府时代已经结束。"大生物学时代开始了。

这两篇概述人类基因组草图的论文发表于2001年年初，历史

应该感激联合发表的计划最终破裂。单篇论文可能会迫使两个团队达成错误的共识，两篇针锋相对的论文则突出了各自独特的方法，并揭露了已经成为共识的各种谣言。

塞雷拉在论文中承认，它盗用了联盟的免费数据，用于帮助建立自己的部分序列，这无疑损害了文特尔的反叛名声。此外，联盟的科学家认为，如果没有联盟的图谱来指导随机的鸟枪法碎片的组装，塞雷拉甚至无法完成工作（文特尔的团队发表了愤怒的反驳）。萨尔斯顿还质疑了亚当·斯密式的观点：竞争提高效率，迫使双方承担创新风险。相反，他认为，塞雷拉把精力从测序转移到了愚蠢的公众姿态，而且只是加快了发布“假”草稿的速度。

当然，尽管非常粗略，但科学家很喜欢这份草稿，而且如果没有文特尔的挑战，联盟也不会这么快就被迫发表一份草稿。尽管联盟一直把自己描绘成两者中的成年人——不关心基因组的速度，只关心精度，但大多数对比了草稿的科学家都认为塞雷拉做得更好。有人说，塞雷拉的测序质量是联盟的两倍，病毒污染却只有联盟的一半。联盟还（悄悄地）推翻了自己对文特尔的批评，将全基因组鸟枪法复制到后来的测序项目中，比如小鼠的基因组。

但那时，文特尔已经无心去烦恼联盟。经过各种各样的管理斗争，塞雷拉在2002年1月解雇了文特尔（首先，文特尔拒绝为团队发现的大多数基因申请专利。在幕后，他是一个相当冷漠的偏执狂资本家）。文特尔离开后，塞雷拉失去了测序的动力。2003年年初，联盟独自制作出了完整的人类基因组序列，大声宣布了胜利*。

然而，在多年的紧张竞争之后，文特尔就像一个逐渐黯淡的足球明星，无法简单地离开。2002年年中，他透露塞雷拉的复合基因组实际上有60%是文特尔的精子DNA，他一直是主要的“匿名”捐赠者，这使人们的注意力离开了联盟正在进行的测序工作。

文特尔也没有被随后的舆论干扰——“虚荣”“自我”和“俗气”是一些比较好的评价，他决定只分析自己的DNA，不掺杂其他的捐赠者。为此，他成立了一家新的研究所——基因组学发展中心（TCAG），该中心将在4年时间内花费1亿美元测序他自己。

这被认为是第一个完整的个人基因组，不同于柏拉图式的HGP基因组，既包含父母的遗传贡献，也包含造就个性的所有偶然突变。但由于文特尔的团队花了整整4年时间，逐个碱基地修正他的基因组，一组竞争的科学家决定加入这场比赛，首先给一个人测序，这个人不是别人，正是文特尔的老对手——詹姆斯·沃森。具有讽刺意味的是，被称为“吉姆工程”的第二个团队从文特尔那里获得了启发，试图用更便宜、更卑鄙的新测序方法包揽所有的奖项，在4个月内完成了沃森的全部基因组，而且只花了大约200万美元。但文特尔就是文特尔，他拒绝承认失败，第二次基因组竞赛不可避免地以另一场平局告终：2007年，两个团队相继在网上公布了他们的序列，中间只隔了几天。“吉姆工程”的高速机器令世界惊叹，但事实再一次证明，文特尔的序列对大多数研究来说更准确、更有用。

（地位之争仍然没有结束。文特尔仍然活跃在研究中，因为他目前正试图确定生命所需的最小基因——方法是在微生物中逐个基因地减去DNA。尽管非常俗气，但公布自己的工人基因组可能会让他获得诺贝尔奖——根据科学家在深夜喝啤酒时喜欢讲的流言蜚语，他渴望获得这一荣誉。一个诺贝尔奖最多可以由3个人平分，但文特尔、柯林斯、萨尔斯顿、沃森等人都有资格获得诺贝尔奖。瑞典诺贝尔奖委员会将不得不忽视文特尔缺乏礼仪的行为，但如果他因为一贯的出色工作而单独获得诺贝尔奖，文特尔就可以宣称他赢得了基因组战争*。）

那么，从科学的角度看，HGP竞赛给我们带来了什么？这取决于你问的人。

大多数人类遗传学家的目标是治愈疾病，他们确信HGP将揭示导致心脏病、糖尿病等常见疾病的基因。事实上，国会在这个隐含的承诺上花费了30亿美元。但文特尔和其他人指出，自2000年以来，几乎没有出现基于基因的治疗方法，事实上，也没有即将出台的计划。就连柯林斯也难以接受，并尽可能委婉地承认，新发现的速度让所有人都感到沮丧。事实证明，许多常见疾病都有多个与之相关的突变基因，而我们几乎不可能设计出一种针对多个基因的药物。更重要的是，有时候科学家无法识别无害的突变和重要的突变。在某些情况下，科学家根本找不到目标突变。根据遗传模式，他们知道某些疾病一定有重要的遗传组分，然而，当科学家搜索这些疾病受害者的基因时，他们几乎没有发现共同的遗传缺陷。“罪魁祸首DNA”不见了。

这些挫折有几个可能的原因。也许疾病真正的罪魁祸首在于基因之外的非编码DNA，科学家只能模糊地了解这些区域。也许相同的突变在不同的人身上会导致不同的疾病，因为它们会与其他不同的基因相互作用。也许有些人拥有某些基因的副本，这个奇怪的事实不知为何非常重要。也许，将染色体炸成碎片的测序破坏了染色体结构和结构变异的关键信息，而这些信息可以告诉科学家哪些基因协同工作，以及如何协同工作。更可怕的是，因为这突出了我们根本上的无知，也许常见的、单一的“疾病”的想法是虚幻的。当医生在不同的人身上看到类似的症状——血糖波动、关节疼痛、高胆固醇，他们会自然地认为是相同的原因。但调节血糖或胆固醇需要几十个基因协同工作，任何一个基因的突变都可能破坏整个系统。换句话说，即使大范围的症状相同，潜在的遗传原因也可能不同，而后者是医生需要确定和治疗的（一些科学家错误地化用托尔斯泰的话来说明这一点：也许健康的身体都是相似的，不健康的身体各有各的不健康）。出于这些原因，一些医学科学家嘟囔着说，到目前为止，在某种程度上，HGP已经失败了。如果是这样的话，那么最好的“大科学”类比不是曼哈顿计划，而是阿波罗工程——它把人类送上了月球，但后来失败了。

话又说回来，无论医学（到目前为止）有什么缺点，人类基因组测序已经产生了涓滴效应[1]——即使没有彻底改变，也几乎振兴了生物学的其他领域。DNA测序创造了更精确的分子时钟，并揭示了动物体内含有大量的病毒DNA。测序也帮助科学家重建了数百种生命分支的起源和进化，包括我们的灵长目亲戚。测序有助于追踪人类的全球迁徙，并表明我们曾经几乎灭绝。测序证实了人类拥有多么少的基因（最小的猜测为25 947个，独揽了基因彩票），并迫使科学家注意到，人类的特殊品质与其说来自拥有特殊的DNA，不如说是以特殊的方式调节和拼接DNA。

最后，拥有完整的人类基因组（特别是拥有沃森和文特尔的个人基因组）强调了许多科学家在匆忙测序时忽略的一点：阅读基因组不等于理解基因组。两人都冒着极大的风险公布了自己的基因组。世界各地的科学家逐字逐句地研究它们，寻找其中的缺陷或令人尴尬的意外发现。他们对这种风险持有不同的态度。*apoE*基因增强了我们吃肉的能力，但（在某些版本中）也增加了患阿尔茨海默病的风险。沃森的祖母在多年前死于阿尔茨海默病，他无法忍受失去意识的可能性，所以他要求科学家不要透露他的*apoE*基因（遗憾的是，他信任的科学家并没有做到*）。文特尔则没有屏蔽关于自己基因组的任何信息，甚至公开了他的私人医疗记录。如此一来，科学家就可以把他的基因与他的身高、体

1 涓滴效应，起源于美国的经济学理论，认为给富人阶级减免税收可以改善整体经济，从而惠及所有人（包括贫苦大众），因为给上层富人的钱会一滴一滴地流到穷人手中。

重以及健康的各个方面联系起来，在医学上，这些综合的信息比单独的基因组数据更有用。事实证明，文特尔的基因使他容易酗酒、失明、患心脏病和阿尔茨海默病等（更奇怪的是，文特尔还有一长串DNA，通常在人类身上找不到，但在黑猩猩身上很常见。毫无疑问，文特尔的一些对手会感到狐疑）。此外，文特尔的基因组和HGP的柏拉图式基因组之间的对比显示出了比任何人预期的都要多的偏差——400万个突变、倒位、插入、缺失和其他怪异，其中任何一个都可能是致命的。然而，年近七旬的文特尔却避开了这些健康问题。类似地，沃森的基因组显示了两种致命的隐性疾病的两种假定的突变，这两种疾病分别是厄舍综合征（导致患者失聪和失明）和科凯恩综合征（阻碍生长并使人过早衰老）。然而，年过八旬的沃森从未表现出这些疾病的迹象。

那么，是什么原因呢？是沃森和文特尔的基因组对我们撒谎了吗？还是我们的解读有错误？我们也没有理由认为沃森和文特尔是特殊的。对任何人的基因组进行简单地细读，我们很可能会判定他生病、畸形和短命。但我们大多数人都逃脱了基因的规则。无论A-C-G-T序列多么强大，似乎都有可能受制于外部遗传因素，包括表观遗传学。

第十五章

来得容易去得快?

为什么同卵双胞胎不完全相同?

前缀“epi-”表示某物附着在另一物上。附生植物（epiphyte plant）生长在其他植物上。碑文（epitaph）和铭文（epigraph）出现在墓碑和谶书上。绿色的草恰好反射550纳米的光波（phenomenon，“现象”），但我们的大脑把光波记录为一种颜色，一种承载着记忆和感情的东西（epiphenomenon，“附带现象”）。当人类基因组计划在某种程度上使科学家更加无知的时候（比某些种类的葡萄还要少的22 000个基因，怎么可能创造出复杂的人类？），遗传学家重新强调基因调控和基因-环境相互作用，包括表观遗传学（epigenetics）。

类似于遗传学，表观遗传学也涉及具体的生物性状的传递。但不同于遗传变化，表观遗传变化不会改变固有的A-C-G-T序列。相反，表观遗传学影响细胞如何获取、阅读和使用DNA（你可以把DNA基因设想为硬件，把表观遗传学设想为软件）。虽然生物学经常区分环境（后天）和基因（先天），但表观遗传学以新颖的方式把先天和后天结合起来。表观遗传学甚至暗示，我们有时候会继承后天的部分，也就是说，继承母亲和父亲（或者祖母和祖父）关于饮食、呼吸和忍耐的生物记忆。

坦率地说，我们很难区分表观遗传学（或者“软遗传”）和其他的基因-环境相互作用。表观遗传学一直是各种观点的大杂烩，科学家把他们发现的每一种有趣的遗传模式都扔在这里，这导致了更大的困难。最值得一提的是，表观遗传学有一段被诅咒的历史，充斥着饥饿、疾病和自杀。但没有别的领域有望实现人类生物学的终极目标：从专研人类基因组计划的分子细节，飞跃到理解完整人类的怪癖和个性。

表观遗传学是一门先进的科学，但它实际上复活了生物学的一个古老的争论，交战的双方是达尔文之前的斗士——法国人让-巴蒂斯特·拉马克（Jean-Baptiste Lamarck），以及他的同胞、我们的老朋友居维叶男爵。

就像达尔文因为研究不知名的物种（藤壶）而闻名，拉马克的工作是从“vermes”开始的。“vermes”可以翻译为“蠕虫”，但在那个年代，“vermes”包括了水母、水蛭、蛞蝓、章鱼等科学家不愿意分类的生物。拉马克比他的同事更具辨别力和敏感性，他强调了这些生物的独特性状，把它们划分为不同的“门”，从而把它们从模糊的分类中拯救出来。很快，他为这些大杂烩发明了“invertebrates”（无脊椎动物）这个术语，并在1800年抢先一步发明了“biology”（生物学）一词，作为整个学科的名字。

拉马克成为生物学家的过程非常曲折。他那位专制的父亲一去世，拉马克就离开了神学院，买了一匹破马，然后一路疾驰，去参加“七年战争”[1]；当时他只有17岁。他的女儿后来声称，拉马克在战场上表现出色，晋升为军官，尽管她经常夸大他的成就。无论如何，拉马克中尉的军旅生涯不光彩地结束了：当时拉马克的士兵正在玩某种游戏，往上提他的头，把他弄伤了。这是军队的损失，却是生物学的收获，他很快成了著名的植物学家和蠕虫

1　七年战争发生在1754年至1763年，主要冲突集中于1756年至1763年。当时的西方强国几乎都参与了这场战争，波及欧洲、北美、中美洲、西非海岸、印度及菲律宾。

学家。

拉马克不满足于解剖蠕虫，他构造了一个关于进化的华丽理论，这是最早的科学的进化论。该理论有两个部分。第一部分也是最重要的部分解释了进化为什么会发生：他认为所有的生物都有“完善”自己的“内在冲动”，而方法是变得更复杂，更像哺乳动物。第二部分涉及进化的机制，即进化是如何发生的。该部分至少在概念上与现代表观遗传学重叠，因为拉马克说，生物会根据它们的环境改变形状或行为，然后把后天性状（acquired trait）遗传下去。

例如，拉马克认为，涉水的滨鸟努力保持臀部干燥，每天都把腿伸远一点点，最终长出了更长的腿，并把这种腿遗传给幼鸟。类似地，长颈鹿为了吃树梢的叶子，获得了很长的颈部，并把长

让－巴蒂斯特·拉马克设计了最早的科学的进化论。尽管是错误的，但他的理论在某些方面类似于现代表观遗传学（Louis-Léopold de Boilly）

颈遗传给后代。据说这在人类身上也起作用：铁匠年复一年地挥舞锤子，然后把傲人的肌肉遗传给孩子。请注意，拉马克并没有说生物生来就有更长的附肢、更快的脚或别的优势，相反，生物努力发展这些性状。它们越努力，传给后代的天赋就越好（这里有韦伯和新教职业伦理的影子[1]）。拉马克从来不是谦逊之人，他在1820年前后宣布他的理论已经“完善”。

拉马克探索了20年关于生命的抽象而宏大的形而上学概念，之后他的实际物质生活开始瓦解。他的学术地位一直不稳定，因为他的后天性状理论并没有给一些同事留下深刻的印象（一个有力的反驳是，经历了三千年的割礼之后，犹太男孩仍然需要割除包皮）。拉马克也逐渐失明，1820年之后不久，他不得不从“昆虫、蠕虫和微观动物”教授的职位上退休。寂寂无名、收入微薄的拉马克很快成了穷光蛋，完全依靠女儿的照顾。当他在1829年去世时，只能负担得起“租来的坟墓”，这意味着他的遗体只能安息5年，然后就被扔进巴黎的地下墓穴，为某个新客户腾出空间。

但是，拉马克在死后受到了更大的侮辱，拜居维叶男爵所赐。居维叶和拉马克的第一次见面是在法国大革命后的巴黎，当时他们就已经合作过，即便不是朋友，也是友好的同事。但居维叶和拉马克的性格几乎完全相反。居维叶永远想要事实，并且怀疑任何有猜测成分的东西，而拉马克的晚期研究基本上都是猜测。居维叶也完全反对进化论。他的赞助人拿破仑征服了埃及，带回了大量的科学战利品，包括动物的壁画，以及猫、鳄鱼、猴子等野兽的木乃伊。居维叶否定进化论，因为这些物种在几千年里没有发生变化，从当时来看，几千年对于地球生命周期而言是很长的一段时间。

1 指德国社会学家马克斯·韦伯和他的著作《新教伦理与资本主义精神》。在这本书中韦伯认为，新教徒的“天职”并不是苦修和禁欲，而是在世俗中完成其所处职业位置的责任和义务。

居维叶并不局限于科学上的反驳，他还利用自己的政治权力诋毁拉马克。居维叶经常扮演的角色是为法国科学院撰写悼词，他用精心安排的文辞非常巧妙地诋毁了已故的同事。在为拉马克写的讣告的开头，居维叶赞扬了这位已故同事对害虫的奉献——典型的明褒暗贬。尽管如此，居维叶必须“诚实地”指出，他的好朋友让-巴蒂斯特曾多次陷入关于进化的无端猜测。拉马克拥有无可匹敌的类比天赋，居维叶男爵用同样的天赋攻击他——文章中出现了很多滑稽的有弹性的长颈鹿和湿屁股的鹈鹕，这些形象与拉马克的名字密不可分地连在一起。居维叶总结道：“建立在这种基础上的系统或许可以激发一个诗人的想象力，但它一刻也经不起解剖学家的推敲。”总之，科学史家斯蒂芬·杰伊·古尔德（Stephen Jay Gould）把这篇悼词称为“残酷的杰作”。但抛开道德，居维叶男爵值得这个称谓。对大多数人来说，写悼词是一件令人头疼的事。居维叶可以把小小的负担转化为巨大的力量，他很聪明地完成了。

在居维叶去世后，一些浪漫主义科学家坚持拉马克关于“环境可塑性”（environmental plasticity）的观点；而另一些人，比如孟德尔，发现了拉马克理论的不足。然而，很多人难以下定决心。达尔文在文章中承认拉马克首先提出了进化论，称他为“著名的博物学家”。达尔文也确实相信，一些后天性状（包括割了包皮的阴茎，尽管非常罕见）可以遗传给后代。与此同时，达尔文在给朋友的信中贬低了拉马克的理论，称其为“真正的垃圾”以及“非常糟糕，我没有从中得到任何事实或想法”。

关键在于，达尔文认为，生物获得优势主要是通过先天性状，即出生时固有的性状，而不是拉马克的后天性状。达尔文还强调了进化的速度极慢，所有事情都需要很长时间，因为先天性状的传播只发生在优势生物繁殖的时候。相比之下，拉马克认为生物可以控制自身的进化，只需要一代的时间就可以把较长的四肢或较大的肌肉传播到各地。也许最糟糕的是，对达尔文等人来说，拉马克宣扬的目的论（teleology，动物通过进化来完善自我和实现自我的神秘概念）是生物学家希望从生物学中永久驱逐的空洞概念*。

对拉马克来说同样糟糕的是，达尔文之后的一代人发现，身体在普通细胞、精子细胞和卵细胞之间画了一条严格的分界线。所以，即使铁匠拥有阿特拉斯[1]那样的三头肌、胸肌和三角肌，也不能说明什么。精子是独立于肌肉细胞的，如果铁匠的精子有98毫克的弱DNA，那么他的孩子可能也拥有弱DNA。20世纪50年代，科学家证明了体细胞不能改变精子或卵子的DNA（唯一与遗传有关的DNA），从而强化了这种独立性。拉马克似乎没有翻身的机会。

但在过去的几十年，蠕虫翻身了。科学家现在认为遗传更具有流动性，基因和环境之间的屏障更容易渗透。它不再是纯粹的基因问题，它关于基因的表达，或者基因的打开和关闭。通常情况下，细胞关闭DNA的方法是在DNA上点缀一些被称为“甲基”的小凸起，细胞打开DNA的方法是用“乙酰基”解开蛋白质上的DNA线圈。科学家现在知道，细胞分裂时会将甲基或乙酰基的精确模式传递给子细胞，这是一种“细胞记忆”（事实上，科学家曾经认为，神经元中的甲基记录了我们大脑中的记忆。这是不对的，但干扰甲基和乙酰基的确会干扰记忆的形成）。关键在于，这些模式虽然大多是稳定的，但不是永恒的：特定的环境体验可以增加或减少甲基和乙酰基，从而改变这些模式。实际上，生物正在做什么或正在体验什么的记忆被蚀刻到细胞中，这是拉马克式遗传的关键第一步。

不幸的是，坏的体验和好的体验一样容易被蚀刻到细胞中。

1　希腊神话中的擎天神，被宙斯降罪，用双肩支撑苍天。

强烈的情感痛苦有时会使哺乳动物的大脑充斥着神经化学物质，这些化学物质会使甲基固定在不应该出现的地方。在幼年时期被其他小鼠欺负过的小鼠（不管这听起来多么矛盾），它们的脑中通常有这些有趣的甲基模式。那些被不尽职的母亲养大的小鼠也是如此（无论是寄养的还是亲生的）——母亲拒绝舔舐、拥抱和哺乳。那些被忽视的小鼠，成年后会因为有压力的环境而崩溃，崩溃的原因不可能是基因不良，因为亲生的孩子和寄养的孩子都会有相同的表现。相反，异常的甲基模式在很早就刻下了印记。随着神经元不断分裂，大脑也一直在成长，这些模式得以延续。2001年的“9·11”事件可能会以同样的方式给未出生的人类的大脑造成创伤。曼哈顿的一些孕妇出现了创伤后应激障碍（PTSD），它可能以表观遗传学的方式激活或破坏了至少12种基因，包括大脑基因。这些女人，尤其是在妊娠晚期受影响的女人，她们的孩子在面对陌生的刺激时更容易感到焦虑和痛苦。

请注意，这些DNA变化不是遗传性的，因为A-C-G-T序列始终保持不变。但表观遗传变化是实际的突变，基因也可能不起作用。和突变一样，表观遗传变化存在于细胞及其后代中。的确，随着年龄的增长，我们每个人都会积累越来越多独特的表观遗传变化。这可以解释同卵双胞胎的性格甚至样貌每年都会变得更加不同，尽管他们的DNA相同。这也意味着，侦探小说中的这种故事可能永远都不会成立：由于DNA检测无法区分，当双胞胎中的一个人犯了谋杀罪，两个人都逃脱惩罚。表观遗传学可以为他们定罪。

当然，所有这些证据只能证明，体细胞可以记录环境线索并将其传递给其他体细胞，这是一种有限的遗传模式。正常情况下，当精子和卵子结合时，胚胎会清除这些表观遗传信息，使你成为你，而不受父母行为的影响。但其他的证据表明，通过错误或诡计，有时候一些表观遗传变化会被偷偷地带到新一代的幼崽、幼兽、雏鸟和小孩身上，这非常接近真实的拉马克主义，足以让居维叶和达尔文咬牙切齿。

科学家第一次发现这种表观遗传“走私”是在上卡利克斯，这是瑞典和芬兰之间的一个农业小村庄。19世纪，这里环境艰苦，70%的家庭有超过5个孩子（1/4的家庭有超过10个孩子），大多数家庭很费力才能获得2英亩的贫瘠土地，而家庭的所有人口都必须依靠这块土地养活。更糟糕的是，北纬66度以上的天气每隔5年就会毁掉他们的玉米和其他作物。在某些时期，比如19世纪30年代，几乎每年都颗粒无收。当地牧师以近乎疯狂的毅力把这些事实记录在上卡利克斯的编年史中。他曾经写道：“没什么特别的，只是（连续）第8年歉收。”

当然，并非每年都如此悲惨。这片土地上偶尔会有让人幸福的丰收，甚至15口之家也能吃饱肚子，忘记匮乏的时光。但在玉米枯萎的最黑暗的严冬，茂密的斯堪的纳维亚森林和冰封的波罗的海使上卡利克斯无法获得应急物资，人们只能杀猪宰牛，勉强度日。

除了几名现代瑞典科学家，没有人注意到这种在边境地区相当典型的历史。他们之所以对上卡利克斯感兴趣，是因为他们想要弄清楚，环境因素（比如缺乏食物）是否会导致孕妇生下有长期健康问题的孩子。科学家之所以这么认为，是基于对1 800个儿童的独立研究，这些孩子出生在德国占领荷兰期间发生的一次饥荒期间或之后，即1944年至1945年的“饥饿之冬”。严酷的冬季天气冻结了运河，使货船无法通行。对荷兰来说雪上加霜的是，纳粹摧毁了桥梁和道路，阻碍了原本可以通过陆路运输的救援物资。到1945年早春，荷兰成年人的每日配给量下降至500卡路里。一些农民和难民（包括在战争期间困于荷兰的奥黛丽·赫本和她的家人）开始啃食郁金香的球茎。

1945年5月后，配给量跃升至2 000卡路里，这种跃升设置了一个自然实验：科学家可以比较饥荒期间孕育的胎儿和饥荒之后孕育的胎儿，看看谁更健康。可以预见的是，挨饿的胎儿在出生时通常更小、更虚弱，在以后的岁月里，他们也有更高的精神分裂症、肥胖症和糖尿病的发病率。这些婴儿来自相同的基本基因库，所以差异可能源自表观遗传编程：缺乏食物改变了子宫（胎儿生长的环境）的化学成分，从而改变了某些基因的表达。即使在60年后，那些在出生前挨饿的人也有明显不同的表观基因组。其他现代饥荒（列宁格勒围城战、尼日利亚内战）的受害者也显示出类似的长期影响。

但由于上卡利克斯频繁发生饥荒，瑞典科学家意识到他们有机会研究一些更有趣的东西：表观遗传的影响能否持续几代人？长期以来，瑞典国王要求每个教区提供作物记录（防止有人不忠诚），因此早在1800年，上卡利克斯就已经有农业数据了。科学家可以把这些数据与当地路德教会保存的出生、死亡和健康记录进行匹配。更有利的是，上卡利克斯很少有基因流入或流出。冻伤的风险和花哨的口音使大多数瑞典人和拉普人不愿意搬到那里，在科学家追踪的320人中，只有9人逃离上卡利克斯去往更好的地方，因此科学家可以在很长的时间尺度上追踪家族。

瑞典团队的一些发现是合情合理的，比如母亲的营养和孩子的未来健康之间的联系。但大多数发现说不通。最值得注意的是，他们发现孩子的未来健康与**父亲的**饮食有着密切的联系。父亲显然不会怀孕，所以影响必定是通过他的精子渗透进来的。更奇怪的是，只有在父亲遭遇饥饿时，孩子的健康水平才会提高。如果父亲暴饮暴食，孩子的寿命就会缩短，疾病也会增多。

父亲的影响非常强大，因此科学家可以把这种影响追溯到父亲的父亲——如果祖父挨了饿，孙子就会受益。这些影响并非不易察觉。如果祖父暴饮暴食，孙子患糖尿病的风险就会增加4倍。如果祖父勒紧裤腰带，孙子平均能多活30年（剔除社会差异因素之后）。值得注意的是，这对孙子的影响比对祖父的影响大得多：挨饿的祖父、暴食的祖父、饮食得当的祖父，都活到了70岁。

父亲和祖父的这种影响在遗传学上完全说不通，饥荒不可能改变父母或孩子的DNA序列，因为那在出生时就已经设定了。环境也不是问题的原因。挨饿的男人最终在不同的年份结婚和生育，因此他们的子女或孙辈在上卡利克斯的不同年代长大，有些年代好，有些年代差，但只要父亲或祖父活了下来，子女和孙辈就能受益。

但这种影响在表观遗传学上可能说得通。食物中含有丰富的乙酰基和甲基，它们可以打开和关闭DNA，因此暴食或饥饿可以掩盖或暴露调控新陈代谢的DNA。至于这些表观遗传学开关如何被“走私”到下一代，科学家从发生饥荒的时间找到了线索。在青春期、婴儿期或生育高峰期挨饿，不会影响一个男人的子女或孙辈。唯一重要的是，这个男人在“缓慢生长期”是暴食还是挨饿——缓慢生长期是青春期前的一个窗口期，大约是9~12岁。在这一阶段，男性开始留出一批细胞，这些细胞会成为精子。因此，如果缓慢生长期恰逢丰收或饥荒，前精细胞可能会印上不寻常的甲基或乙酰基，这些模式会适时地印在实际的精子中。

关于上卡利克斯发生了什么，科学家也研究了其中的分子细节。但其他一些关于人类父系的软遗传的研究也支持这样一种观点：精子的表观遗传学具有深远的和可遗传的影响。相比于较晚才开始吸烟的男性，那些从11岁之前就开始吸烟的男性——即便他在小学时已经戒烟了——会生出更肥胖的孩子，尤其是更肥胖的男孩。类似地，嚼槟榔（相当于卡布奇诺强度的兴奋剂）的亚洲和非洲的数亿男性，他们的孩子患心脏病和代谢疾病的风险是普通人的2倍。虽然神经科学家有时无法发现健康大脑和精神错乱大脑的解剖学差异，但在精神分裂患者和躁郁症患者的大脑和精子中，神经科学家发现了不同的甲基模式。这些结果迫使科学家修正了他们的假设：受精卵可以清除精子（和卵子）细胞的所有环境污点。似乎就像耶和华，父亲的生理缺陷会影响他的孩子，以及孩子的孩子。

软遗传中最令人好奇的可能是精子在决定孩子长期健康方面的首要地位。民间智慧认为，母性印记（比如看到了独臂乞丐）是毁灭性的。而现代科学认为，父性印记（paternal impression）同样重要，甚至更加重要。尽管如此，这些与父母有关的影响并非完全出乎意料，因为科学家已经知道，母亲和父亲的DNA对孩子的影响并不完全相同。如果雄狮和雌虎交配，它们会生出狮虎兽（liger）——长12英尺的大猫，体重是普通丛林之王的2倍。但如果雄虎让雌狮怀孕，生下来的虎狮兽（tiglon）就没有那么强壮了（其他哺乳动物也有类似的差异。这意味着伊里亚·伊万诺夫试图让雌性黑猩猩和人类女性受孕的尝试并不像他希望的那样具有对称性）。有时，母亲和父亲的DNA甚至会为了争夺胎儿的控制权而进行激烈的战斗，以*igf*基因为例。

拼出基因的全名可以帮助理解：*igf*是"insulin-like growth factor"（胰岛素样生长因子）的简称，它使子宫内的胎儿比正常情况下更早地长到应有的尺寸。但是，父亲希望激活胎儿的两个*igf*基因，从而拥有高大健壮的宝宝——生长得更快、更早且更频繁地把基因传递下去；母亲则希望*igf*基因安分一点，这样第一个孩子就不会挤压她的内脏，也不会在分娩时杀死她，使她无法生育其他孩子。所以，就像一对老夫妇为恒温器而争吵，精子倾向于迅速打开*igf*基因，卵子则希望迅速关闭*igf*基因。

成百上千的“印记”基因在我们体内打开和关闭，这取决于它们来自父亲还是来自母亲。在克雷格·文特尔的基因组中，40%的基因显示出与父亲和母亲的差异。删除完全相同的DNA片段会不会导致不同的疾病取决于母亲或父亲的染色体是否有缺陷。随着时间的推移，一些“印记”基因甚至会改头换面：在小鼠体内（在人体内可能也是如此），母亲的基因控制儿童时期的大脑，而父亲的基因接管之后生活中的大脑控制权。事实上，如果没有正确的“表观性别”印记，我们可能无法生存。科学家可以很容易地设计出带有两组雄性染色体或两组雌性染色体的小鼠胚胎，根据传统遗传学，这应该不是什么大问题。但这些双性的胚胎在子宫内就夭折了。当科学家加入了一些异性的细胞来帮助胚胎存活时，“雄性^{2}”变成了巨大的博特罗娃娃[1]（由于*igf*基因），但脑很小。而“雌性^{2}”的身体很小，但脑很大。因此，爱因斯坦和居维叶的脑的大小差异，可能只是因为父母血统的特殊，就像男性斑秃一样。

所谓的“亲源效应”（parent-of-origin effect）也重新激起了人们对有史以来最恶劣的科学骗局的兴趣。考虑到表观遗传学的微妙之处——科学家在过去的20年里几乎一点都没有弄懂，可以想象，很久以前偶然发现这些模式的科学家很难解释他的结果，也很难说服自己的同事。奥地利生物学家保罗·卡默勒（Paul Kammerer）在科学、爱情、政治等所有方面都很艰难。但今天的一些表观遗传学家认为，他的故事可能（只是可能）是一个尖锐的提醒：超越时代的发现是危险的。

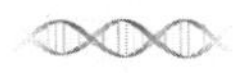

保罗·卡默勒拥有炼金术士般的改造自然的野心，同时也具

1 指意大利画家、雕塑家费尔南多·博特罗（Fernando Botero），他创作的艺术形象以形体饱满为特色。

备青少年骚扰动物的天赋。卡默勒声称，他可以改变蝾螈的颜色或使它们长出圆点或细条纹——只需要把不同寻常的色彩强加给它们。他强迫喜光性的螳螂在黑暗中进食，他切断海鞘的喙，只是为了看看这对它们未来的孩子有什么影响。他甚至声称可以培育出有眼睛的或没眼睛的两栖动物，这取决于它们小时候获得了多少光照。

卡默勒的胜利和毁灭都和他在产婆蟾（一种最奇特的物种）身上做的一系列实验有关。大多数蟾蜍在水中交配，然后任由受精卵自由漂浮。产婆蟾在陆地上交配，但由于蝌蚪卵在陆地上更容易受到伤害，所以雄性产婆蟾把成捆的蝌蚪卵绑在自己的后腿上——像一串葡萄，然后带着它们跳动，直到它们孵化。卡默勒对这种迷人的习性无动于衷，1903年，他决定迫使产婆蟾在水中繁殖，方法是把水族箱里的温度调得很高。这个策略起了作用——如果不一直待在水下，蟾蜍会像杏干一样枯萎，那些幸存的蟾蜍每一代都变得更喜欢水。它们有更长的鳃，为蝌蚪卵产生了一种光滑的防水涂层，并且（记住这一点）形成了婚垫（nuptial pad）——长在前肢上的黑色茧状物，帮助雄性蟾蜍在水中交媾时抓住滑溜的伴侣。更有趣的是，当卡默勒把这些受虐待的蟾蜍放回更凉爽、更潮湿的水箱中，让它们自由繁殖时，这些蟾蜍的后代（从未经历过荒漠环境）可能继承了在水中繁殖的偏好，并将其遗传给更多的后代。

1910年前后，卡默勒宣布了这些结果。在接下来的10年，他利用此类实验（他的实验似乎从来没有失败过）证明，在适当的环境下，动物可以被随意塑造，做任何事情，或者成为任何东西。在当时，这样的观点具有深刻的马克思主义意味，因为马克思认为，唯一压迫穷苦大众的是他们所处的恶劣环境。作为坚定的社会主义者，卡默勒很乐意把他的论点扩展到人类社会：在他看来，后天就是先天，这是一个统一的概念。

实际上，当时的生物学处在严重的混乱之中——达尔文主义毁誉参半，拉马克主义日薄西山，孟德尔定律还没有取得胜利，而卡默勒承诺，他可以把达尔文、拉马克和孟德尔结合起来。例如，卡默勒鼓吹适当的环境可以导致有利基因的出现。人们非但没有嘲笑他，反而欣然接受了他的理论。他的书成为畅销书，他还向SRO的全球听众演讲（在这些节目中，卡默勒还建议在世界范围内颁布美国式的禁酒令，因为禁酒令无疑会产生一代美国“超

饱受折磨的奥地利生物学家保罗·卡默勒实施了科学史上最大的骗局之一，他可能在不知不觉中成为表观遗传学的先驱（图片来源：美国国会图书馆）

人”[1]，一个“天生对酒没有任何欲望的”种族）。

不幸的是，卡默勒越出名——他很快就自封为“第二个达尔文”，他的科学就显得越可疑。最令人不安的是，卡默勒在他的科学报告中隐瞒了蟾蜍实验的关键细节，许多生物学家认为他在说假话，尤其是孟德尔在欧洲的“斗牛犬”——威廉·贝特森。

贝特森是个坚决无情的人，从不羞于攻击其他的科学家。在1900年前后达尔文主义衰落的时候，他和他以前的导师、达尔文的捍卫者沃尔特·韦尔登（Walter Weldon）发生了一场特别激烈的争吵。贝特森很快就对韦尔登产生了“俄狄浦斯情结”[2]——他成了某个分配生物学经费的科学学会的董事，然后切断了与韦尔登的联系。事情变得非常糟糕，以至于1906年韦尔登去世的时候，他的遗孀把他的死归咎于贝特森的敌意，尽管韦尔登是在骑自行车时死于心脏病发作。与此同时，韦尔登的一位盟友卡尔·皮尔逊（Karl Pearson）阻止期刊发表贝特森的论文，并在他（皮尔逊）的内部刊物《生物统计学》（*Biometrika*）上攻击贝特森。皮尔逊还拒绝贝特森以书面的形式回应，于是贝特森打印了伪造的《生物统计学》的副本，天衣无缝地把自己的回应插入其中，然后把它分发给图书馆和大学。当时的一首打油诗是这样总结的：“卡尔·皮尔逊是生物统计学家 / 我认为这是他的身份 / 贝特森和其他人 /（我）希望他们能 / 直接毁灭。”

现在贝特森要求检查卡默勒的蟾蜍，卡默勒拒绝提供标本。批评家继续斥责卡默勒，不认可他的借口。第一次世界大战的混乱暂时平息了这场争论，因为卡默勒的实验室变得一团糟，他的蟾蜍也都死了。但正如一位作家写道：“如果‘一战’没有摧毁

1 超人（Übermensch），尼采在《查拉图斯特拉如是说》一书中使用的概念，可以理解为“最理想的人类”。纳粹德国后来断章取义地利用了这个概念，将其等同于“优等种族”。

2 俄狄浦斯是希腊神话中的人物，他无意中杀死了自己的父亲，并娶了自己的母亲。“俄狄浦斯情结”通常是指恋母情结，但此处更强调弑父的层面。

奥地利和卡默勒，那么战后贝特森将继续做这件事。”在无情的压力下，卡默勒终于在1926年让贝特森的一位美国盟友检查了他保存的唯一一只产婆蟾。该生物学家、爬行动物专家格拉德温·金斯利·诺布尔（Gladwyn Kingsley Noble）在《自然》杂志上说，那只蟾蜍看起来完全正常，除了一点——婚垫没有出现。无论如何，有人用注射器在蟾蜍的皮肤下面注射了黑色墨水，使它们看起来像婚垫。诺布尔没有使用“欺诈”这个词，但其实也没必要。

生物学界爆发了。卡默勒否认有过不正当行为，隐晦地指出是某个不知名的政敌在搞破坏。但其他科学家越来越愤怒，卡默勒绝望了。就在《自然》杂志的那篇论文发表之前，卡默勒接受了苏联的一个职位——苏联支持他的新拉马克理论。6周后，卡默勒写信给莫斯科，说他非常愧疚，无法接受这份工作。所有对他的负面关注都会对伟大的苏维埃国家造成不利影响。

然后，辞职信中有了沉重的转折。“我希望我能鼓起足够的勇气，”卡默勒写道，“在明天结束我残破的生活。”他做到了。1926年9月23日，在维也纳郊外一条崎岖的乡间小路上，他朝着自己的脑袋开了一枪。这似乎算是认罪。

不过，总是有人为卡默勒辩护，一些历史学家用不切实际的理由证明他的清白。一些专家认为，婚垫确实出现过，卡默勒（或一位过分热心的助手）注入墨水只是为了“润色”证据。其他人认为是政治对手陷害了卡默勒。据推测，当地的国家社会党（纳粹党的前身）想要抹黑卡默勒，因为他有部分犹太人血统，也因为他的理论质疑了雅利安人的天生的遗传优势。更重要的是，自杀未必归咎于诺布尔的揭露。卡默勒长期缺钱，并且已经因为阿尔玛·马勒·格罗皮乌斯·威尔佛（Alma Mahler Gropius Werfel）而变得精神错乱。阿尔玛曾无偿为卡默勒做过一段时间的实验室助理，但她最著名的身份是作曲家古斯塔夫·马勒（等人）的前妻*。她与笨拙的卡默勒有过一段风流韵事，卡默勒对她来说只是普通的性伴侣，但卡默勒对她越来越着迷。他曾经威胁说，如果阿尔玛不嫁给他，他就要在阿尔玛的墓碑上射爆自己的头。她笑了。

另外，控诉卡默勒的任何人都可以指出一些令人不安的事实。首先，就连不懂科学的阿尔玛（社会名流兼业余作曲家）也意识到卡默勒在实验室里粗心大意，做记录非常马虎，而且经常（尽管她觉得是无意识地）忽视违背他的理论的结果。更要命的是，科学期刊发现卡默勒以前捏造过数据。一位科学家称他为"图像处理之父"。

无论卡默勒的动机是什么，他的自杀最终给拉马克主义蒙上了污名，因为苏联的一些讨厌的政治人物开始从事卡默勒的事业。官员们决定拍摄一部宣传电影来捍卫他的荣誉。《火蝾螈》（*Salamandra*）讲述了一个卡默勒式的英雄（灿格教授）被一名保守的牧师（孟德尔的化身？）阴谋攻击的故事。一天晚上，牧师和一名同伙潜入了灿格教授的实验室，把墨水注射到一只蝾螈身上。第二天，有人当着其他科学家的面把标本放进浴缸，墨水漏了出来，污染了水，灿格感到很丢脸。失去工作后，灿格最终在大街上乞讨食物（奇怪的是，一只从邪恶实验室里被救出来的猴子陪着他）。但就在他决定自杀的时候，一个女人救了他，把他拖到苏联的天堂。虽然听起来很可笑，但即将成为苏联农业沙皇的特罗菲姆·李森科基本上相信了这个神话，他认为卡默勒是社会主义生物学的殉道者，开始支持卡默勒的理论。

或者至少支持他的部分理论。卡默勒已经死了，李森科只能强调他的更符合苏联意识形态的新拉马克思想。李森科带着拉马克主义者的热情，在20世纪30年代掌权，开始清算大量的非拉马克主义的遗传学家（包括贝特森的弟子），要么直接处死他们，要么把他们关进古拉格集中营里挨饿。不幸的是，被消失的人越多，就有越多的苏联生物学家被迫效忠李森科的扭曲观点。当时一位英国科学家报告说，与李森科谈论遗传学“就像试图向一个不会12乘法表[1]的人解释微积分。他是……生物学积圆家（biological circle-squarer）”。毫不奇怪，李森科主义摧毁了苏联的农业——数百万人死于饥荒，但官员拒绝放弃他们所认为的卡默勒精神。

无论多么不公平，在接下来的几十年，与克里姆林宫的联系注定了卡默勒的声誉和拉马克主义的命运，尽管卡默勒的辩护者继续为他辩护。最值得注意的是，1971年，小说家阿瑟·库斯勒[2]写了一本非虚构的书《产婆蟾事件》（*The Case of the Midwife Toad*）为卡默勒开脱。除此之外，库斯勒还挖出了一篇1924年的论文，内容是发现了一种带有婚垫的野生产婆蟾。这不一定能证明卡默勒的清白，但的确暗示了产婆蟾有潜在的婚垫。也许它们源自卡默勒实验中的突变。

或者源自表观遗传学。一些科学家最近注意到，卡默勒的实验对产婆蟾有很多影响，包括改变了产婆蟾卵周围的凝胶外衣的厚度。由于这种胶状物富含甲基，改变厚度可能会打开或关闭基因，包括婚垫和其他性状的返祖基因。同样有趣的是，当卡默勒让蟾蜍交配时，他坚持认为，在下一代，父亲对陆地或水中繁殖的偏好“毫无争议地”凌驾于母亲的偏好。如果父亲喜欢陆地性行为，他的子孙也会如此；如果父亲喜欢水中性行为，这个说法同样成立。“亲源效应”在软遗传中起着重要作用，蟾蜍的这种趋势与上卡利克斯相同。

的确，即便卡默勒偶然发现了表观遗传效应，他也不能理解，

1　类似于我们常见的“九九乘法表”，只不过“12乘法表”从9×9扩展到了12×12。
2　阿瑟·库斯勒（Arthur Koestler，1905—1983），匈牙利犹太裔英国作家，曾经是共产党员。

而且仍然可能通过注射墨水实施欺诈（除非你相信是纳粹的阴谋）。但在某些方面，这使卡默勒更迷人。他的咆哮、宣传和丑闻的记录有助于解释为什么许多科学家拒绝考虑类似于表观遗传的软遗传理论，即便在达尔文主义的混乱衰落期间。然而，卡默勒可能既是无赖，也是无意的先驱：愿意为了更大的意识形态而撒谎，但也可能根本就没有撒谎。无论如何，他所解决的问题仍然是今天的科学家正在努力解决的问题——环境和基因如何相互作用，以及哪一个占主导地位（如果有的话）。如果卡默勒知道上卡利克斯这个地方，他会如何反应，想到这一点不禁令人心酸。他在欧洲生活和工作时，这个瑞典村庄正在发生着隔代遗传。无论是不是骗局，如果看到了他心爱的拉马克主义的痕迹，他可能不会绝望到要结束自己的生命。

在过去的10年，表观遗传学发展得非常迅速，以至于我们很难对每一项进步进行分类。表观遗传机制会做一些小事，比如让小鼠长出有圆点的尾巴；也会做一些大事，比如使人们自杀（这也许是卡默勒事件中最后的讽刺）。像可卡因和海洛因这样的毒品会破坏神经递质和神经兴奋剂的DNA（这解释了为什么毒品让人一时感觉良好），但如果持续吸食毒品，DNA就会永久紊乱，导致成瘾。恢复小鼠脑细胞中的乙酰基，实际上就复苏了被遗忘的记忆。每天都有更多的研究表明，肿瘤细胞可以操纵甲基来关闭通常会阻碍它们生长的遗传调控。一些科学家认为，他们甚至有一天可以梳理出尼安德特人的表观遗传信息。

综上所述，如果你想激怒一位生物学家，就开始向他解释表观遗传如何改写了进化，或者如何帮助我们摆脱了基因——仿佛基因是我们身上的镣铐。表观遗传确实改变了基因的功能，但并没有破坏它们。虽然表观遗传效应确实存在于人类身上，但许多生物学家怀疑它们来得容易去得快：随着环境因素的变化，甲基、乙酰基和其他机制可能在几代人之内消散。我们还不知道表观遗传学能否永久地改变人类物种。也许根本的A-C-G-T序列总是能显现出来，就像抹掉墙上的甲基-乙酰基涂鸦，花岗岩墙壁会重新出现。

但实际上，这种悲观主义忽略了表观遗传学的重点和前景。人类的基因多样性小，基因数量少，似乎无法解释人类物种的复杂性和多样性。成千上万种不同的表观基因组合也许可以解释。即使软遗传在6代之后消失，即使我们每个人只能活两三代的时间，但在这样的时间尺度上，表观遗传产生了巨大的差异。重写表观遗传软件比重新连接基因容易得多，如果软遗传不能导致真正的基因进化，它至少能让我们适应一个快速变化的世界。事实上，多亏了表观遗传学带给我们的关于癌症、关于克隆、关于基因工程的新知识，我们的未来世界可能更快地发生变化。

第十六章
我们知道的（和不知道的）生命：
现在到底会发生什么？

20世纪50年代末，DNA生物化学家保罗·多蒂（Paul Doty，也是RNA领带俱乐部的成员）在纽约闲逛，心里只想着自己的事情，这时一个街头摊贩的商品吸引了他的注意，他困惑地停了下来。摊贩卖的是翻领纽扣，在琳琅满目的商品中，多蒂看到了一个写着“DNA”的纽扣。世界上很少有人比多蒂更了解DNA，但他认为公众既不明白也不关心他的研究。他相信这是其他东西的首字母缩写，于是问摊贩“DNA”是什么意思。摊贩上下打量着这位伟大的科学家。“别落伍了，兄弟，”他用纽约腔喊道，“这就是基因！”

40年后的1999年夏天，关于DNA的知识像雨后春笋一样大量涌现，宾夕法尼亚州的立法者对即将到来的DNA革命感到忧虑，他们向生物伦理学专家亚瑟·卡普兰（Arthur Caplan，也是塞雷拉的董事会成员）请教，立法者应该如何监管遗传学。卡普兰答应了，但事情一开始就很不顺利。为了了解他的听众，卡普兰以一个问题开场：“你们的基因在哪里？”基因位于身体的哪个部位？宾夕法尼亚最优秀、最聪明的人都不知道。1/4的人毫不羞愧且毫无讽刺地将自己的基因等同于性腺。另外1/4的人非常自信地认为基因在大脑中。其他人看到了双螺旋或其他东西的图片，但不确定这意味着什么。20世纪50年代末，“DNA”这个术语已经成为时代精神的一部分，足以装饰街头小贩的纽扣。这就是基因。从那时起，公众的理解就停滞不前了。考虑到他们的无知，卡普兰后来认定“让政客制定关于遗传学的规则和规章是危险的”。当然，对基因和DNA技术的困惑并不妨碍任何人发表强烈的意见。

我们没有必要感到惊讶。事实上，自孟德尔的第一株豌豆以来，遗传学就一直让人们痴迷。但是，痴迷助长了厌恶和困惑，遗传学的未来将取决于我们能否解决这种“注定拥有但无法忍受”的矛盾心理。对基因工程（包括克隆）和试图“仅仅”用基因来解释丰富而复杂的人类行为——两个经常被误解的概念，我们似乎特别痴迷或恐惧。

从一万年前出现农业以来，人类一直在对动植物进行基因工程，但第一例明确的基因工程始于20世纪60年代。大体上，科学家把果蝇卵浸泡在DNA黏液中，希望多孔的卵子能吸收一些东西。令人惊讶的是，如此粗糙的实验居然成功了，果蝇的翅膀和眼睛改变了形状和颜色，事实证明，这种改变是可以遗传的。10年后的1974年，一位分子生物学家发明了一种工具，可以将不同物种的DNA拼接在一起，形成杂交种。尽管这位“潘多拉”[1]只研究微生物，但一些生物学家看到这种怪物的时候还是感到不寒而栗——谁知道接下来会发生什么呢？他们认为科学家的做法太超前了，呼吁暂停这种重组DNA的研究。值得注意的是，生物学界（包括那位“潘多拉”）同意了，并自愿停止实验，从而讨论安全和行为规则，这几乎是科学史上独一无二的事件。到1975年，生物学家认为他们确实掌握了足够的知识，可以继续研究。他们的谨慎态度让公众很放心。

1 潘多拉是希腊神话中的人物，她是火神用黏土创造的第一个人类女性。诸神把她送给人类，作为一种惩罚，因为普罗米修斯为人类盗取了火种。传说中潘多拉有一个盒子，她打开盒子，释放了人世间的所有邪恶——贪婪、虚伪、诽谤、嫉妒、痛苦、战争等。

这种光辉并没有持续多久。同样在1975年，一位出生在阿拉巴马州的蚁学家出版了一本书，他在哈佛大学工作，稍微有点诵读障碍，这本书重6磅、厚697页，名为《社会生物学》（*Sociobiology*）。爱德华·威尔逊（Edward O. Wilson）在他心爱的蚂蚁身上花了几十年的时间，研究如何把工蚁、兵蚁和蚁后的错综复杂的社会系统简化为简单的行为法则，甚至是精确的方程。在《社会生物学》一书中，野心勃勃的威尔逊将他的理论扩展到其他的科、纲和门，并在进化的阶梯上逐级上升到鱼类、鸟类、小型哺乳动物、哺乳类食肉动物和灵长目动物。接着，在艰难地写完了黑猩猩和大猩猩之后，威尔逊来到了他那臭名昭著的第27章，“人类”。他在这一章中提出，科学家可以把大部分（如果不是全部的话）人类行为——艺术、伦理、宗教、丑陋的侵略行为——归因于DNA。这意味着人类不是无限可塑的，而是有固定的本性。威尔逊的著作还暗示，一些性格差异和社会差异（比如男性和女性之间的差异）可能有根本的遗传原因。

威尔逊后来承认，他是政治上的白痴，没有预料到他的说法会在学术界引起血雨腥风、惊涛巨浪。果然，哈佛大学的一些同事，包括受公众欢迎的斯蒂芬·杰伊·古尔德，痛斥《社会生物学》试图将种族主义、性别歧视、贫穷、战争、饥饿等所有正派人士厌恶的东西合理化。他们还明确地把威尔逊与邪恶的优生学运动、纳粹大屠杀联系起来，然后当其他人猛烈抨击的时候，他们表现得很惊讶。1978年，威尔逊在一次科学会议上为自己的著作辩护，这时几名愚蠢的激进分子冲上台。当时威尔逊脚踝骨折，坐在轮椅上，无法躲避或还击，他们抢走了他的麦克风。在控诉他“种族灭绝”之后，他们往他头上浇冰水，大喊着：“你完全错了[1]。”

到了20世纪90年代，由于其他科学家的传播（通常是以较

1 原文是“You’re all wet”，字面意思是“你完全湿了”。

温和的形式），“人类行为具有根本的遗传原因”这个观点似乎并不令人震惊。类似地，我们今天仍然相信社会生物学的另一个信条：人类的狩猎-拾荒-采集遗留给我们的DNA仍然会影响我们的思维。但就在社会生物学的余烬还在闪烁的时候，苏格兰的科学家在1997年2月宣布了有史以来最著名的非人类动物的诞生，这相当于在公众对遗传学的恐惧上洒了一剂煤油。科学家把成年绵羊的DNA转移到400个绵羊卵中，然后用弗兰肯斯坦式的方法电击它们，成功地得到了20个存活的胚胎——成年供体的克隆。这些克隆细胞在试管里待了6天，然后在子宫里待了145天，其间有19只自然流产。多莉（Dolly）活了下来。

事实上，大多数人呆呆地看着这只小羔羊，根本不关心作为多莉的多莉。人类基因组计划在背后轰轰烈烈地进行着，承诺向科学家提供人类的蓝图，多莉则引发了人们的担忧：科学家正在紧锣密鼓地克隆人类，而且没有暂停的迹象。说实话，大多数人都吓坏了，尽管亚瑟·卡普兰确实接到了一通激动的电话，说有可能克隆出耶稣。（当然，打电话的人计划从都灵裹尸布[1]上提取DNA。卡普兰当时在想:“你是要复活一个本来就可以回来的人。”）

多莉的“狱友”接受了它，似乎并不关心它作为克隆羊的本体论身份。它的恋人们也不在意，它最终（自然地）生下了6只羔羊，每只都很健壮。但无论出于何种原因，人类本能地害怕克隆。多莉诞生后，有人提出了一些耸人听闻的设想，比如克隆人的军队在外国的首都大踏步前进，或者人们在农场里饲养克隆体以获取器官。更奇怪的是，有人担心克隆体会受到疾病和深层分子缺陷的困扰。克隆成年人的DNA需要打开休眠的基因，促进细胞分裂、分裂、再分裂。这听起来很像癌症，而且克隆体的确倾向于患肿瘤。许多科学家还得出结论（尽管多莉的助产士对此

1　保存在意大利都灵主教座堂中的一块裹尸布，传说它当时被用来包裹耶稣的尸体。

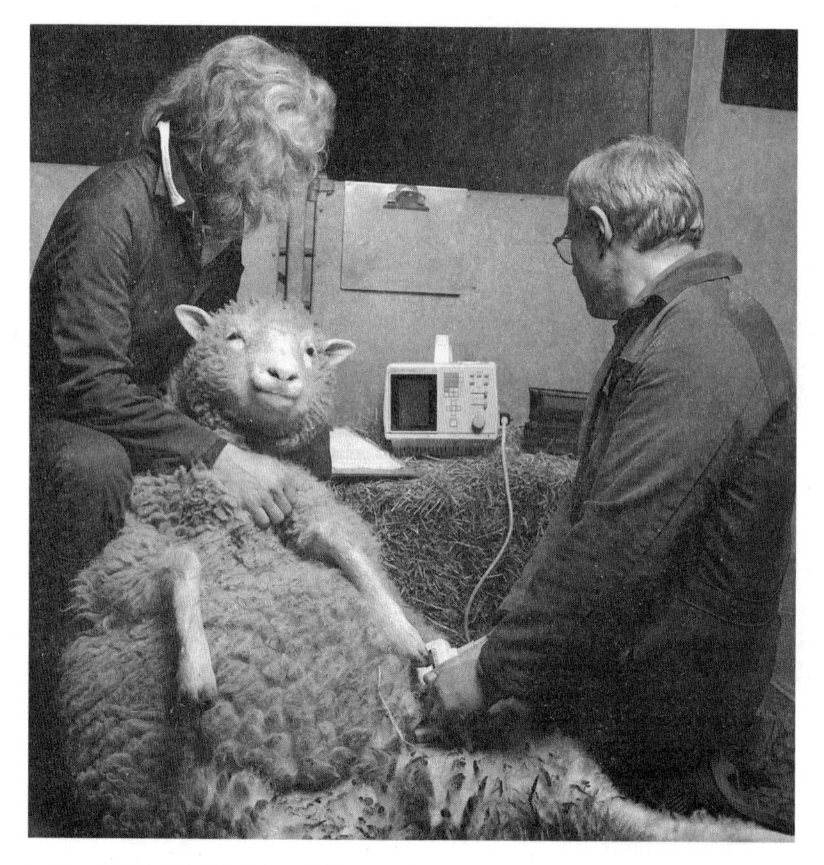

第一只克隆哺乳动物多莉正在接受检查（图片来源：爱丁堡大学罗斯林研究所）

提出异议），多莉出生时就患有遗传性老年病，细胞异常地衰老和破旧。事实上，在多莉过早成熟的时候，关节炎使它的腿变得僵硬，它在6岁（其品种寿命的一半）时死于导致肺癌的病毒（按照佩顿·劳斯的说法）。和所有的成年DNA一样，用于克隆多莉的成年DNA有表观遗传的痕迹，并因为突变和断裂而扭曲。这些缺陷可能在它出生前就已经破坏了它的基因组*。

但如果我们在这里随意地扮演上帝，我们也有可能扮演了魔鬼的代言人。假设科学家解决了所有的医学限制，制造出完全健康的克隆体。那么许多人仍然会在原则上反对克隆人类。然而，他们的部分推理依赖于可以理解但幸好错了的假设：遗传决定论

(genetic determinism)，即DNA严格地决定我们的生理特征和个性。随着科学家测序了每一个新的基因组，人们越来越清楚，基因处理可能性，而非确定性。遗传影响，不过尔尔。同样重要的是，表观遗传学表明，环境改变了基因工作和相互作用的方式，因此忠实地克隆一个人可能需要保留他错过的每顿饭和抽过的每支烟的表观遗传学标签（祝你好运）。大多数人都没有意识到，现在要避免接触克隆人已经太晚了，他们至今仍然生活在我们中间，也就是被称为“同卵双胞胎”的“怪物”。相比于他们的亲本，克隆体的表观遗传学差异比双胞胎更大，我们有理由相信他们实际上不会那么相似。

想想看，希腊哲学家讨论过这样一个问题，如果一艘船的船体和甲板逐渐腐烂，几十年后，原来的每一块木头都已经被替换了，最后这还是同一艘船吗？为什么是，或者为什么不是？在我们死之前，身体中的原子会循环很多很多次，所以在一生中我们不会是相同的一副躯体。尽管如此，我们感觉自己是同一个人。为什么？因为人和船不一样，每个人都有不间断的思想和记忆。如果人类有灵魂，那么灵魂就是思想的内存。但克隆体的记忆将不同于他的亲本——在不同的音乐和英雄的陪伴下成长，接触不同的食物和化学物质，大脑会因新技术而发生变化。这些差异的总和将是不同的品位和倾向，产生不同的气质和独特的灵魂。因此，克隆不会产生任何实质意义上的分身。DNA确实限制了我们的可能性，但在可能性的范围内，我们所处的位置（身高，疾病，大脑如何处理压力、诱惑或挫折）不仅仅取决于DNA。

别弄错了，我不是在支持克隆。如果要说的话，我反对克隆，因为克隆有什么意义呢？失去孩子的父母可能想要克隆一个孩子，从而缓解每次经过空荡荡的房间时的那种痛苦，或者心理学家想要克隆泰德·卡钦斯基或吉姆·琼斯[1]，了解如何化解反社会的情绪。但如果克隆不能（而且肯定不能）满足这些需求，为什么还要惹麻烦呢？

克隆不仅让人们担忧不太可能发生的恐怖事件，还分散了人们的注意力，让人们无暇讨论基因研究能够并且已经引发的关于人性的其他争议。我们很希望对这些争吵视而不见，但它们不太可能消失。

性取向有一定的遗传基础。蜜蜂、鸟类、甲虫、螃蟹、鱼类、蜥蜴、蛇、蟾蜍以及各种各样的哺乳动物（野牛、狮子、浣熊、海豚、熊、猴子）都喜欢和同性玩耍，它们的交配似乎是与生俱来的。科学家发现，即使只破坏小鼠体内的单个基因——该基因被暗示性地命名为*fucM*基因，也能使雌性小鼠变成同性恋。人类的性取向更加微妙，但相比于在类似环境中长大的异性恋男性，同性恋男性有更多的同性恋亲属。基因似乎是重要的差异。

这里提出了一个达尔文"谜团"。同性恋会降低生育孩子和传递"同性恋基因"的可能性，然而，同性恋在历史上始终存在于全球的每一个角落，尽管他们一直受到暴力迫害。一种理论认为，也许同性恋基因就是"爱男人"基因——恋男DNA，该基因使男人爱上男人，同时使拥有该基因的女人也对男人产生欲望，增加她们生孩子的概率（同理还有恋女DNA）。或者，也许同性恋是其他基因相互作用的副效应。多项研究发现，在同性恋男性中，左撇子和双手通用的比例更高，而且无名指通常更长。没有人真的相信单手持沙拉叉或其他原因会导致同性恋，但某些影响深远的基因可能会同时影响这两种性状——也许是通过微调

1 泰德·卡钦斯基（Ted Kaczynski），又名"大学航空炸弹客"，美国国内的恐怖主义者。吉姆·琼斯（Jim Jones），人民圣殿教（后来被定义为邪教）的创始人。

大脑。

这些发现是双刃剑。找到遗传上的关联可以证明同性恋是与生俱来的，而不是一种变态的“选择”。即便如此，人们已经开始担心这样一种可能性：从小就开始筛查和孤立同性恋，甚至包括潜在的同性恋。更重要的是，这些结果可能被歪曲。预测同性恋的一个相关因素是某人亲生哥哥的数量，每一个哥哥都会增加20%~30%的概率。最主要的解释是，母亲的免疫系统对子宫内的所有“外来”Y染色体都会产生越来越强烈的反应，这种免疫反应以某种方式在胎儿的大脑中诱导出同性恋。同样，这将使同性恋具有生物学意义的基础，但可以预见，天真的或恶意的观察者可能通过扭曲这种免疫联系，将同性恋等同为一种需要根除的疾病。这是令人担忧的。

种族问题也让遗传学家感到不安。首先，种族的存在没有任何意义。人类的基因多样性几乎小于任何动物，但我们的肤色、体形和五官却千差万别，就像每年威斯敏斯特全犬种大赛的决赛选手。一种种族理论认为，濒临灭绝导致一些略有变异的早期人类彼此隔绝，随着这些群体迁出非洲，开始与尼安德特人、丹尼索瓦人等原人繁殖，变异被放大了。无论如何，不同族群之间肯定存在一些DNA差异：澳大利亚土著夫妇永远生不出长雀斑的、红头发的男孩，哪怕他们搬到翡翠岛，一直繁殖到世界末日。颜色是在DNA中编码的。

很明显，问题的关键不是美宝莲[1]那样的肤色变化，而是其他潜在的差异。芝加哥大学的遗传学家蓝田（Bruce Lahn）的职业生涯开始于编目Y染色体上的回文和倒位，但2005年前后，他开始研究影响神经元生长的脑基因——小头基因和*aspm*基因。尽管这两个基因在人类中有多个版本，但每个基因都有一个版本携

1 化妆品品牌。

带着许多“遗传搭车客”，该版本的基因似乎以大约10马赫的速度席卷了我们的祖先，这表明它们有强大的生存优势。根据它们生长神经元的能力，蓝田迈出了一小步，认为这些基因可以提高人类的认知能力。有趣的是，他指出，促进脑发育的小头基因和*aspm*基因的变异分别在公元前35000年和公元前4000年前后开始传播——这两个时间点分别出现了世界上最早的象征艺术和最早的城市。沿着这条线索，蓝田筛选了当今活着的不同人群，确定了促进脑发育的变异在亚洲人和白种人中出现的频率是非洲土著的几倍。深吸一口气。

其他科学家谴责这些发现是推测性的、不负责任的、种族主义的和错误的。这两种基因在脑部以外的许多地方发挥作用，因此它们可能在其他方面帮助了古代欧洲人和亚洲人。首先，这些基因似乎可以帮助精子更快地摆动尾巴，并且可能为免疫系统配备了新的武器（它们也与“绝对音感”和“声调语言”[1]有关）。更糟糕的是，后续研究发现，相比于没有这些基因的人，拥有这些基因的人在智商测试中的得分并不会更高。这几乎推翻了“促脑假说”，而作为中国移民的蓝田很快承认，“在科学层面上，我很失望。但在社会和政治争议的背景下，我松了一口气”。

他并不是唯一持这种观点的人：种族确实让遗传学家产生了分歧。有些人信誓旦旦地说种族根本不存在。他们坚持认为，种族“在生物学上毫无意义”，是一种社会建构。“种族”确实是有偏向的术语，大多数遗传学家更喜欢委婉地说“族群”或“种群”——他们认为这个概念是存在的。但即便如此，一些遗传学家仍然希望审查对族群和心理素质的调查，认为这是内在的伤害，希望阻止这些行为。其他人仍然相信，好的研究只会证明种族平

1　在声调语言中，不同的声调可以表达不同的语义，比如汉语有阴平、阳平、上声、去声、轻声。与之对应的是非声调语言，不同的声调只能表达不同的语气。

等，所以让他们继续吧（但是，讲授“种族”的这一行为，即便指出了种族不存在，也可能只是强化了种族的观念。快点——不要去想绿色的长颈鹿）。

与此同时，一些在其他方面非常虔诚的科学家认为，“在生物学上毫无意义”的说法非常荒谬。首先，有的族群对治疗丙肝和心脏病等疾病的药物反应不佳，纯粹是出于生化原因。其他的族群，由于他们的古老家园生活条件恶劣，很容易因为生活富足而出现代谢障碍。一个有争议的理论认为，在非洲奴隶掠夺中被抓的人，其后代患高血压的比例较高，部分原因是他们的祖先体内储存了营养物质，尤其是盐，使其更容易在可怕的海洋航行中幸存下来。一些族群甚至对艾滋病有更高的免疫力，但每个族群都是出于不同的生化原因。在各种案例中——克罗恩病、糖尿病、乳腺癌，完全否认“种族”的医生和流行病学家可能会伤害到人们。

在更广泛的层面上，一些科学家提出，“种族”的存在是因为每个地理种群都无可争议地拥有某些基因的不同版本。如果你检查某人的几百个DNA片段，几乎可以百分之百地把他划分在几个广泛的祖先群体中。无论你喜不喜欢，这些群体通常很符合人们对“种族”的传统观念——非洲人、亚洲人、白种人，等等。诚然，族群之间总是存在基因渗透，尤其是在印度这样的地理十字路口，这一事实导致“种族”的概念对许多科学研究来说毫无用处——太不精确了。但人们自我定义的社会种族确实能很好地预测他们的生物种群。我们不知道每一段DNA的每一个不同版本有什么作用，所以一些研究种族或种群的爱争论的固执科学家认为，探索智力上的潜在差异是公平游戏——他们讨厌被审查。可以预见的是，那些肯定和否定种族的人，都指责对方让政治影响了他们的科学*。

除了种族和性取向，遗传学最近也出现在犯罪、性别关系、成瘾、肥胖等许多问题的讨论中。事实上，在接下来的几十年，几乎每一种人类性状和人类行为都会出现对应的遗传因素和易感性。无论遗传学家对这些性状或行为有何发现，在将遗传学应用于社会问题时，我们应该牢记一些指导原则。最重要的是，无论一种性状的生物学基础是什么，你要问问自己，根据一些微观的基因表现来谴责或解雇某人是否真的有意义。此外，要记住，我们行为对应的大多数遗传偏好，都是数千年前，甚至数百万年前在非洲大草原上形成的。因此，虽然在某种意义上是“自然的”，但这些偏好在今天不一定适用，因为我们生活在完全不同的环境中。无论如何，自然的事情不能很好地指导我们做决定。道德哲学的最大错误之一是自然主义谬误，即把“自然的”等同于“正确的”,并使用“自然的”来证明或原谅偏见。人类之所以是人道的，一部分是因为我们可以超越自己的生理本能。

在任何涉及社会问题的研究中，我们至少可以暂停一下，不要在没有合理完整证据的情况下得出耸人听闻的结论。在过去的5年，科学家认真地从世界范围内越来越多的族群中寻找并测序DNA，从而扩大在绝大多数研究中至今仍在使用的欧洲基因组库。一些早期的结果，特别是一目了然的“千人基因组计划”[1]的结果表明，科学家可能高估了基因席卷的重要性——正是这些“席卷”点燃了蓝田的种族-智力鞭炮。

到2010年，遗传学家已经在2 000个版本的人类基因中发现了席卷的迹象，具体来说，由于这些基因附近的多样性小，看起来就像发生过“遗传搭车”。当科学家比较这些席卷的版本和未席卷的版本，想要寻找原因的时候，他们发现了一些情况，即一

1 千人基因组计划（1000 Genomes Project），启动于2008年的一项国际研究，利用新开发的更快、更便宜的技术，测定来自不同族群的至少1 000个匿名参与者的基因组序列。这是HGP的后续项目。

个DNA三联体发生突变，现在需要另一种氨基酸。这是有道理的：一种新的氨基酸可以改变蛋白质，如果这种改变使人更健康，自然选择的确会使它席卷整个种群。然而，当科学家检查其他区域时，他们在沉默突变（由于遗传密码冗余而不会改变氨基酸的突变）的基因中发现了同样的席卷迹象。自然选择不可能导致这些“席卷”，因为沉默突变是看不见的，不会带来任何好处。换句话说，许多明显的DNA席卷可能是站不住脚的，是其他进化过程的产物。

这并不意味着“席卷”永远不会发生。科学家仍然相信，当移民在非洲以外的地方遭遇新的环境时，乳糖耐受性、头发结构和其他性状（讽刺的是，包括肤色）的基因确实在不同时期席卷了不同的族群。但这些可能只是罕见的案例，人类的大多数变异传播得很慢，而且可能没有哪个族群通过获得“一步登天”的基因而在遗传竞赛中“飞跃前进”。任何与此说法相反的主张都应该谨慎对待——尤其是考虑到以前关于族群的所谓“科学主张”经常被推翻。因为正如老话所说，不是我们不知道这会惹麻烦，而是我们知道事实就是如此。

要想获得关于遗传学的更多智慧，不仅需要更加理解基因如何工作，还需要更加理解计算机能力。计算机的摩尔定律（每两年微芯片的性能就会提高1倍）已经存在了几十年，它解释了为什么今天的一些宠物项圈的性能可以超过阿波罗任务的主机。但自1990年以来，基因技术的发展甚至超过了摩尔的预测。一台现代DNA测序仪在24小时内生成的数据，超过HGP在漫长的10年里生成的数据，而且这项技术已经变得越来越方便，传播到了世界各地的实验室和工作站（2011年击毙奥萨马·本·拉登后，美国军事人员将他的DNA与从亲属那里收集的样本进行比对，几个小时就在大洋中确定了他的身份）。同时，测序整个基因组的成本急剧下降——从30亿美元下降到1万美元，每个碱基对从1美元下降到0.000 3美分左右。现在，如果科学家想研究单个基因，直接测序整个基因组通常会更便宜。

当然，科学家仍然需要分析他们所收集的数以亿计的A、C、G、T碱基。在HGP的影响下，他们知道，只盯着原始数据流，无法获得《黑客帝国》(*Matrix*)那样的深刻见解。他们需要考虑细胞如何拼接DNA并添加表观遗传学旁注，这是更复杂的过程。他们需要研究基因如何以组为单位工作，以及DNA如何在细胞核内的三维空间里自我包装。同样重要的是，他们需要确定文化（部分是DNA的产物）如何逆转和影响基因进化。事实上，一些科学家认为，DNA和文化之间的反馈环不但影响了而且完全主导了过去6万年左右的人类进化。需要强大的计算能力才能处理所有这些问题。克雷格·文特尔需要一台超级计算机，但未来的遗传学家可能需要求助于DNA本身，利用DNA的惊人的计算能力开发工具。

在软件方面，所谓的"遗传算法"可以利用进化的力量帮助解决复杂的问题。简而言之，遗传算法将程序员连贯起来的计算机指令视为一串形成数字"染色体"的单个"基因"。程序员可能从十几个不同的程序开始测试。他将每个基因指令编码成二进制的"0"和"1"，并把它们连贯成一个类似于染色体的长序列(0001010111011101010……)。接下来是有趣的部分。程序员运行每个程序，计算结果，然后命令最好的程序"交叉互换"——交换"0"和"1"的字符串，就像染色体交换DNA那样。接着，程序员运行这些"杂交"程序，计算结果。在这一步，最好的程序交叉和互换更多的"0"和"1"。然后他们一遍又一遍地重复这个过程，使程序进化。偶尔的"突变"——从"1"到"0"，或者从"0"到"1"——增加了多样性。总的来说，遗传算法将许多不同程序的最佳“基因”组合成一个接近最优的“基因”。即便你从弱智程序开始，基因进化也会自动改进它，获得更好的程序。

在硬件（或“湿件”[1]）方面，也许DNA有朝一日可以取代或增强硅晶体管，实际地进行计算。在一次著名的演示中，一位科学家利用DNA解决了经典的旅行推销员问题（这是一个难题，推销员必须前往分散在地图上的8个城市。他必须去每个城市，但只要离开了，就不能回到相同的城市，即便只是在去其他城市时中途路过。不幸的是，这些城市之间的道路错综复杂，所以访问的顺序并不是一目了然的）。

要明白DNA如何解决这个问题，请考虑一个假设的例子。首先，制作两组DNA片段，都是单链的。第一组包含了要去的8个城市，这些片段可以是随机的A-C-G-T字符串：苏瀑是AGCTACAT，卡拉马祖是TCGACAAT。第二组需要用到地图，每两个城市之间的每条道路对应着一个DNA片段。然而，关键是这些片段不是随机的，你需要做一些更巧妙的事情。假设1号高速公路始于苏瀑，止于卡拉马祖。如果你让高速公路的DNA片段前半部分与苏瀑的一半碱基互补，后半部分与卡拉马祖的一半碱基互补，那么1号高速公路就可以连接两座城市：

```
     苏瀑            卡拉马祖          法戈
A G C T A C A T   T C G A C A A T   G T A G T A A T...
        \\\\  ////          \\\\  ////
      T G T A A G C T     G T T A C A T C...
         1号公路              2号公路
```

用类似的方法编码其他的公路和城市，然后计算就开始了。

---

1 湿件（wetware），从计算机的“硬件”（hardware）和“软件”（software）中引申出来的概念，适用于生命形式。

在试管中混合少量的DNA片段，接下来就是见证奇迹的时刻，摇一摇就能计算出答案：在试管的某个地方会出现一串更长的双链DNA，8座城市都在同一条链上，按照推销员应该访问的顺序排列，而所有公路都出现在互补链上。

当然，这个答案会被写成生物等效的机器代码（GCGAGACGTACGAATCC...），而且还需要被破译。虽然试管中含有正确答案的许多副本，但自由浮动的DNA是不受控制的。试管中也包含了数万亿个错误答案——要么跳过了城市，要么无休止地在两个城市之间来回循环。此外，想要分离出正确答案，还需要在实验室里花一周的时间提纯正确的DNA序列。所以，是的，DNA计算还没有准备好参加《危险边缘》[1]。尽管如此，你还是可以理解这种快乐的氛围。1克DNA的储存量相当于1万亿张光盘，相比之下，我们的笔记本电脑就如同过去体育馆大小的庞然大物。此外，这些“DNA晶体管”可以比硅电路更容易同时进行多项计算。也许最棒的是，DNA晶体管可以以极低的成本组装和复制自己。

如果DNA真的可以取代计算机中的硅，那么遗传学家将有效地利用DNA来分析DNA的习惯和历史。DNA已经可以自我识别，它的双链便是通过这种方法结合起来的。因此，DNA计算机将赋予分子另一种适度水平的反身性[2]和自我意识。DNA计算机甚至可以帮助改造DNA本身，提高它的功能。（你会想知道，谁才是真正负责的……）

DNA计算将如何改善DNA呢？最明显的是，我们可以根除导致许多遗传疾病的微妙故障和重复。这种受控制的进化最终使我们回避了自然选择的残酷浪费——自然选择需要大多数人在出生时携带遗传缺陷，这样少数人才能逐渐进化。我们还可以改善日

1 《危险边缘》（*Jeopardy*），美国的一档电视智力竞赛节目。

2 反身性是指因果关系之间存在相互影响，无法简单地确定哪一个是因，哪一个是果。举个例子，市场趋势可以影响消费者的心理，同时消费者的心理也可以影响市场趋势。

常健康状况，通过设计一种消耗高果糖玉米糖浆的基因来控制我们的胃（这是对古代的*apoE*食肉基因的现代回应）。更大胆地说，我们甚至可能重新编辑我们的指纹和发型。如果全球气温不断攀升，我们可能会想以某种方式增加自己的表面积，从而辐射热量，因为矮胖的人会保留更多热量（这是冰河时代的欧洲尼安德特人的胸部像啤酒桶一样的原因）。此外，一些思想家提出，DNA的调整不是通过微调现有的基因，而是通过增加额外的染色体，并将其插入胚胎*，相当于软件补丁。这可能会阻止代际繁殖，但会使我们回到灵长目动物的48条染色体的标准。

这些变异可能会使世界范围内的人类DNA比现在更加相似。如果我们稍微改变一下发型、眼睛颜色和身材，那么人类可能也会看起来更相似。但根据其他技术的历史模式，事情很可能朝着相反的方向发展：我们的DNA可能会变得多样化，就像我们对服装、音乐和食物的品位一样。在这种情况下，DNA可能会对我们产生后现代的影响，而标准人类基因组的概念可能会消失。基因组文本将会变成重写本，可以无休止地重写，DNA作为“蓝图”或“生命之书”的比喻将不再成立。

并不是说它曾经存在于我们的想象之外。书籍和蓝图都是人类创造的，但不同的是，DNA没有固定的或刻意的意义。或者说，它只有我们赋予的意义。因此，我们应该谨慎地解释DNA，不要把它当成散文，而要当成复杂而庄严的神谕。

就像研究DNA的科学家，古希腊德尔斐神谕的朝圣者总是能在询问时获得一些关于自己的深刻知识，但大多数都不同于他们一开始理解的意思。有一次，将军兼国王克罗伊斯询问德尔斐神谕，他是否应该与另一位皇帝交战。神谕回答：“你将摧毁一个伟大的帝国。”克罗伊斯开战了——摧毁了他自己的帝国。神谕曾经说，没有人比苏格拉底更有智慧。苏格拉底对此表示怀疑，直到他调查和询问了周围所有被称为“智者”的人。然后苏格拉底意识到，和他们不一样的是，他至少承认自己的无知，没有拿他不“知道”的事情自欺欺人。这两个例子说明，只有当人们收集了所有的事实，解析其中的含糊之处，经历时间和反思，真相才会浮出水面。DNA也是一样：它经常说我们想听的话，任何剧作家都能从中学到一些反讽的东西。

但不同于德尔斐神谕，我们的神谕还会说话。从一个非常卑微的开始，经历了剧变和濒临灭绝，我们的DNA（以及RNA和其他的“NA”）成功地创造了我们，我们这些足够聪明的生物发现并破译了体内的DNA，也能意识到DNA对我们的限制有多大。DNA解释了关于人类过去的大量故事，我们原以为这些故事已经永远遗失了。DNA也赋予了我们足够的大脑和好奇心，在接下来的几个世纪继续挖掘这些宝藏。尽管存在“注定拥有但无法忍受”的矛盾心理，但我们了解得更多，似乎就更加不可遏制地，甚至更加向往地想要改变DNA。DNA赋予了我们想象力，我们现在可以想象挣脱它给生命带来的令人心碎的牢固枷锁。我们可以想象重新构建我们的化学本质，可以想象重塑我们所知的生命。这个神谕的分子似乎预示着，如果我们继续推动、探索和修补我们的遗传物质，那么我们所知的生命就会停止。除了遗传学固有的美丽，以及它提供的发人深省的见解和意想不到的笑声，是它的承诺一直把我们往回拉，让我们越来越多地了解DNA和基因，基因和DNA。

结语：
基因组学的个人化

许多通晓科学的人，甚至许多科学家在某种潜意识层面上仍然害怕他们的基因，尽管他们知道得更多。因为无论在理智上多么通透，无论出现多少个反例，我们都很难相信下面这个说法：拥有某种疾病的DNA并不会导致你患上这种疾病。即使大脑接受这一点，本能也不会认可。这种不和谐可以解释为什么对患阿尔茨海默病祖母的记忆说服了詹姆斯·沃森隐瞒他的*apoE*基因状态。这也可以解释当我自己检测DNA的时候，为什么童年时逃离祖父的记忆说服我隐瞒关于帕金森病的任何线索。

然而，在写这本书的过程中，我发现克雷格·文特尔毫无保留地发表了关于他基因组的一切。公开自己的基因组似乎有些鲁莽，但我钦佩文特尔对自身DNA的信心。他做出的榜样让我振奋，每过一天，我的结论（人们确实应该面对自己的基因）和行为（隐瞒我的帕金森基因的状态）之间的矛盾就会越来越困扰我。所以最终我叹了口气，登录基因检测公司网站，点击鼠标，打开了检测结果的电子封条。

的确，我又花了几秒钟才抬起头看着屏幕。我立刻有一种如释重负的感觉，我感觉肩膀和四肢都放松了：根据该公司的说法，我患帕金森病的风险并没有增加。

我欢呼雀跃，非常高兴，但我应该高兴吗？我的快乐中明显有一种讽刺的味道。基因不处理确定性，只处理可能性。在偷看结果之前，我嘴里念叨着这句话，我用它说服自己：即使我有危险的DNA，它也未必会破坏我的大脑。当事情变得没有那么严峻时，我高兴地放弃了不确定性，高兴地忽略了一个事实：低风险的DNA并不意味着我一定会安然无恙。基因处理可能性，有些概率仍然存在，我知道这一点——尽管如此，我确实感受到了宽慰。这就是个人基因的悖论。

在接下来的几个月，我摆脱了这种微小的认知失调，专注于完成这本书，忘记了最终DNA说了算。在我写完最后一个字的那天，基因检测公司根据新的科学研究，发布了一些关于旧结果的更新。我打开浏览器，开始滚动鼠标。我看过之前几轮的更新，每一次的新结果都只是证实了我已经了解的内容，我面临的风险一直没有什么变化。所以当我看到一条帕金森病的更新时，我没有犹豫。我很兴奋，也很鲁莽，直接点了进去。

我的大脑还没有获取任何信息，几个大号字体的绿色字母就映入了我的眼帘，这使我更加自鸣得意（只有红色字母表示“小心”）。我把附带文本内容读了几遍才弄明白：“患帕金森病的概率略高。”

略高？我仔细看了看。一项新的研究仔细检查了基因组中不同位置的DNA——该位置是我之前没看到过的。在4号染色体上的那个位置，大多数像我这样的白种人碱基为“CT”或“TT”。但我的是“CC”（都是肥胖的绿色字母）。研究表明，这意味着概率更高。

我被欺骗了。期待基因的判决，并在适当的时候接受它，这是一回事。但期待基因的判决，然后被赦免，然后发现自己再一次被判有罪？无尽的折磨。

但不知为什么，这样的遗传判决并没有如我想象的那样使我喉咙紧绷。我也没有感到恐慌，没有神经递质的“战或逃反应”。在心理上，这应该是最糟糕的事情，但我的思想没有崩溃。这个消息并没有让我很激动，相反，我多少感觉到平静，没有烦扰。

那么在两次披露之间发生了什么呢？不夸张地说，我认为是我接受了教育。我现在知道，对于帕金森病这样的复杂疾病——受多种基因影响，单单一种基因可能不影响我的患病风险。然后我调查了“略高”的风险意味着什么，结果是只有20%，（进一步的调查显示）这种疾病只影响1.6%的男性。该公司承认，这项新研究是“初步的”，可能会被修改，甚至可能被彻底推翻。等我老了，我可能仍然背负着帕金森病的重担，但在基因的代际变换的某个阶段，在祖父基恩以及吉恩和简之间的某个时候，危险的部分可能已经被分走了，即使它们仍然潜伏着，也不能保证它们会突然爆发。我内心的小男孩没有理由一直逃避。

它终于钻进了我的脑袋：可能性，而不是确定性。我并不是说个人的基因没有用。例如（正如其他研究告诉我），我很高兴地知道，我面临着较高的前列腺癌风险，所以我可以确定医生会在我年老时戴着橡胶手套帮我检查（值得期待的事情）。但在临床上，对病人来说，基因只是一种工具，就像血检、尿检或家族史一样。事实上，基因科学带来的最根本改变可能不是即时诊断或灵丹妙药，而是精神上和心灵上的丰富——在更广泛的意义上认识到我们人类是谁，以及我们如何与地球上的其他生命相适应。我喜欢DNA测序，也愿意再做一次，但不是因为我可能会获得健康优势。更重要的是，我很高兴我一开始就在这里，而且现在也在这里。

致谢

首先，感谢我的亲人。感谢Paula，感谢你再一次与我携手，和我一起欢笑（在我活该的时候也嘲笑我）。感谢我的两位手足，你们是我身边最好的人，是我生活中的幸运。感谢在华盛顿、南达科他州以及全国各地的所有朋友和家人，感谢你们帮助我坚持自己的看法。最后感谢吉恩和简，你们的基因使这本书成为可能。

此外，我还要感谢我的经纪人里克·布罗德海德（Rick Broadhead），感谢你又跟我合作了一本伟大的书。同时也要感谢我在利特尔与布朗图书集团（Little, Brown and Company）的编辑John Parsley，你极大地帮助我塑造和完善了这本书。同样不可或缺的还有利特尔与布朗图书集团以及相关人士，你们曾与我一起写了这本书以及《元素的盛宴》，包括William Boggess，Carolyn O'Keefe，Morgan Moroney，Peggy Freudenthal，Bill Henry，Deborah Jacobs，Katie Gehron，等等。我也要感谢许许多多的科学家和历史学家，感谢你们丰富了本书的各个章节和段落，或充实了故事，或辅助我寻找信息，或花时间解释一些事情。如果漏掉了谁，我很抱歉。尽管有些尴尬，但我仍然心存感激。

注释和勘误

第一章　基因、怪人和DNA

p.22，3∶1的比率：欢迎查看注释！只要看到文中的星号（*），就可以来这里寻找关于该主题的题外话、探讨、流言和勘误。如果想马上阅读每条注释，请继续；不想的话，也可以在读完每章之后阅读所有注释，像读后记一样。第一条注释会复习孟德尔比率，如果感兴趣，可以继续阅读。也欢迎之后再翻回来看看，我保证这些注释会变得更有吸引力。

复习：孟德尔研究了显性性状（比如高茎，用大写A表示）和隐性性状（比如矮茎，用小写a表示）。任何植物或动物的每个基因都有两个副本，一个来自母亲，一个来自父亲。所以当AA植株和aa植株杂交时（下图左），后代都是Aa植株，所以都是高茎（因为A相对于a是显性性状）：

	A	A
a	Aa	Aa
a	Aa	Aa

	A	a
A	AA	Aa
a	Aa	aa

当Aa植株和另一个Aa植株杂交时（上图右），情况就更有趣了。每个Aa植株都可以遗传A或a，所以后代有4种可能：AA，Aa，aA和aa。前面三个都是高茎，但最后一个是矮茎，尽管来自高茎的双亲。因此，比率是3∶1。要明确一点，这个比率不仅适用于植物，也适用于动物，豌豆并没有什么特别之处。

当Aa植株和aa植株杂交时，会出现另一种标准孟德尔比率。在这种情况下，一半的后代是aa，不会表现出显性性状。另一半的后代是Aa，会表现出显性性状。

	A	a
a	Aa	aa
a	Aa	aa

当A显性性状较少或通过突变自发出现时，这种1∶1的模式在家族谱系图中就十分常见，因为每个罕见的Aa都必须与更常见的aa交配。

总体上，3∶1和1∶1的比率在经典遗传学中反复出现。如果想知道更多：科学家在1902年发现了人类第一个隐性基因，该基因会导致使尿液变黑的疾病。3年后，他们确定了人类第一个显性基因，该基因会导致手指过于粗短。

第二章　达尔文主义的濒死

p.28，直到事态平息：关于布里奇斯的私生活，详见罗伯特·科勒（Robert Kohler）的《果蝇之王》（*Lords of the Fly*）。

p.30，真正的进化一定是跳跃的：19世纪30年代，两个人都还年轻时，达尔文说服了他的表弟法兰西斯·高尔顿（Francis Galton）从医学院退学，转而从事数学研究。达尔文后来的支持者一定很后悔这个建议，因为高尔顿在钟形曲线方面的开创性统计研究，以及基于该研究的无情论证，最严重地损害了达尔文的名声。

《豚鼠的生物学史》（*A Guinea Pig's History of Biology*）一书已经详细地描述过，在1884年的伦敦国际健康博览会上，高尔顿以一种特有的古怪方式收集到一些证据。博览会既是社交活动，也是科学探索：顾客们漫步在有关卫生设施和下水道的展品前，大口地喝着薄荷朱利酒、潘趣酒和马奶酒（由现挤的马奶发酵而成），度过了一段快乐时光。高尔顿在博览会上设立了一个摊位，固执地测量了9 000名英国人的身高、视力和听力，其中有些人已经喝醉了。他还用游乐场的游戏测试他们的力气，包括锤打和挤压各种各样的精巧装置。事实证明，这项任务比高尔顿想象的要困难得多：不理解设备的傻瓜经常把它弄坏，还有一些人想炫耀自己的力量，给女孩留下深刻印象。这是真正的游乐场，但高尔顿没有获得什么乐趣：他后来说参与展会的人“非常愚蠢和错误……几乎不可信”。但正如所料，高尔顿收集了足够的证据来证实人类的性状也符合钟形曲线。这个发现进一步增强了他的信心，是他——不是他的表哥达尔文——弄懂了进化是如何进行的。小的变异和小的变化起不到重要作用。

这不是高尔顿第一次给达尔文拆台。从出版《物种起源》的那一天起，达尔文就意识到他的理论非常严重地缺乏某样东西。自然选择进化论需要生物继承有利性状，但没有人（除了一个不知名的修道士）知道它如何起作用。所以在生命的最后几年，达尔文提出了一个理论来解释这个过程，即泛生论（pangenesis）。

泛生论认为，每个器官和肢体都会产生微小的孢子，被称为“微芽”（gemmule）。微芽在生物体内循环，携带着关于先天性状（它的本性）和所有后天性状（来自环境或培养）的信息。身体的性敏感区会过滤掉这些微芽，所以当雄性射精的时候，雄性和雌性的微芽像两滴水一样混合在一起。

虽然最终是错误的，但泛生论是很优雅的理论。因此，当高尔顿设计了同样优雅的实验，在兔子身上寻找微芽时，达尔文由衷地鼓励他。但他的希望很快就破灭了，高尔顿推断，如果微芽在体内循环，那一定是在血液中。于是，他开始在黑兔、白兔和银兔之间输血，希望它们的后代会出现几只杂色的混血儿。但经过多年的繁殖，结果都是漂亮的黑色和白色，没有一只杂色兔子。高尔顿发表了一篇简短的科学论文，认为微芽并不存在。这时，一向慈祥的达尔文勃然大怒。多年来，两人一直热情地通信，讨论科学和个人话题，经常称赞对方的想法。但这一次，达尔文怒斥高尔顿，愤怒地说高尔顿从来没有提过微芽在血液中循环的事，所以在兔子体内输血根本证明不了什么。

这一点很不真诚——高尔顿做研究时，达尔文从未表示过血液不是微芽的良好载体，达尔文也是在自欺欺人。高尔顿确实一举摧毁了泛生论和微芽理论。

p.37，多个基因在同一条染色体上：与性别有关的隐性性状在雄性身上比在雌性身上更常见，原因很简单。雌蝇的染色体为XX，如果一条染色体上有罕见的白眼基因，那么几乎可以肯定另一条染色体上有红眼基因。因为红眼相对于白眼是显性性状，所以眼睛不会是白色的。但雄蝇的染色体为XY，如果X染色体上有白眼基因，就不会有备选的红眼基因，所以会被默认为白眼。携带一种隐性基因的雌性被遗传学家称为“携带者”，它们会把该基因遗传给半数的雄性后代。在人类身上，血友病是一种与性别有关的性状，斯特蒂文特的红绿色盲也是一个例子。

p.42，产生数以百万计的后代：很多书都会谈到蝇室，但要了解完整的历史，可以看看吉姆·恩德比（Jim Endersby）写的《豚鼠的生物学史》，这是我最喜欢的书之一。恩德比还提到了达尔文关于微芽的冒险、巴巴拉·麦克林托克（参见第五章），以及其他精彩故事。

p.43，确保他的声誉不会继续下降：一位历史学家曾明智地指出："阅读达尔文就像阅读莎士比亚或《圣经》一样，只关注某些孤立段落的话，它们几乎能支持任何想要的观点。"所以从达尔文的名言中得出广泛结论时，必须要小心。即使如此，达尔文对数学的厌恶似乎是真实的，一些人认为即使最基本的方程式也会把他难住。具有历史讽刺性的是，和弗里斯一样，达尔文也用月见草属植物做了实验，并得出了后代性状3∶1的明确比率。他显然不会把这和孟德尔联系起来，但他似乎根本没有意识到这个比率可能很重要。

p.46，在果蝇的唾液腺中：果蝇到了蛹期会用黏性唾液把自己包裹起来。为了让尽可能多的基因产生唾液，唾液腺细胞反复使自身的染色体加倍，这就产生了巨大的"泡芙染色体"——真正的"巨人"染色体。

第三章　DNA断裂

p.54，分子生物学的"中心法则"（Central Dogma）：尽管名字很有震慑力，但"中心法则"留下了复杂的遗产。最开始，克里克有意让这条法则的含义更简单，比如"DNA制造RNA，RNA制造蛋白质"。后来，他更精确地重新阐述这一理论，谈到了"信息"如何从DNA流向RNA，再流向蛋白质。但有些科学家并不接受第二种表述。就像旧时的宗教教条，老教条最终关闭了一些信徒的理性思维。"Dogma"（法则或教条）意味着不容置疑的真理。后来克里克大笑着承认，在定义这条法则的时候，他并不知道"Dogma"一词的定义，只是觉得听起来显得很博学。然而，其他科学家注意到了这个词在教堂的用法，他们把"中心法则"当成了不可亵渎的"教条"传播开来，于是它在许多人的心目中变成了不那么精确的东西，更像是"DNA的存在只是为了制造RNA，RNA的存在只是为了制造蛋白质"。即使在今天，教科书也称其为“中心法则”。遗憾的是,这个误用的教条严重歪曲了事实。几十年来,它阻碍(现在仍然偶尔阻碍)人们认识到,DNA,特别是RNA,所做的事情远不止制造蛋白质。

事实上,最基本的蛋白质生产需要信使RNA(mRNA)、转运RNA(tRNA)、核糖体RNA(rRNA),以及数十种其他类型的调控RNA。学习RNA的所有不同功能就像做填字游戏,你知道答案的最后一个字母,但不知道第一个字母,所以会屏住呼吸在字母表上徘徊。我已经看到了关于aRNA、bRNA、cRNA、dRNA、eRNA、fRNA等的参考资料,甚至还有七拼八凑的qRNA和zRNA。还有rasiRNA、tasiRNA、piRNA、snoRNA,以及史蒂夫·乔布斯式的RNAi,等等。值得庆幸的是,本书涉及的遗传学知识,只需要知道mRNA、rRNA和tRNA就够了。

p.56,可以代表同一种氨基酸:澄清一下,每个三联体只代表一种氨基酸。但反过来就不对了,因为有些氨基酸对应着多个三联体。举例来说,GGG只能是甘氨酸。但GGU、GGC和GGA也是甘氨酸的密码子。这就是冗余的原因,我们真的不需要全部4个。

p.63,不会影响下一代:历史上还有几个事件把大量民众暴露在核辐射之下,最臭名昭著的就是位于现代乌克兰的切尔诺贝利核电站。1986年的切尔诺贝利核泄漏对人们造成的核辐射不同于广岛和长崎的原子弹——更少的γ射线和更多的放射性元素,比如铯、锶和碘,这些元素可以侵入人体,并在短距离内释放到DNA上。苏联官员允许收割顺风处的农作物,允许奶牛在受辐射的草地上吃草,然后让人们使用和饮用受污染的农产品和牛奶,这使问题变得更加复杂。切尔诺贝利地区已经报告了大约7 000例甲状腺癌,医疗人员预计,在未来的几十年,还会有多出的1.6万人死于癌症,比正常癌症水平高出0.1%。

不同于广岛和长崎,切尔诺贝利受害者的子女,尤其是切尔诺贝利附近男性受害者的子女,其DNA表现出突变增加的迹象。结果仍有争议,但考虑到不同的辐射模式和不同的剂量水平——切尔诺贝利释放的放射性是任意一颗原子弹的数百倍,这些结论可能是正确的。至于突变是否真的会转化为切尔诺贝利婴儿的长期健康问题,还有待观察(一个不完全的对比是,切尔诺贝利事故后新生的一些植物和鸟类表现出很高的突变率,但大多数似乎没有受到什么影响）。

不幸的是，由于2011年春天的福岛第一核电站事故，日本现在不得不再次监测放射性尘坠物（fallout）对公民的长期影响。早期的政府报告（其中一些受到了质疑）表明，这次事故的破坏范围只有切尔诺贝利的1/10，主要是因为切尔诺贝利的放射性元素逃逸到空气中，而在日本，放射性被地面和水吸收。日本还在6天内拦截了福岛附近大部分受污染的食物和饮料。因此医学专家怀疑，相较于死于地震和海啸的2万人，日本死于癌症的总人数相对较少——在未来的几十年大约会额外增加1 000人。

p.64，开始探索的目标：关于山口疆的完整故事以及其他8个人同样精彩的故事，参阅Robert Trumbull的*Nine Who Survived Hiroshima and Nagasaki*。我极力推荐这本书。

关于马勒和早期遗传学的许多其他参与者（包括托马斯·亨特·摩尔根）的更多故事，参阅Elof Axel Carlson的非常全面的*Mendel's Legacy*。Elof Axel Carlson是马勒的学生。

关于放射性粒子如何撞击DNA的物理学、化学和生物学，详细而具有可读性的记录请参阅Eric J. Hall和Amato J. Giaccia的*Radiobiology for the Radiologist*。他们也特别讨论了广岛和长崎的原子弹。

最后，关于破译遗传密码的早期尝试的有趣概述，我推荐Brian Hayes的文章*The Invention of the Genetic Code*，刊于《美国科学家》（*American Scientist*）1998年1-2月刊。

第四章　DNA的乐谱

p.71，齐夫定律到底有什么意义：齐夫认为，他的定律解释了人类心灵中普遍存在的东西：懒惰。他认为，我们想用尽可能少的精力来表达观点，所以会使用“坏”这样的常用词，因为它很简短，容易想起。而我们之所以不把懦夫、流氓、痞子、坏蛋、抱怨者、花花公子、笨蛋、厌世者都描述为“坏人”，是因为读者很懒惰，他们不想在心里分析“坏人”这个词的所有可能含义。他们想要精确，又不想花时间。这种懒惰的拉锯战导致语言中的常见词做了大部分工作，但更罕见和描述性的词必须不时出现，以安抚读者。

就其本身而言，这种说法很巧妙，但许多研究人员认为，任何对齐夫定律的“深刻”解释都是废话（“废话”也是常用词）。他们指出，类似于齐夫分布的东西几乎可以出现在任何混乱的情况下。即使是随机输出字母和空格的计算机程序——数字猴子使用打字机——也能显示出“词汇”的齐夫分布。

p.74，进化悄然前行：对一些人来说，基因语言和人类语言之间的类比有些含糊，巧妙得令人难以置信。类比永远是过头的，但我认为这种否定源于人类的自私倾向，认为语言只能是人类发出的声音。但语言并不局限于人类，它是管理所有交流的规则。而细胞就像人一样，能从环境中获得反馈，并调整自己的“言论”作为回应。它们用的是分子而不是气压波（声音），我们不应该对此有偏见。正是因为认识到这一点，最近的一些细胞生物学教科书收录了乔姆斯基关于语言底层结构的理论。

p.76，“sator...rotas”回文：这句回文的意思类似于“农夫阿雷波用犁耕地”（The farmer Arepo works with his plow），“rotas”的字面意思是轮子，指犁在耕地时来回运动。几个世纪的谜语学家一直玩味着这个“神奇方块”，但学者们认为，它在罗马帝国的恐怖统治之下可能有别的用途。这25个字母经过变位可以拼出两个“paternoster”，意思是“我们的父”，并形成一个交叉的十字。变位后剩下的4个字母，2个A和2个O，可以代指“阿尔法”和“欧米茄”（后来在《启示录》中很有名）。从理论上来说，基督徒通过在门上画出这个无害的回文，可以在不引起罗马人怀疑的情况下相互示意。有人说，这个神奇方块可以让魔鬼远离，因为从传统上来说，魔鬼读到回文的时候也会感到困惑。

p.80，老板的另一个疯狂项目：弗里德曼的老板，“上校”乔治·法布扬（George Fabyan）的人生很传奇。法布扬的父亲创办了一家名为Bliss Fabyan的棉花公司，并培养法布扬成为接班人。但这个男孩很喜欢旅行，跑到明尼苏达州做了一名伐木工人，他的父亲感到愤怒和背叛，剥夺了他的继承权。两年后，法布扬厌倦了保罗·班扬[1]式的生活，决定回归家族事业——他用假名字在Bliss Fabyan的圣路易斯办公室求职。他很快就创造了各种各样的销售纪录，波士顿总部的父亲很快就把这个能干的年轻人叫到自己办公

1 保罗·班扬（Paul Bunyan），美国神话中的巨人樵夫。

室，讨论升职的事情，没想到走进来的竟是自己的儿子。

在莎士比亚式的重逢之后，法布扬在棉花生意上蒸蒸日上，并用他的财富建立了智囊团。多年来，他资助了各种各样的研究，但只专注于莎士比亚密码。据说，在破解了密码之后，他试图出版一本书，但一位从事莎士比亚作品改编的电影制片人起诉了他，要求他停止出版，认为其内容会“摧毁”莎士比亚的声誉。无论出于什么原因，当地法官受理了此案——几个世纪的文学批评显然属于他的管辖范围，而且令人难以置信的是，他支持法布扬的意见。他的判决是“弗朗西斯 · 培根是那些被误认为是威廉 · 莎士比亚作品的作者”，并要求电影制片人向法布扬支付5 000美元的赔偿金。

大多数学者看待关于莎士比亚作者身份的争论就像生物学家看待“母性印记”理论一样温和。但美国最高法院的几位法官也发表了意见，认为莎士比亚不可能写了那些戏剧。最近一次发表意见是在2009年。这里的真正教训是，律师对真相和证据的标准显然不同于科学家和历史学家。

p.81，可以在轮盘赌中大赚一笔：赌场策略从未奏效。这个想法始于工程师爱德华 · 索普（Edward Thorp），他在1960年招募香农来帮他。在轮盘赌桌上，两人假装互不认识，但像团队一样合作。一个人看着轮盘赌的珠子在转盘上旋转，并记下它经过某些点的确切时刻。然后，他用一个脚趾控制鞋里的开关，发送到口袋里的小电脑上，然后电脑将无线电信号发送出去。另一个人戴着耳机，耳机把这些信号转换成音符，根据曲调，他就知道往哪里下注。他们把露出来的电线（比如耳机线）涂成肉色，然后用化妆胶水把电线贴在皮肤上。

根据索普和香农的计算，他们的方案预期收益率为44%，但香农在赌场的第一次测试中退缩了，每次下注都只下10美分。他们经常赢，但也许是因为见识了赌场门口的一些大块头之后，香农对这件事失去了兴趣（由于两人在里诺订购了一个1 500美元的轮盘来练习，他们很可能在这次冒险中赔钱了）。香农最终放弃了这项活动。后来，索普发表了自己的研究。但显然过了好几年，赌场才彻底禁止便携式电子产品。

第五章　DNA的证词

p.88，颠倒（和三链）：关于沃森和克里克因为这个奇怪的DNA模型而经历的尴尬和蔑视，请参阅我的前一本书*The Disappearing Spoon*（中文版见：山姆·基恩《元素的盛宴：元素周期表中的化学探险史与真实故事》，天津科学技术出版社）。

p.93，揭示了DNA如何构建复杂而美丽的生命：关于米里亚姆生活的更多细节，我强烈推荐Jun Tsuji的*The Soul of DNA*。

p.98，最古老的母系先祖：根据这一逻辑，科学家还知道线粒体夏娃有一位伴侣。由于女性没有Y染色体，所有的男性都从父亲那里继承了Y染色体。因此，所有男性都可以严格地追溯父系来找到这个Y染色体亚当。问题是，虽然简单的数学定律证明了Y染色体亚当和线粒体夏娃一定存在，但同样的定律也揭示了这里的夏娃的生活比这里的亚当早数万年。因此，这对伊甸园夫妇不可能相遇，即便你考虑了《圣经》中异乎寻常的预期寿命。

顺便说一句，如果我们放松严格的父系或严格的母系标准，寻找最远的那位先祖——她/他通过男人或女人至少把一些DNA传递给今天活着的每一个人，那么那个人只生活在大约5 000年前，远在人类遍布整个地球之后。人类有很强的部落性，但基因总是能找到传播的途径。

p.104，被贬低为玉米的另一种奇怪特性：一些历史学家认为，麦克林托克难以表达自己的思想，部分是因为她不会画画，或者至少是因为她不画画。到20世纪50年代，分子生物学家和遗传学家已经开发出高度程式化的卡通流程图来描述遗传过程。麦克林托克属于传统的一代人，没有养成绘画的习惯，这一缺陷——再加上玉米的复杂性——可能使她的想法看起来过于复杂。事实上，麦克林托克的一些学生回忆说，他们不记得她画过任何图表来解释什么事情。她是一个善用言辞的人，行走在逻辑之中。

相比之下，阿尔伯特·爱因斯坦（Albert Einstein）总是坚持用图像思考，即使是关于空间和时间的基本原理。查尔斯·达尔文和麦克林托克是同类，在几百页的《物种起源》中，他只收录了一张生命之树的图片，一位研究达尔文原始动植物笔记草图的历史学家承认他是“糟糕的画家”。

p.104，于是退出了科学界：如果你有兴趣了解更多关于麦克林托克的研究情况，那么学者Nathaniel Comfort提供了关于她生活故事的最权威版本。

第六章　幸存者与肝脏

p.114，成了货真价实的独眼巨人：大多数出生时患有独眼畸形（cyclopia，医学术语）的孩子在分娩后活不了多久。但在2006年，印度一名出生时患有独眼畸形的女孩至少活了两周，这让医生们感到震惊，这么长的时间足以让她的父母把她带回家（在最初的新闻报道之后，没有关于她存活的进一步信息）。考虑到这个女孩的典型症状——大脑未分化、没有鼻子、只有一只眼睛，几乎可以肯定音猬因子出现了故障。果然，新闻媒体报道说，这位母亲服用了一种可以阻断“音猬因子”的实验性抗癌药物。

p.115，拿骚的毛里茨：毛里茨王子来自荷兰王朝的奥兰治家族（House of Orange），这个家族的名字有一个不寻常的（可能是杜撰的）传说。几个世纪以前，野生胡萝卜主要是紫色的。但就在1600年前后，荷兰的胡萝卜农民沉迷于传统基因工程，开始培育一些突变体，这些突变体恰好含有高浓度的β-胡萝卜素（维生素A的变体），这样就培育出了第一批橙色胡萝卜。农民们这样做是出于自己的意愿，还是（如一些历史学家所说）为了纪念毛里茨的家族，目前还不得而知，但他们永远改变了这种蔬菜的质地、味道和颜色。

p.119，德国生物家奥古斯特·魏斯曼：尽管魏斯曼是无可争议的天才和名人堂生物学家，但他曾声称一口气读完了《物种起源》，考虑到这本书的巨大篇幅，这让人捧腹大笑。

p.120，在DNA字母表中增加第五个正式字母：少数科学家甚至根据甲基化胞嘧啶的化学变化，将字母表扩展到6、7或8个字母。这些字母被称为hmC、fC和caC（如果你喜欢简洁的话）。不过，目前还不清楚这些“字母”是独立发挥作用，或者只是细胞从mC中剥离甲基的复杂过程中的中间步骤。

p.124，北极哈士奇的肝脏：哈士奇肝脏的故事充满了戏剧性，涉及一次注定失败的前往南极的探险。我不会在这里详述这个故事，但我已经写了一些东西，并发布在http://samkean.com/thumb-notes。我的网站还包含大量图片的链接（http://samkean.com/ thumb-pictures），以及其他有点跑题的注释，包括这里也没有的注释。所以，如果你有兴趣阅读达尔文在音乐剧中的角色，阅读臭名昭著的科学骗子的遗书，或者看到画家亨利·图卢兹-罗特列克（Henri Toulouse-Lautrec）在公共海滩上的裸体，看看吧。

p.125，把他们带回了荷兰：欧洲人直到1871年才再次看到“拯救小屋”，当时一队探险者找到了它。白色的房梁上长满了绿色的地衣，小屋被冰封得严严实实。探险者找到了一堆杂物，包括剑、书、一座钟、一枚硬币、器皿、“火枪、一支笛子、遇难男孩的小鞋子，以及巴伦支保存在烟囱里的信”，这封信是为了证明自己在冰上弃船并不像某些人说的那样是怯懦的决定。

第七章　马基雅维利式微生物

p.130，“RNA世界”理论：虽然RNA可能早于DNA，但其他核酸——比如GNA、PNA或TNA——可能比它们两者更早。DNA的主链是环状的脱氧核糖，它比原始地球上可能存在的组分更复杂。乙二醇核酸（Glycol nucleic acid）与肽核酸（Peptide nucleic acid）看起来是更好的选择，因为它们的主链都没有使用环状糖（PNA也不需要磷酸盐）。苏糖核酸（Threose nucleic acid）需要环状糖，但相比于DNA更加简单。科学家怀疑，那些更简单的主链也会更牢固，从而使“NA们”在被太阳炙烤、半熔化和经常被轰击的早期地球上比DNA更有优势。

p.131，有一类病毒只感染其他的寄生物：这种“寄生物吃寄生物”的想法总是让我想起乔纳森·斯威夫特（Jonathan Swift）的一首美妙的打油诗：

> 博物学家看到，一只跳蚤
> 身上还有更小的跳蚤。
> 小跳蚤身上还有更小的跳蚤在撕咬，
> 循环往复，无休无止。

我个人认为，数学家奥古斯都·德·摩根（Augustus De Morgan）在这个主题上甚至超过了斯威夫特：

> 大跳蚤背上有小跳蚤在咬，
> 小跳蚤背上有更小的跳蚤，无休无止。
> 反过来，大跳蚤站在巨跳蚤的背上，

巨跳蚤脚下有更大的跳蚤，如此往复。

p.136，给每只猫都起了名字：举一些例子，比如臭小子、瞎子、山姆、眼中钉、胖子、小粉红、汤姆、松饼、乌龟、流浪、南瓜、洋基、雅皮、第一只靴子、第二只靴子、第三只靴子、跳跳虎和威士忌。

p.136，尽管他们的痛苦与日俱增：除了每年11.1万美元的费用，偶尔还会有意想不到的开支，比如动物解放主义者为了尽可能多地拯救猫，在他们家的篱笆上打了一个洞。杰克说，周围还有很多猫，他们没有注意到几十只猫逃了出来，直到一个修女敲开他们的门，问那些爬上整个社区屋顶的猫是不是他们的。嗯，是的。

p.138，一个合理的生物学基础：严谨一点，关于大脑中的弓形虫水平和囤积症之间的相关性，科学家还没有进行过对照研究。因此，弓形虫、多巴胺、猫和囤积之间的联系可能会被推翻。弓形虫也不能解释囤积行为的一切，因为人们偶尔也会囤积狗。

但大多数动物囤积者的确囤积猫科动物，参与弓形虫研究的科学家发现这种联系是合理的，并公开表示过。他们已经看到了太多的证据，表明弓形虫能够改变啮齿动物和其他生物的固有行为。无论这种影响有多强，弓形虫仍然会将多巴胺渗透到你的大脑中。

p.141，帮赖特应付难题：多年来，杰克和唐娜接受了许多关于他们生活和努力的采访。一些来源包括：*Cats I Have Known and Loved*，作者Pierre Berton；“No Room to Swing a Cat!”，作者Philip Smith，《人物》杂志，1996年6月30日；“Couple’s Cat Colony Makes Record Books — and Lots of Work!”，作者Peter Cheney，《多伦多星报》(*Toronto Star*)，1992年2月17日；*Current Science*，2001年8月30日；“Kitty Fund”，《滑铁卢档案报》(*Kitchener-Waterloo Record*)，1994年1月10日；“$10,000 Averts Ruin for Owners of 633 Cats”，作者Kellie Hudson，《多伦多星报》，1992年1月16日；*Scorned and Beloved: Dead of Winter Meetings with Canadian Eccentrics*，作者Bill Richardson。

第八章　爱情与返祖

p.148，为体内不同的环境定制蛋白质：在一个极端的例子中，果蝇将

*dscam*基因的RNA切割成38 016个不同的产物——大约是果蝇基因数量的3倍。一个基因/一种蛋白质的理论到此终结!

p.149，胎盘实际上是哺乳动物最典型的性状之一：大自然喜欢捉弄人。你能想到的几乎所有的哺乳动物的“独特性状”都有例外，比如，有不成熟胎盘的爬行动物或者产活崽的昆虫。但一般来说，这些都是哺乳动物的性状。

p.154，我们比其他生物拥有更复杂、更广泛的MHC：人类的MHC通常被称为HLA（人类白血球抗原），但由于这里关注的是哺乳动物，我将使用通用术语。

p.157，有些人生来就有额外的乳头：电话的发明者亚历山大·格拉汉姆·贝尔（Alexander Graham Bell）对遗传学有浓厚的兴趣，并梦想着培育出更优秀的人类。为了了解更多的生物学知识，他培育了多乳头的绵羊，并研究了其遗传模式。

p.157，尾巴会不自觉地收缩：关于人类尾巴的详细内容，请参阅Jan Bondeson的*A Cabinet of Medical Curiosities*。这本书还有一个关于母性印记的惊人章节（就像本书第一章），以及解剖学史上的其他许多可怕故事。

p.159，只需要把他们包围起来：那位科学家最终没有获得研究经费。公平地说，他并没有打算把750万美元全部用于研发“同性恋炸弹”。这笔钱的一部分将用于其他项目，其中包括另一种炸弹，该炸弹会让敌人产生严重的口臭，甚至让人恶心。没有人知道这位科学家是否意识到他可以把这两枚炸弹组合成历史上最令人沮丧的武器。

第九章　猩猩人和其他几乎发生的事

p.166，它们太相似了：事实上，科学家便是以这种方式确定，在人类还活着的亲戚中，与我们最亲近的是黑猩猩而非大猩猩。20世纪80年代，科学家做了第一次DNA杂交实验，他们将黑猩猩、大猩猩和人类的DNA混合在热蒸汽浴中。当温度下降时，相比于大猩猩DNA，人类DNA更容易与黑猩猩DNA结合。证毕。

p.170，X染色体的突变应该总是较少：本书并不打算解决这场争论，但最早提出杂交理论的科学家当然已经尝试过驳斥这种预期中的反驳。最初的科学家确实有一个观点：实际上早在2006年，他们在发表这一理论的论文中，已经预料到了这种批评，即由于精子生产速度的缘故，X染色体看起来更一致。具体来说，他们指出，出于这个原因，X染色体确实应该看起来更相似，但他们所研究的X染色体的相似程度似乎超过了这种说法的解释力。

自然地，提出反驳的科学家正忙着回击上述反驳。这一切都非常专业，有点神秘，但考虑到它带来的好处，又令人兴奋……

p.172，《纽约时报》的这篇报道：除了诲淫的细节，《纽约时报》的报道还包含了这段奇异的引文（居然符合平等主义）：一位科学家确信“如果红毛猩猩与黄种人杂交，大猩猩与黑人杂交，黑猩猩与白人杂交，这三种杂交种都能自我繁殖”。令人震惊的是，那个时代的人们坚持认为所有的人类，不论肤色，都是野兽的亲戚。

p.179，已知的第一例稳定减少：提前回答一个问题：是的，染色体也可以分裂，通过一个叫“分裂生殖”（fission）的过程。在灵长目动物的谱系中，我们现在的3号染色体和21号染色体曾经结合在一起，形成了数百万年来人类最长的染色体。14号染色体和15号染色体在类人猿出现之前很久就已经分裂了，于是它们今天都保留着一种有趣的、偏离中心的现象。因此在某种程度上，该中国男人的14-15融合是终极的遗传返祖，使他回到了祖先的、类人猿以前的状态！

第十章　鲜红的A、C、G、T

p.184，“直到我尝了一只丽蝇”：布克兰身上几乎有无穷无尽的奇闻逸事。有一个他的朋友们最喜欢的故事：在一次长途火车旅行中，布克兰和对面的一个陌生人都在座位上睡着了。布克兰醒来后发现，他口袋里的一些红色蛞蝓跑了出来，正在陌生人的秃头上爬行。布克兰偷偷地在下一站下车了。布克兰还启发了同样古怪的儿子弗兰克，弗兰克继承了他的“食肉性”，甚至在布克兰家族开创了一些更荒诞的菜肴。弗兰克与伦敦动物园有一项长期协议：无论有什么动物死在那里，他都可以获得它的小腿。

尽管达尔文冒犯了布克兰，但他也沉迷于食肉性，甚至加入了剑桥大学的饕餮俱乐部，在那里他和同伴以鹰、猫头鹰和其他野兽为食。在“小猎犬号”的航行中，达尔文吃了煎鸵鸟蛋卷和烤犰狳。在吃了一只刺豚鼠（一种重达20磅的咖啡色啮齿动物）之后，他宣称这是“我吃过的最好吃的肉”。

关于布克兰的生活、工作、家庭和怪癖的更多细节，我强烈推荐Lynn Barber的*The Heyday of Natural History*和Marianne Sommer的*Bones and Ochre*。

p.189，他将其命名为“斑龙”：后来人们才知道，另一位科学家在17世纪就已经发现了斑龙的骨头，包括一段树干状的股骨。但他认为这是巨人的骨头，布克兰的研究推翻了这一想法。奇怪的是，股骨末端的两个球形凸出物，简直就像是米开朗基罗雕刻出来的人类男性的下半身，这导致传说中的巨人有一个不雅的绰号。那么，根据命名的科学优先权，第一个已知的恐龙物种应该被称为*Scrotum humanum*[1]，但最终保留下来的是布克兰的更合适的名字。

p.190，尼安德特人的那种浓厚怒视的眉毛：辨认出这位“哥萨克人”的教授认为，受害者的眉骨之所以是这个形状，是因为他在痛苦中挣扎了很多天。显然该教授也相信，“哥萨克人”在身受重伤、全身赤裸的情况下爬上了60英尺高的陡峭岩石，然后把自己埋在2英尺深的黏土中。

p.193，不带标记的：最近，一些DNA标记（又名DNA水印）变得相当复杂，编码了姓名、电子邮箱地址或名言，这些东西不可能是大自然偶然插入的。由克雷格·文特尔领导的一个研究小组用A、C、G和T编码了以下引语，然后将它们编织成他们创建的合成基因组，插入到细菌中：

> 去生活，去犯错，去跌倒，去胜利，去用生活重塑生活。（To live, to err, to fall, to triumph, to recreate life out of life.）
>
> ——詹姆斯·乔伊斯《一个青年艺术家的画像》
>
> （*A Portrait of the Artist as a Young Man*）

> 不只看到事物的本来面目，更应看到它们可能成为的样子。（See things not as they are, but as they might be.）
>
> ——引自《美国的普罗米修斯》（*American Prometheus*），
>
> 一本关于罗伯特·奥本海默（Robert Oppenheimer）的书

1 字面意思是“人类阴囊”。

不能为我所建者，不能为我所知。(What I cannot build, I cannot understand.)

——理查德·费曼（临死前写在黑板上的话）

遗憾的是，文特尔弄错了最后一句话。费曼实际写的是：“不能为我所创者（create），不能为我所知。”文特尔在引用乔伊斯的那句话时也遇到了麻烦。据说，乔伊斯的家族（管理着他的遗产）不允许任何人（包括细菌）在没有明确书面许可的情况下引用他的话。

p.197，峰值时每秒钟有数百万吨蒸发的岩石：相比于圣海伦火山，多巴火山的喷射物多2 000倍。在世界上的火山中，目前在怀俄明州地下缓慢燃烧的巨型火山是多巴火山为数不多的竞争对手。有朝一日，它会把黄石公园和周围的一切彻底摧毁。

第十一章　大小很重要

p.205，与他的天才无关：在《熊猫的拇指》(*The Panda's Thumb*)一书中，斯蒂芬·杰伊·古尔德精彩地演绎了居维叶的尸检。而在*The Lying Stones of Marrakech*一书中，古尔德还写了一篇关于让-巴蒂斯特·拉马克的精彩文章——我们会在第十五章中见到。

p.207，即便代价是脑部变小：目前科学家正通过钻“霍比特人”的牙齿来提取DNA。这是一个冒险的过程，因为“霍比特人”（不同于尼安德特人）生活在热带气候中，这种气候会迅速降解DNA。之前提取“霍比特人”DNA的尝试都失败了。

研究“霍比特人”的DNA有助于确定它们是不是人属，这是一个有争议的问题。在2010年之前，科学家只知道两种在智人遍布地球之后仍然活着的人属物种——尼安德特人，可能还有“霍比特人”。但最近又增加了一种，丹尼索瓦人（Denisovan），这个名字源自西伯利亚的一个洞穴，几万年前一个5岁小女孩死在洞穴里。2010年，当科学家在泥土和山羊粪便中发现她的骨头时，它们看起来像尼安德特人，但从指关节骨提取的DNA显示了明显的差别，足以使她成为独立的人属物种，这是通过遗传学（而非解剖学）证据发现的第一个灭绝物种。

今天在美拉尼西亚人身上发现了丹尼索瓦人DNA的痕迹——美拉尼西亚人最初定居在新几内亚和斐济之间的岛屿上。显然，美拉尼西亚人在从非洲到南太平洋的长途跋涉中遇到了丹尼索瓦人，并与之杂交，就像他们的祖先与尼安德特人一样。如今的美拉尼西亚人有高达8%的非智人DNA。除了这些线索，丹尼索瓦人仍然是个谜。

p.208，并不一定相关：一些心理学家重新提出了“大小-智力理论”，称他们发现了脑的大小和智力之间存在中等程度的相关性（大约为0.33）。这意味着，如果你找到年龄、性别等特征相同的两个人，脑部更大的人在IQ测试中得分更高的可能性为2/3。现在还不清楚脑部更大可以在多大程度上提高IQ（1分？ 20分？），或者这是否意味着脑部更大的尼安德特人比人类更聪明。但这一发现似乎很有说服力。也就是说，虽然你不能对任何一个案例过度解读，但爱因斯坦的脑比正常水平低两个标准差，这个事实表明，天才并不需要脑部大。

p.210，没有人知道他的家人把骨灰撒在普林斯顿的什么地方：想了解更多吗？几个世纪以来，伽利略的手指、珀西 · 比希 · 雪莱（Pency Bysshe Shelley）的心脏、格罗弗·克利夫兰（Grover Cleveland）的癌变下巴以及“耶稣包皮”（也就是所谓“圣包皮”）的碎片都被展示过。颅相学家在葬礼之前偷走了约瑟夫 · 海顿（Joseph Haydn）的脑袋，墓地工人盗窃了弗朗茨 · 舒伯特（Franz Schubert）“满是幼虫”的头发。甚至有人把托马斯·爱迪生（Thomas Edison）的“最后一口气”装在罐子里，并在博物馆展出。最后我要指出，关于史密森尼学会拥有约翰 · 迪林杰（John Dillinger）阴茎的谣言是没有根据的。

p.212，让它塞满神经元：增加大脑容积和密度的遗传算法可能非常简单。生物学家哈里·杰里森（Harry Jerison）提供了下面这个例子。想象一下，一个干细胞的DNA程序是“分裂32次，然后停止”。假设没有细胞死亡，最终将会有4 294 967 296个神经元。再想象一下，将该代码调整为“分裂34次，然后停止”，会导致加倍两次，或者17 179 869 184个神经元。杰里森指出，43亿个神经元和172亿个神经元的差异，大约相当于黑猩猩皮质和人类皮质的差异。

p.217，掌握了摩门教神学的大量细节：匹克是虔诚的摩门教徒，我们不清楚他是否知道基因考古学最近在耶稣基督后期圣徒教会内部打开的裂痕。从1820年14岁的约瑟夫·史密斯（Joseph Smith）抄写耶和华的圣言以来，摩门教徒在传统上一直相信，波利尼西亚人和美洲印第安人都是勇敢的犹太先知莱希的后裔——莱希于公元前600年从耶路撒冷航行到美洲。然而，对这些人进行的每一次DNA测试都不支持这一点：他们完全不是中东人。这种矛盾不仅推翻了摩门教圣书的字面意思，也搅乱了摩门教的末世论，因为他们相信基督的二次降临需要拉曼人（作为以色列人的孩子）皈依他们的信仰。在一些摩门教徒中，尤其是在大学科学家中，这一发现引起了极大的痛苦，这粉碎了一些人的信仰。而大多数普通的后期圣徒要么不知道，要么已经吸收了这个矛盾，然后继续前进。

p.219，当然也无法体现他的天赋：关于体现了匹克天赋的其他描述，参阅Donald Treffert和Daniel Christensen的“Inside the Mind of a Savant”，刊于2005年12月的《科学美国人》（*Scientific American*）杂志。

第十二章　基因的艺术

p.223，极其笨拙的复制方法：左右螺旋交替的“弯曲拉链”模型实际上在1976年两度问世（也是一例同时发现）。首先，新西兰的一个团队发表了这一想法。不久之后，印度一个独立工作的团队提出了两种“弯曲拉链”模型，一种与新西兰的模型一样，另一种颠倒了其中一些A、C、G、T碱基。就像世界各地的知识分子反叛者的陈词滥调，这两个团队的几乎所有成员都是分子生物学的外行，没有“DNA必须是双螺旋结构”的预设观念。其中一个新西兰人不是专业的科学家，而印度的一名合作者从未听说过DNA！

p.225，和嬉皮士一样酷爱音乐：猴子要么忽视人类的音乐，要么觉得人类的音乐很烦，但最近对南美洲的绒顶怪柳猴的研究证实，它们对为它们量身定做的音乐有很强烈的反应。马里兰州的大提琴家大卫·泰伊（David Teie）与灵长目动物学家合作，根据绒顶怪柳猴表达恐惧或满足的叫声来创作音乐。具体来说，泰伊的作品是基于叫声的升调和降调，以及它们的持续时间。当他表演各种作品时，绒顶怪柳猴表现出明显的放松或焦虑迹象。泰伊很有幽默感，他对一家报纸评论说：“你可能觉得我只是个笨蛋。但对于猴子，我就是猫王。”

p.228，他坦言曾经哭过三次：如果你很好奇的话，罗西尼的第一次哭泣发生在他的第一部歌剧失败的时候。因为帕格尼尼而放声大哭，这是第二次。第三次，也是最后一次，罗西尼（真正的饕餮）在和朋友划船的时候，发生了最最糟糕的事情——他的午餐（一只美味的松露火鸡）掉到了水里。

p.235，直到教会最终原谅他，并允许埋葬他：帕格尼尼的英文传记出奇地少。John Sugden的*Paganini*简短而生动地介绍了他的一生，其中有许多关于身前疾病和死后痛苦的细节。

p.236，火红色的狒狒臀部：无论出于何种原因，一些有代表性的美国作家密切关注了20世纪初关于性选择及其在人类社会中的作用的讨论。弗朗西斯·斯科特·菲茨杰拉德（F. Scott Fitzgerald）、欧内斯特·海明威（Ernest Hemingway）、格特鲁德·斯泰因（Gertrude Stein）和舍伍德·安德森（Sherwood Anderson）都谈到了求偶、男性的激情和嫉妒、性装饰等动物层面的问题。类似地，遗传学本身也使一些作者感到震惊。在引人入胜的《进化与“性问题”》（*Evolution and the "Sex Problem"*）一书中，伯特·本德（Bert Bender）写道：“尽管孟德尔遗传学对杰克·伦敦（Jack London）来说是一个受欢迎的发现——作为一名实行选择育种的牧场主，杰克·伦敦热情地接受了孟德尔遗传学，但其他人，比如安德森、斯泰因和菲茨杰拉德，都深感不安。”菲茨杰拉德似乎特别痴迷于进化论、优生学和遗传。本德指出，菲茨杰拉德经常在小说中提到卵（比如“西卵”和“东卵”[1]），他曾经写道，“舞会上有节外生枝的规矩，主张适者生存”[2]。甚至连盖茨比口中的“old sport”——他对《了不起的盖茨比》的叙事者尼克·卡罗韦（Nick Carraway）的昵称——也可能源于早期遗传学家把突变体称为“sport”的习惯。

p.238，都患有骨骼畸形和癫痫：Armand Leroi的*Mutants*更详细地探讨了图卢兹-罗特列克可能患有的特定疾病，以及该疾病对他艺术的影响。事实上，我强烈推荐这本书，因为它有许多引人入胜的故事，比如第一章提到的关于蟹螯状畸形出生缺陷的逸事。

p.238，使他们看起来非常愚蠢：在画像中，男性的嘴唇更明显，但女性也未能逃脱基因的影响。据说，来自哈布斯堡家族另一分支的玛丽·安托

1 “西卵”和“东卵”是菲茨杰拉德在《了不起的盖茨比》（*The Great Gatsby*）中虚构的地名。

2 这句引文出自菲茨杰拉德的《人间天堂》（*This Side of Paradise*），本句译文参考了金绍禹的译本。

瓦内特（Marie Antoinette）也有明显的“哈布斯堡唇”。

第十三章　凡是过往，皆为序章

p.255，也许在56岁被暗杀的时候：有趣的是，在20世纪90年代，暗杀林肯的刺客也陷入了一场遗传困境。当时有两名历史学家在宣扬一种理论：1865年，在刺杀事件发生后12天，联邦士兵在弗吉尼亚州鲍林格林市追踪、抓捕并处决的人并不是约翰·威尔克斯·布斯（John Wilkes Booth），而是一个无辜的旁观者。这两个人认为，布斯从士兵手底下金蝉脱壳，逃向西部，在俄克拉荷马州的伊尼德度过了38年的悲惨生活，直到1903年自杀。要想确定真相，唯一的方法是从布斯的坟墓里挖出尸体，提取DNA，与他仍然在世的亲属进行比对。然而，公墓的管理者拒绝了，于是布斯的家人（在两名历史学家的鼓动下）起诉了公墓。法官拒绝了他们的请求，部分原因是当时的技术可能无法解决这个问题，但从理论上讲，此案现在可以重新审理。

关于布斯和林肯DNA的更多细节，请参阅Philip R. Reilly的*Abraham Lincoln's DNA and Other Adventures in Genetics*，作者所在的委员会研究了检测林肯DNA的可行性。

p.258，犹太传统搞砸了这个故事：但总的来说，犹太人敏锐地注意到了遗传现象。公元200年，《塔木德》（*Talmud*）规定，如果两个哥哥在割礼后失血过多死亡，那么他们的弟弟可以免除割礼。更重要的是，后来的犹太法律也豁免了死者同母异父的弟弟。但如果是同父异母的弟弟，割礼仍然要进行。如果某个女人的姐妹的孩子死于失血过多，那么她的孩子也可以豁免；但如果是兄弟的孩子死于失血过多，则割礼照旧。显然，犹太人很久以前就知道这是一种与性别有关的疾病，主要影响男性，但会通过母亲遗传——可能是血友病，一种影响凝血的疾病。

p.264，严重的乳糖不耐症：如果世界是公正的，我们不应该称这种情况为“乳糖不耐症”，而应该称为“乳糖耐受性”，因为消化牛奶的能力是一种奇怪的现象，只是因为后期的一种突变才出现的。更准确地说，是两种突变，一种出现在欧洲，一种出现在非洲。在这两种情况下，突变破坏了2号染色体上的一个区域，该区域导致成年人无法产生消化乳糖（牛奶中的一种糖）的酶。虽然最先出现的是欧洲基因（大约公元前7000年），但一位科学家说，非洲基因传播得特别快："在世界上的任何基因组、任何研究、任何人群中，它基本上都是观察到的最强的选择信号。"乳糖耐受性也是基因-文化共同进化的一个很好的例子，因为在提供稳定奶源的牛和其他动物被驯化之前，消化牛奶的能力对任何人都没有好处。

第十四章　30亿个小碎片

p.267，从而计算出序列：如果你不介意把指甲弄脏，可以访问http://samkean.com/ thumb-notes了解桑格研究的细节。

p.270，碰巧这位老师给了他一个F：文特尔如此挚爱的老师并不是生物老师，而是英语老师。多么好的英语老师啊，他就是戈登·利什，后来因编辑雷蒙德·卡佛的作品而闻名。

p.278，看看是否有人能测序它的DNA：塞雷拉的员工很喜欢名人的DNA。根据James Shreeve的精彩著作*The Genome War*，塞雷拉绝妙的超级计算机程序的首席架构师在办公室书架上的一个试管里放着"沾满脓液的创可贴"，这是向弗雷德里希·米歇尔致敬。顺便说一句，如果你对HGP的长篇内幕报道感兴趣，Shreeve的书是我所知道的最好、最有趣的书。

p.279，大声宣布了胜利：事实上，这种"完成"的声明也是武断的。对人类基因组的某些部分（比如变异度高的MHC区域）的研究持续了很多年，直到今天，科学家仍在清理小的错误和测序片段——出于技术原因，这些片段无法用传统方式测序（例如，科学家通常使用细菌进行影印。但人类DNA的一些片段恰好会毒害细菌，所以细菌不会复制它们，而是删除它们，然后它们就消失了）。最后，科学家还没有研究端粒和着丝粒——它们分别是构成染色体末段和中部的片段，由于这些区域过于重复，传统的测序仪无法理解。

那么，科学家为什么在2003年宣布这项工作已经完成了呢？在当时，该序列确实满足"完成"的合理定义：在95%的包含基因的DNA区域中，每万个碱基的错误少于1个。但同样重要的是，从公关的角度来看，2003年年初是沃森和克里克发现双螺旋结构的第40周年。

p.280，文特尔就可以宣称他赢得了基因组战争：另一方面，如果文特尔没有获得诺贝尔奖，这实际上可能以一种混乱的方式巩固他的名声。这种损失将证实他作为"无取胜希望者"的身份（这使他受到了许多人的喜爱），并为历史学家提供几代人争论的话题，使文特尔成为HGP故事的中心人物(也许是悲剧人物)。

在关于诺贝尔奖的讨论中，沃森的名字并不经常出现，但他值得一个诺贝尔奖，因为他迫使国会（以及这个国家的大多数遗传学家）给了测序一个机会。尽管如此，沃森最近的失言，尤其是他对非洲人智力的轻蔑评论（稍后会详细介绍），可能会剥夺他的机会。说句很冒犯的话，诺贝尔奖委员会可能会等到沃森死后再颁发与HGP有关的奖项。

如果沃森或者萨尔斯顿获奖，那将是他们的第二个诺贝尔奖，追平桑格，成为唯一一个两次获得诺贝尔生理学或医学奖的人（2002年，萨尔斯顿因为蠕虫研究而获奖）。不过，和沃森一样，萨尔斯顿也卷入了一些有争议的政治。当“维基解密”的创始人朱利安·阿桑奇（Julian Assange）在2010年被逮捕时——在诺贝尔的祖国瑞典被指控性侵，萨尔斯顿用数千英镑保释他。看来萨尔斯顿对畅通自由的信息的热情，并不局限于实验室中。

p.282，他信任的科学家并没有做到：一位名叫迈克·卡里亚索（Mike Cariaso）的业余科学家利用“遗传搭车”找到了沃森的*apoE*基因。再说一次，因为遗传搭车，一个基因的不同版本会偶然地拥有与之相关的其他基因的某些版本——这些基因会跟随该基因代代相传（即使附近没有基因，每个版本的基因至少会有一些与之相关的垃圾DNA）。所以，如果你想知道某人携带了哪种*apoE*基因，你可以观察*apoE*基因本身，也可以观察它两侧的基因。负责从沃森的基因组中删除该信息的科学家当然知道这一点，他们也删除了*apoE*基因附近的遗传信息，但删得太少了。卡里亚索意识到了这个疏忽，他仅仅通过查找沃森的公开的DNA，就弄清楚了他的*apoE*基因的状况。

正如Misha Angrist在*Here Is a Human Being*一书中写道，卡里亚索的发现令人震惊，尤其是考虑到他是一个侨居外国的流浪者：“事实是不可避免的，诺贝尔奖得主（沃森）要求不公开他的2万多个基因中的1个——只有1个！这项任务交给了贝勒大学的分子智囊团，世界顶尖的基因组中心之一……但贝勒大学的团队被一个30岁的自学者打败了，他只有学士学位，更喜欢把大部分时间花在泰缅边境分发笔记本电脑，教孩子们如何编程以及在谷歌上搜索。”

第十五章 来得容易去得快？

p.289，是生物学家希望从生物学中永久驱逐的空洞概念：历史有一种滑稽的幽默感。达尔文的祖父伊拉斯谟·达尔文（Erasmus Darwin）是一名医生，他曾经发表过一种独立的、非常古怪的、类似于拉马克的进化论（而且是用韵文写的）。塞缪尔·泰勒·柯勒律治（Samuel Taylor Coleridge）甚至发明了"Darwining"一词来否定这种猜测。伊拉斯谟还开创了一个惹怒宗教人士的家族传统：他的著作也出现在教皇的禁书目录中。

同样很讽刺的是，在死后不久，居维叶本人也受到了诋毁，就像他诋毁拉马克一样。由于他的观点，居维叶与博物学中的灾变论和反进化的观点有着不可磨灭的联系。所以，当查尔斯·达尔文那一代人需要一个代表古板旧思想的陪衬者时，这个"南瓜头"法国人是完美的选择，由于他们的口诛笔伐，居维叶的名声甚至在今天仍然蒙羞。恶有恶报。

p.300，作曲家古斯塔夫·马勒（等人）的前妻：阿尔玛品位很好，曾经嫁给了画家古斯塔夫·克里姆特（Gustav Klimt）和包豪斯设计师瓦尔特·格罗皮乌斯（Walter Gropius）等人[1]。她也成了维也纳臭名昭著的荡妇，汤姆·莱勒（Tom Lehrer）还为她写了一首歌。副歌部分是这样的："阿尔玛，告诉我们！ /现代女人都爱吃醋。/你的哪根魔杖，/让你得到了古斯塔夫、瓦尔特和法兰兹？"我的网站上有完整歌词的链接。

第十六章 我们知道的（和不知道的）生命

p.308，在它出生前就已经破坏了它的基因组：自多莉以来，科学家已经克隆了猫、狗、水牛、骆驼、马和老鼠等哺乳动物。2007年，科学家用成年猴子细胞克隆出了胚胎，并让它发育到足够形成不同的组织。但科学家在胚胎足月前就扼杀了它，所以目前还不清楚克隆孩子能否正常发育。灵长目动物比其他物种更难克隆，因为去除供体卵子的细胞核（为克隆的染色体让路）会破坏灵长目细胞正常分裂所需的一些特殊结构，纺锤丝（spindle fiber）。其他物种比灵长目动物拥有更多的纺锤丝。这仍然是克隆人类的主

1 根据公开的资料，阿尔玛和古斯塔夫·克里姆特之间有过感情，但并未结婚。阿尔玛的三任丈夫依次是古斯塔夫·马勒、瓦尔特·格罗皮乌斯和法兰兹·威尔佛（作家）。阿尔玛的全名是阿尔玛·马勒·格罗皮乌斯·威尔佛，从三任丈夫中各取了一个姓。

要技术障碍。

p.313，都指责对方让政治影响了他们的科学：不管你如何分析，但詹姆斯·沃森和弗朗西斯·克里克都曾大放厥词，公开对种族、DNA和智力的问题发表不得体的评论。克里克在20世纪70年代支持了一项研究：为什么一些族群拥有（或者更准确地说，在测试的时候拥有）更高或更低的IQ。克里克认为，如果我们知道某些族群的智力上限较低，就可以制定更好的社会政策。他还直言不讳地说："我认为，美国白人和黑人的平均IQ差异，有一半以上可能是遗传原因造成的。"

沃森的失言发生在2007年，当时他正在巡回宣传他那本书名有趣的自传《避开愚蠢的人》（*Avoid Stupid People*）。有一次，他宣称，"我天生对非洲的前景保持悲观"，因为"制定社会政策是基于他们的智力和我们一样。但所有的测试都表明事实并非如此"。在媒体的抨击之后，他丢掉了工作（他当时是巴巴拉·麦克林托克的老实验室、冷泉港实验室的负责人），多少有些不光彩地退休了。

沃森曾说过很多粗俗且具有煽动性的话，所以我们很难决定要把他的观点看得多么认真——关于肤色、关于女性（"人们说如果所有女孩都打扮得很漂亮，那就太糟糕了。而我认为那可太好了"）、关于肥胖者（"每次面试胖子的时候，你都会感觉很糟糕，因为你知道你不会雇他们"），等等。哈佛大学黑人研究学者亨利·路易斯·盖茨（Henry Louis Gates）后来在一次非公开会议上打探了沃森对非洲的看法，得出的结论是，沃森与其说是"种族主义者"，不如说是"人种主义者"[1]——以种族眼光看待世界，相信种族群体之间可能存在基因差距。但盖茨也指出，沃森认为，即使这种差距确实存在，群体差异也不应该让我们对有才华的个体产生偏见（这就好比说，黑人可能更擅长打篮球，但偶尔出现的拉里·伯德也能崭露头角）。你可以继续深入阅读盖茨的想法：http://www.washingtonpost.com/wp-dyn/content/article/2008/07/10/AR2008071002265.html。

还是那句话，DNA说了算。2007年，沃森在自传中公开了自己的基因组，

1 "人种主义"（racialism）是一个早于"种族主义"（racism）的概念，即认为某一种族优于其他种族，强调种族至上；它有时被等同为"科学种族主义"，尽管它在科学上已经被推翻。种族主义在人种主义的基础上增加了种族歧视和有害意图，是一种更恶劣的思想。

一些科学家决定从基因组中寻找种族标记。他们发现，根据序列的准确性，沃森拥有的非洲黑人基因可能比典型白种人多16倍，相当于他有一个黑人曾祖父。

p.319，并将其插入胚胎：Nicholas Wade在*Before the Dawn*一书中提出了该建议，这本书精辟地探讨了人类起源的各个方面——语言、基因、文化，等等。

精选书目

下面是我在写这本书时参考的书籍和论文。我特别推荐的书已经用星号（*）标记。对于我特别推荐的书，我还会加以注解。

第一章　基因、怪人和DNA

Bondeson, Jan. *A Cabinet of Medical Curiosities*. W. W. Norton, 1999.

* 有一个令人震惊的母性印记的章节，包括那不勒斯满身鱼鳞的男孩。

Darwin, Charles. *On the Origin of Species*. Introduction by John Wyon Burrow. Penguin, 1985.

———. *The Variation of Animals and Plants Under Domestication*. J. Murray, 1905.

Henig, Robin Marantz. *The Monk in the Garden*. Houghton Mifflin Harcourt, 2001.

* 一本关于孟德尔的精彩传记。

Lagerkvist, Ulf. *DNA Pioneers and Their Legacy*. Yale University Press, 1999.

Leroi, Armand Marie. Mutants: *On genetic variety and the human body*. Penguin, 2005.

* 关于母性印记的精彩叙述，包括蟹螯状畸形的出生缺陷。

第二章　达尔文主义的濒死

Carlson, Elof Axel. *Mendel's Legacy*. Cold Spring Harbor Laboratory Press, 2004.

* 作者是马勒的学生，写了大量关于摩尔根、马勒等早期遗传学关键人物的故事。

Endersby, Jim. *A Guinea Pig's History of Biology*. Harvard University Press, 2007.

* 关于“蝇室”的奇妙历史。事实上，这是我最喜欢的书之一。Endersby还提到了达尔文关于“微芽”的冒险、巴巴拉·麦克林托克和其他故事。

Gregory, Frederick. *The Darwinian Revolution*. DVDs. Teaching Company, 2008.

Hunter, Graeme K. *Vital Forces*. Academic Press, 2000.

Kohler, Robert E. *Lords of the Fly*. University of Chicago Press, 1994.

* 介绍了布里奇斯私生活的细节，比如印度“公主”的逸事。

Steer, Mark, et al., eds. *Defining Moments in Science*. Cassell Illustrated, 2008.

第三章　DNA断裂

Hall, Eric J., and Amato J. Giaccia. *Radiobiology for the Radiologist*. Lippincott Williams and Wilkins, 2006.

* 关于放射性粒子如何撞击DNA的翔实可读的叙述。

Hayes, Brian. "The Invention of the Genetic Code." *American Scientist*, January-February 1998.

* 有趣而简洁地介绍了破译遗传密码的早期尝试。

Judson, Horace F. *The Eighth Day of Creation*. Cold Spring Harbor Laboratory Press, 2004.

* 包含了克里克不知道“法则”是什么意思。

Seachrist Chiu, Lisa. *When a Gene Makes You Smell Like a Fish*. Oxford University Press, 2007.

Trumbull, Robert. *Nine Who Survived Hiroshima and Nagasaki*. Dutton, 1957.

* 更全面地简述了山口疆的故事，以及另外8个同样引人入胜的故事，我极力推荐这本书。

第四章　DNA的乐谱

Flapan, Erica. *When Topology Meets Chemistry*. Cambridge University Press, 2000.

Frank- Kamenetskii, Maxim D. *Unraveling DNA*. Basic Books, 1997.

Gleick, James. *The Information*. HarperCollins, 2011.

Grafen, Alan, and Mark Ridley, eds. *Richard Dawkins*. Oxford University Press, 2007.

Zipf, George K. *Human Behavior and the Principle of Least Effort*. Addison-Wesley, 1949.

———. *The Psycho- biology of Language*. Routledge, 1999.

第五章 DNA的证词

Comfort, Nathaniel C. "The Real Point Is Control." *Journal of the History of Biology* 32 (1999): 133-62.

* 关于巴巴拉·麦克林托克的生活和工作，Comfort是破除神话和童话版本的最主要的学者。

Truji, Jan. *The Soul of DNA*. Llumina Press, 2004.

* 若要更详细地了解修女米里亚姆，强烈推荐这本书，它记录了修女米里亚姆从早年到晚年的生活。

Watson, James. *The Double Helix*. Penguin, 1969.

* 沃森多次回忆起他发现DNA碱基形状不同时的挫败感。

第六章 幸存者与肝脏

Hacquebord, Louwrens. "In Search of *Het Behouden Huys*." *Arctic* 48 (September 1995): 248-56.

Veer, Gerrit de. *The Three Voyages of William Barents to the Arctic Regions*. N.p., 1596.

第七章 马基雅维利式微生物

Berton, Pierre. *Cats I Have Known and Loved*. Doubleday Canada, 2002.

Dulbecco, Renato. "Francis Peyton Rous." In *Biographical Memoirs*, vol. 48. National Academies Press, 1976.

McCarty, Maclyn. *The Transforming Principle*. W. W. Norton, 1986.

Richardson, Bill. *Scorned and Beloved: Dead of Winter Meetings with Canadian Eccentrics*. Knopf Canada, 1997.

Villarreal, Luis. "Can Viruses Make Us Human?" *Proceedings of the American Philosophical Society* 148 (September 2004): 296–323.

第八章　爱情与返祖

Bondeson, Jan. *A Cabinet of Medical Curiosities*. W. W. Norton, 1999.

* 有关于人类尾巴的精彩章节，摘自一本写满了解剖学史可怕故事的书。

Isoda, T., A. Ford, et al. "Immunologically Silent Cancer Clone Transmission from Mother to Offspring." *Proceedings of the National Academy of Sciences of the United States of America* 106, no. 42 (October 20, 2009): 17882–85.

Villarreal, Luis P. *Viruses and the Evolution of Life*. ASM Press, 2005.

第九章　猩猩人和其他几乎发生的事

Rossiianov, Kirill. "Beyond Species." Science in Context 15, no. 2 (2002): 277–316.

* 关于伊万诺夫生平的更多信息，这是最权威、最客观的资料来源。

第十章　鲜红的A、C、G、T

Barber, Lynn. *The Heyday of Natural History*. Cape, 1980.

* 关于布克兰父子的很棒的资料来源。

Carroll, Sean B. *Remarkable Creatures*. Houghton Mifflin Harcourt, 2009.

Finch, Caleb. *The Biology of Human Longevity*. Academic Press, 2007.

Finch, Caleb, and Craig Stanford. "Meat-Adaptive Genes Involving Lipid Metabolism Influenced Human Evolution." *Quarterly Review of Biology* 79, no. 1 (March 2004): 3–50.

Sommer, Marianne. *Bones and Ochre*. Harvard University Press, 2008.

Wade, Nicholas. *Before the Dawn*. Penguin, 2006.

* 关于人类起源各个方面的巧妙旅程。

第十一章　大小很重要

Gould, Stephen Jay. "Wide Hats and Narrow Minds." In *The Panda's Thumb*.

W. W. Norton, 1980.

* 非常有趣地呈现了居维叶解剖的故事。

Isaacson, Walter. *Einstein: His Life and Universe*. Simon and Schuster, 2007.

Jerison, Harry. "On Theory in Comparative Psychology." In *The Evolution of Intelligence*. Psychology Press, 2001.

Treffert, D., and D. Christensen. "Inside the Mind of a Savant." *Scientific American*, December 2005.

* 两位最了解匹克的科学家对他的精彩叙述。

第十二章　基因的艺术

Leroi, Armand Marie. Mutants: *On Genetic Variety and the Human Body*. Penguin, 2005.

* 这本奇妙的书更详细地讨论了图卢兹-罗特列克可能患的疾病，以及对他的艺术的影响。

Sugden, John. *Paganini*. Omnibus Press, 1986.

* 关于帕格尼尼的为数不多的英文传记。很短，但写得很好。

第十三章　凡是过往，皆为序章

Reilly, Philip R. *Abraham Lincoln's DNA and Other Adventures in Genetics*.Cold Spring Harbor Laboratory Press, 2000.

* Reilly所在的委员会研究了检测林肯DNA的可行性。他还深入研究了犹太人的DNA检测，以及其他精彩的章节。

第十四章　30亿个小碎片

Angrist, Misha. *Here Is a Human Being*. HarperCollins, 2010.

* 对即将到来的遗传学时代的可爱的个人反思。

Shreeve, James. *The Genome War*. Ballantine Books, 2004.

* 如果你对HGP的长篇内幕报道感兴趣,Shreeve的书是我所知道的最好、最有趣的书。

Sulston, John, and Georgina Ferry. *The Common Thread*. Joseph Henry Press,

2002.

Venter, J. Craig. *A Life Decoded: My Genome — My Life*. Penguin, 2008.

* 文特尔一生的故事，从越南到HGP，等等。

第十五章　来得容易去得快？

Gliboff, Sander. "Did Paul Kammerer Discover Epigenetic Inheritance? No and Why Not." *Journal of Experimental Zoology* 314 (December 15, 2010): 616–24.

Gould, Stephen Jay. "A Division of Worms." *Natural History*, February 1999.

* 这是一篇关于让-巴蒂斯特·拉马克生平的精彩文章，由两部分组成。

Koestler, Arthur. *The Case of the Midwife Toad*. Random House, 1972.

Serafini, Anthony. *The Epic History of Biology*. Basic Books, 2002.

Vargas, Alexander O. "Did Paul Kammerer Discover Epigenetic Inheritance?" *Journal of Experimental Zoology* 312 (November 15, 2009): 667–78.

第十六章　我们知道的（和不知道的）生命

Caplan, Arthur. "What If Anything Is Wrong with Cloning a Human Being?" *Case Western Reserve Journal of International Law* 35 (Fall 2003): 69–84.

Segerstråle, Ullica. *Defenders of the Truth*. Oxford University Press, 2001.

Wade, Nicholas. *Before the Dawn*. Penguin, 2006.

* Nicholas Wade提议额外增加一对染色体。